Joachim M. Köstnick

Deutsche Sportwagen

Motor
buch
Verlag

IMPRESSUM

Einbandgestaltung: Sven Rauert unter Verwendung von Fotos aufs den Archiven der Hersteller.

Bildnachweis: Sofern Bilder nicht gemeinfrei sind, befinden sich die Bildquellen unter den jeweiligen Abbildungen; die Rechte an den Bildern verbleiben bei den Urhebern.

ISBN 978-3-613-03585-0

1. Auflage 2013

Sie finden uns im Internet unter
www.motorbuch-verlag.de

Lektorat:
Martin Gollnick / Joachim Köster / Joachim Kuch
Innengestaltung: Ralf Weinreich, ERWE-Design
Druck und Bindung: Graspo CZ, 76302 Zlin
Printed in Czech Republic

INHALT

VORWORT

Von Grenzfällen und Gratwanderungen

Ferry Porsche hat einmal gesagt, dass das letzte Auto, das gebaut werden wird, ein Sportwagen sein würde. Natürlich dachte er bestimmt an einen Elfer – doch was hätte er zu den heutigen Produkten des Hauses gesagt, etwa dem Cayenne oder einem Panamera? Sind das noch Sportwagen, wie er sie verstanden hat, oder eher sportliche Wagen? Klar, es sind Porsche, und weil Porsche per se Sportwagen baut, fallen auch diese unter diese Definition. Aber was macht einen Sportwagen aus? Die Form (lange Schnauze, kurzes Heck)? Die Herkunft? Oder die Fahrleistungen? Diese mit Sicherheit nicht: Die früher magische 200-km/h-Grenze knackt zwischenzeitlich doch schon jeder einigermaßen anständig motorisierte Familienkombi.

Mit heute durchaus üblichen Motorleistungen hätte man sich also vor nicht allzu langer Zeit mit der internationale Sportwagen-Elite messen können. Und der Vergleich wäre klar zu Gunsten der Moderne ausgefallen, denn die allgegenwärtigen elektronischen Helferlein wie die Fahrdynamik-Regelsysteme etc. hätten einen solchen zu einer herzlich einseitigen Angelegenheit werden lassen.

Diese Tatsache allein würde genügen, um ein Buch über Deutsche Sportwagen ins Uferlose zu treiben, umso mehr, wenn man die Jahre vor 1945 in Betracht zieht: Denn damals war das Autofahren per se eine sportliche Angelegenheit, und die meisten der Besitzer empfanden sich als formidable Sportsmänner. Der sportliche Aspekt gehörte einfach zum Auto mit dazu. Erst in den Dreißigern des vorigen Jahrhunderts entstand eine klare Trennung zwischen Rennsport- und Straßenfahrzeugen, und erst zu dieser Zeit entstand allmählich die Auffassung von einem Sportwagen als einem Straßenfahrzeug, das mit dem Segen der Zulassungsbehörden Rennwagenähnliche Fahrleistungen (und Flair, Optik und, und, und) in den Alltag übertrug. Und da Leistung damals in erster Linie über Hubraum generiert wurde und Hubraum Platz im Motorraum erforderte, kam es zu den langen Schnauzen, die uns auch heute noch gleich an einen Sportwagen denken lassen.

Die Automobilindustrie, immer schnell bei der Sache, wenn es ein Geschäft zu machen gilt, bedient natürlich seit Jahrzehnten die Autoenthusiasten mit entsprechend sportlich herausgeputzten Modellen.

Ein schnelles Auto besitzen ist das eine, ein individuelles und noch schnelleres das andere: Mit dem Autoboom entwickelte sich eine lebhafte Tuning-Szene, und

es gab insbesondere in den Siebzigern und Achtzigern jede Menge Automobilveredler, die mit bestehenden Komponenten und viel Eigenarbeit ihren ganz persönlichen Traum vom Sportwagen verwirklichten. Manche davon blieben Einzelstück, andere dagegen wurden in kleiner Serie gebaut, und nicht wenige hatten gar keinen anderen Zweck als den, die Automobilindustrie von den Fähigkeiten ihrer Schöpfer zu überzeugen, die hofften, durch einen derartigen Kompetenzbeweis lukrative Aufträge zu ergattern.

Vor diesem Hintergrund begannen die Arbeiten an diesem Buch. Der Fokus wurde auf die Sportwagenprojekte seit den Siebzigern gelegt, bei den heute noch existierenden Großserienherstellern wurden – ohne Anspruch auf Vollständigkeit – die Meilensteine der Sportwagen-Historie ausgewählt. Doch selbst da ergaben sich Schwierigkeiten, zum Beispiel Ford: Der kurzlebige OSI sah aus wie ein italienischer Spitzensportler der ausgehenden Sechziger, unter dem Blech aber steckte kreuzbrave Taunus-Technik. Oder der Sierra: Eigentlich ein Bürgerkäfig, im heißen Cosworth-Outfit ein Wolf im Schafspelz. Auch bei Opel sah es ähnlich aus: Weder GT noch Manta standen im Ruf überbordender Fahrleistungen, waren aber zu ihrer Zeit akzeptierte Dreiviertel-Sportwagen für den schmaleren Geldbeutel. Diese Kluft zwischen der Optik im Stand und den auf dem Asphalt realisierbaren Tatsachen lässt sich noch bei vielen anderen Marken und Herstellern beobachten, Stichwort Melkus oder Wartburg.

Dieses Buch ist daher eine Gratwanderung und stellt eine bereite, aber nichtsdestotrotz subjektive Auswahl dar, wobei auch Prototypen und Studien berücksichtigt wurden, sofern diese spektakulär genug waren. Und Familienkutschen, sofern es Varianten gab, die werkseitig im Motorsport eingesetzt wurden. Daher ein BMW M3 oder ein Golf GTI, aber keine Mercedes E-Klasse im AMG-Trimm. Anders gesagt: Was ein Sportwagen ist, darüber lässt sich sicher trefflich streiten.

Doch abseits aller philosophischen Fragen bietet dieser Band eine wunderbare Übersicht über die deutsche Sportwagengeschichte nach 1945. Autor und Verlag freuen sich jederzeit über Anregungen, Verbesserungen und Ergänzungen, die in einer der nächsten Auflagen dann berücksichtigt werden können. In diesem Sinne: Einsteigen, anschnallen und – Vollgas!

Joachim M. Köstnick

9FF

Obwohl erst seit 2001 im Geschäft, hat der Porsche-Tuner und Fahrzeughersteller 9ff aus Dortmund mit seinen teils extremen Umbauten der Zuffenhausener Sportwagen bereits zahlreiche Geschwindigkeits- und Leistungsrekorde geholt. Während andere Konkurrenzfirmen auch aufgrund ihrer hochpreisigen Produkte irgendwann baden gegangen sind, werkelt 9ff-Gründer Jan Fatthauer an immer besseren und leistungsstärkeren Autos.

9ff V400: Im Dezember 2004 stellte der Firmenchef in Nardo einen neuen Rekord aufs. Der Biturbo mit seinen 840 PS erreichte eine Höchstgeschwindigkeit von 388 km/h. (Foto: © 9ff)

Leidenschaften: Fatthauer und der Porsche 911

Jan Fatthauer träumte davon, das schnellste Auto der Welt zu bauen – natürlich auf Basis eines Porsche 911. Zielstrebig steuerte er auf dieses Ziel zu. Zuerst absolvierte er ein Studium zum Dipl.-Ing. der Fahrzeugtechnik, anschließend sammelte er praktische Erfahrungen bei Brabus und Ruf. 2001 gründete er in Dortmund seine eigene Firma, die 9ff Fahrzeugtechnik GmbH. Mit dieser Firma machte er sich nun daran, seinen Traum umzusetzen, aus normalen Serienporsches die weltweit stärksten Sportwagen zu machen.

Geschwindigkeitsrausch: Von einem Rekord zum nächsten

Eigentlich ging es bloß um den Test eines neuen Hochleistungsreifens, als im Jahr 2004 acht Autotuner vom Reifenhersteller Continental ins italienische Nardo eingeladen wurden. Unter diesen befand sich auch 9ff mit seiner damals aktuellen Tuning-Kreation 9ff T6. Zu Test-Favoriten wurden andere hochstilisiert, aber ausgerechnet die junge Tuningfirma 9ff aus Dortmund erwies sich als der große Abräumer. Ihr Turbo erzielte mit 372 km/h die höchste Geschwindigkeit aller Teilnehmer. Diesem Rekord folgte noch im selben Jahr der nächste: mit 388 km/h wurde der 9ff V400 zum schnellsten straßenzugelassenen Fahrzeug.

In den Jahren 2006 bis 2008 folgten weitere Höchstleistungen. Mit dem 9ff TRC-85 und seiner Spitzengeschwindigkeit von 380,5 km/h holte Fatthauer die Bestmarke unter den Seriencabrios. Im Jahr 2008 stellte 9ff einen weiteren Sportwagen vor, den 9ff GT9, der die 400-km/h-Geschwindigkeits-Marke endlich reißen sollte. Der Sechszylinder-Boxer-Motor brachte dank Umrüstung auf Biturbo-Technik die sagenhafte Leistung von 987 PS. Alle Umbau-Maßnahmen zusammen verhalfen dem Fahrzeug zum ersehnten Durchbruch: Mit 409 km/h ging die Auszeichnung »schnellster straßenzugelassener Wagen« erneut nach Dortmund und 9ff hatte sich zum offiziell zugelassenen Fahrzeughersteller gemausert.

Der Traum erfüllt sich: Die schnellsten Porsche-basierten Sportwagen der Welt

2009 konnte Fatthauer seinen ursprünglichen Traum erfüllen. Mit 1000 PS Leistung war der 9ff TR 1000 stark genug, um mit 392 km/h Höchstgeschwindigkeit zum weltweit stärksten Porsche 911 gekürt zu werden.

Im selben Jahr stellten die Dortmunder nach dem GT9 ihre zweite Eigenkonstruktion vor, den klassischen Roadster 9ff Speed9, dem der Porsche 997 Turbo zugrunde lag. Sein Biturbo-Motor leistete 650 PS und beschleunigte den Wagen in nur vier Sekunden von 0 auf 100 km/h.

Nomen est omen: Der 9ff TR 1000 war mit 1000 PS der stärkste Elfer der Welt. (Foto: © 9ff)

Der 9ff Speed9 basierte auf dem Porsche 997 Turbo und erschien 2009. (Foto: © 9ff)

Die Höchstgeschwindigkeit des 9ff GT9-R lag bei 414 km/h. (Foto: © 9ff)

Der 9ff GTurbo basierte auf dem Porsche GT3. Die Fahrleistungen in der 1200-PS-Version waren identisch mit denen des 9ff GT9 R. (Foto: © 9ff)

Der 9ff GTronic 1200 hatte einen von Fatthauer neu entwickelten Sechszylinder-Boxermotor. (Foto: © 9ff)

Limitiert auf 20 Stück war 2009 der 9ff GT9-R, eine Weiterentwicklung des GT9, der mit Leistungen von 750, 987 und 1120 PS angeboten wurde. Ausgestattet mit 4-Liter-Boxer-Motoren und einem wahlweise manuellen oder sequentiellen Sechsgang-Getriebe, erreichte der Wagen Höchstgeschwindigkeiten zwischen 380 und 414 km/h.

Ebenfalls in drei Leistungsklassen – die höchste davon betrug 1198 PS – bot 9ff im Jahr 2010 den 9ff GTurbo an, der auf dem Porsche GT3 bzw. GT3 RS basierte. Von 0 auf 100 km/h beschleunigte die 1200-PS-Version in nur 2,8 Sekunden, ihre Höchstgeschwindigkeit lag bei 414 km/h.

Eine weitere Eigenentwicklung, diesmal speziell für die Rennpiste, war 2011 der 9ff GT9 CS. »CS« stand für »Clubsport«. Sein 3,6-Liter-Boxermotor mit zwei Turboladern bescherte dem Clubsport eine Leistung von 750 PS. Seine Karosserie war einteilig gehalten und bestand, ebenso wie der Heckflügel, aus Carbon.

2012 stellte 9ff den ebenfalls auf dem Porsche GT3 basierenden 9ff GT9-Vmax vor. Mit einer Spitzengeschwindigkeit von 437 km/h riss das Fahrzeug den Titel als schnellster straßenzugelassener Wagen wieder an sich. Möglich machte dies nicht zuletzt der 1400 PS starke Sechszylinder-Biturbo-Boxer mit 4,2 Litern Hubraum.

Der jüngste Fahrzeugumbau aus Dortmund hört auf die Bezeichnung 9ff GTronic und stammt vom Porsche 911 (997) Turbo Cabriolet. Das Vorbild aus Zuffenhausen leistet »lediglich« 480 PS, die Mannen um Jan Fatthauer haben diese Leistung auf 1200 PS aufgeblasen – dies u. a. dank des selbst konstruierten Sechszylinder-Boxermotors mit Garett-Turbolader. Die Spitzengeschwindigkeit des GTronic liegt bei 375 km/h.

ABT

Im Jahr 2011 feierte der Kemptener Autotuner Abt sein 115-jähriges Firmenjubiläum. Von Anfang an hatte sich bei den Allgäuern dabei alles um Pferdestärken gedreht, anfangs um natürliche, später um künstliche, das Letztere aber so erfolgreich, dass »Abt Sportsline« längst nicht mehr nur für das Veredeln von Sportwagen steht, sondern auch Synonym für ein seit vielen Jahren erfolgreiches Team im Motorsport ist.

Christian Abt (hier mit Kris Nissen) gewann 1999 auf einem A4 die letzte Meisterschaft des Super Tourenwagen Cups. (Foto: © Abt Sportsline GmbH)

Von der Pferdeschmiede zum »Auto-Abt«

Der Familienbetrieb Abt existierte bereits zu einer Zeit, als Automobile gerade erst das Laufen lernten. Im Jahr 1896 machte sich Johann Abt mit einer Pferdeschmiede im heimatlichen Kempten selbständig. Klugerweise ignorierte die Familie Abt die neumodischen, motorisierten Beförderungsmittel jedoch nicht, sondern begann einige Jahre später damit, ihre Dienstleistungen um Reparaturen und den Handel mit den selbigen zu erweitern.

Nach dem Ersten Weltkrieg liefen Schmiede und Autoservice weiterhin parallel nebeneinander her, bis die Zunahme des Geschäftsvolumens mit den Automobilen gegen Ende der 20er Jahre schließlich eine Trennung beider Bereiche erforderlich machte. Johann Abt betrieb von nun an bis zu seinem Tod im Jahr 1933 die Schmiede alleine weiter. Seine Söhne hingegen übernahmen das Automobilgeschäft und nannten den nunmehr eigenständigen Betrieb Auto-Abt. Das Sortiment dieses Autohauses bestand aus Horch- und Audi-Fahrzeugen.

Die ersten Jahre nach dem Zweiten Weltkrieg, in denen der Pkw-Verkauf am Boden lag, überbrückte die Familie Abt mit der Reparatur von Militärfahrzeugen. Eine Zeit lang ergänzte der Handel mit Borgward-Lkw diesen Service, bis die Pkw-Verkäufe wieder kräftig anzogen und den Betrieb alleine trugen.

Abt als Autotuner

Für den weiteren Weg des Kemptener Familienbetriebs entscheidend sollte das Engagement von Johann Abt, Enkel des Firmengründers gleichen Namens, im Motorsport werden. Um 1950 begann dieser eine erfolgreiche Karriere als Motorradrennfahrer. Dabei kam ihm sein Talent zugute, die Motoren seiner Maschinen auf mehr Leistung zu trimmen, als ursprünglich in diesen steckte. Ein Talent, das Begehrlichkeiten auch bei anderen weckte. So entstand aufgrund der Nachfrage neben dem Verkauf von Automobilen mit dem

Tuning derselben ein weiteres Geschäftsfeld der Kemptener. In den 60er Jahren wurde dieses mit der Gründung der Abteilung ABT-Tuning schließlich offiziell gemacht. Hatten sich die Tätigkeiten auf diesem Gebiet anfänglich vor allem auf DKW-Fahrzeuge konzentriert, wechselte Abt nach dem Ende dieser Automarke auf VW und Audi. In späteren Jahren gesellten sich die VW-Konzerntöchter Skoda und Seat hinzu.

Seit dem Einstieg in die Veredelung des VW Golf in den Endsiebzigern gehörte Abt endgültig zu den Großen in dieser Branche. Mit Beginn der 80er Jahre erweiterten sich die Tuning-Dienstleistungen der Firma um das Motorchiptuning, bei dem die elektronische Motorensteuerung verändert wird, um die Leistung des Motors kräftig zu erhöhen.

Zu den Kreationen der Kemptener gehörte beispielsweise der Abt Golf GTI von 1982, dessen extreme Ausbaustufe mit einem 163-PS-Turbomotor und sehr hartem Fahrwerk mehr an einen Renn- als einen Straßenwagen denken ließ. Oder der allradgetriebene Abt Golf R von 2010 mit Sechsgang-Doppelkupplungsgetriebe, dessen Leistung um 40 auf 310 PS gesteigert wurde, was auch in Sachen Spitzengeschwindigkeit mit etwa 261 km/h das VW-Serienmodell übertraf. Mittlerweile gehören längst alle VW-Modelle zum Spielmaterial von Abt, ebenso diejenigen von Audi. Besonderen Bekanntheitsgrad unter den veredelten Audi-Fahrzeugen erwarben sich die Modelle R8, A1 und A5 sowie RS6.

Der Tuningbereich von Abt war so erfolgreich, dass bereits um das Jahr 2000 Vertretungen in beinahe 70 Ländern bestanden, die zusammen an die 200 Mitarbeiter beschäftigten. So verwundert es nicht, dass bereits zu Beginn der 90er Jahre zum vierten Mal ein größeres Firmengebäude bezogen werden musste. Zugleich übernahmen die Söhne von Gründerenkel Johann Abt die Geschäftsführung der in ABT Sportsline GmbH umbenannten Firma und nach dessen Tod 2003 die Gesamtleitung. Das 2002 abermals erweiterte Firmengebäude umfasst seitdem eine Ausstellungsfläche sowie ein Motorsport-Museum. Auch ins Ausland expandierte Abt: Seit 2008 besteht mit der Abt Asia Ltd. eine Tochterfirma in Singapur.

2011 fügten die Kemptener der Firma ein weiteres Standbein mit der Gründung der Eventagentur ABT Lifestyle GmbH hinzu. Diese organisiert Veranstaltungen für Privat- und Geschäftskunden und bietet Interessierten außerdem ein Fahrertraining an.

Erfolgreich im Motorsport

Die Rennsportaktivitäten des Gründerenkels Johann Abt mit seinen 300 Siegen auf dem Motorrad führten nicht nur zum Einstieg in die Fahrzeugveredelung, sondern begründeten zudem die Tradition von Abt-Familienmitgliedern als Rennfahrer und riefen später das Abt-Sportsteam ins Leben. Sohn Christian wurde 1983 Deutscher Motocrossmeister und gewann 1999 im privaten Abt-Sportsline-Team den STW-Cup im Audi A4 quattro.

Angespornt durch diesen Erfolg beschloss Abt, mit dem Abt-Audi TT-R – konstruiert in gerade einmal 100 Tagen – im Jahr 2000 an der DTM teilzunehmen. Nur zwei Jahre später wurde dieses Wagnis mit dem Gewinn des Titels belohnt. Dies rief Audi auf den Plan, die ab 2004 mit dem Abt-Sportsline-Team wieder in die Deutsche Tourenmeisterschaft einstiegen. Nun als Werksteam von Audi agierend, trugen die Fahrer von Abt nicht nur neue Overalls, sondern saßen zusätzlich in einem neuen Wagen, nämlich im Audi A4.

Hatten bislang mit Audi, Mercedes und Opel drei Fahrzeugkonstrukteure an diesem Wettbewerb teilgenommen, führten in den kommenden fünf Jahren Audi und Mercedes ein Duell unter sich allein aus. Nach zwei für Audi durchwachsenen Jahren gelang ab 2007 mit dem Abt-Sportsline-Team ein sensationeller Hattrick: Mattias Eckström holte den Titel 2007, Timo Scheider gewann den DTM-Cup sogar zweimal, 2008 und 2009. Insgesamt hatte es Abt in den Jahren des DTM-Engagements bis dahin auf 39 Siege gebracht.

Weitere Erfolge konnte Abt bei den ADAC GT Masters der Jahre 2009 und 2010 für sich verbuchen: 2009 holte Christian Abt auf einem Audi R8 LMS hier die Fahrermeisterschaft, ein Jahr darauf gewann das Abt-Sportsline-Team den Mannschaftstitel.

Im Werksauftrag macht das Audi Sport Team Abt Sportsline in der DTM Jagd auf Mercedes. Hier Mattias Ekström 2009 auf dem Nürburgring. (Foto AnMoKio © cc-by-sa 3.0)

Nicht gerade dezent: Showfahrzeuge wie dieser Golf mit Flügeltüren machten Abt zu einer festen Größe im Automobilgeschäft. (Foto: © Abt Sportsline GmbH)

Seit über einem Jahrzehnt betreut ABT Sportsline die Cup-Fahrzeuge von VW. Seit 2010 ist das der Scirocco. (Foto: © Abt Sportsline GmbH)

Abt TT RS Cabriolet (Foto: ©Abt Sportsline GmbH)

Abt A1 quattro. (Foto: © Abt Sportsline GmbH)

Abt R8 (Foto: © Abt Sportsline GmbH)

Abt bot für den Audi-Zehnzylinder diverse Ausbaustufen. Der 5,2 ltr. FSI erstarkte so um 75 auf rund 600 PS. (Foto: © Abt Sportsline GmbH)

Außerdem standen umfangreiche Aerodynamikkits im Angebot, etwa eine neue Frontschürze samt Grill, 19-Zoll-Räder, Gewindefahrwerk und weitere Besonderheiten. (Foto: © Abt Sportsline GmbH)

ALPINA

Dass heute beim Namen »Alpina« kaum noch jemand an Schreibmaschinen denkt, jedoch sehr wohl an einen der erfolgreichsten Tuner und Kleinserienhersteller von Sportwagen, ist das Verdienst von Burkard Bovensiepen. Zu Beginn der 60er Jahre begann der junge Mann damit, im Betrieb seines Vaters für Büromaschinen in Buchloe einen Motoraufrüstsatz mit Weber-Doppelvergaser für den BMW 1500 zu entwickeln. Die Qualität seiner Verbesserungsmaßnahmen sprach sich schnell auch bis zu BMW herum, mit der Folge, dass ab 1964 der Münchner Autohersteller seine Fahrzeuggarantie auf die von Bovensiepen getunten BMW-Modelle ausdehnte.

Das Alpina-Emblem. (Foto: © BMW Alpina)

Der Autotuner Alpina entsteht

Derartig geadelt, gründete der junge Autotuner Mitte der 60er Jahre seine eigene Firma, die Burkard von Bovensiepen KG mit anfangs nicht viel mehr als einem halben Dutzend Mitarbeitern. Mittlerweile wurden weitere Aufrüstsätze für die BMW-Modelle 1800 und 1600 sowie die sportlichen Varianten 1800 Ti und 2000 Ti angeboten. Berührten die Tuning-Aktivitäten des Teams um Bovensiepen anfangs nur Doppelvergaser und Nockenwelle, so wurden später sogar komplett veredelte Motoren zum Einbau angeboten. Doch die Motoren blieben nicht das alleinige Ziel von Alpinas Veredelungsmaßnahmen, zu ihnen gesellten sich schließlich veränderte Fahrwerke und Bremsanlagen. Selbst vor der Innenausstattung machten die Buchloer nicht Halt.

Ende der 60er Jahre war für Alpina der Zeitpunkt gekommen, sich im Motorsport zu engagieren und die aufgerüsteten BMW-Sportwagen erstmalig mit dem neu entworfenen Alpina-Logo zu schmücken, das sich aus einem Doppelvergaser links vom Alpina-Schriftzug und einer Nockenwelle rechts davon zusammensetzte.

Schließlich stellte Alpina selbst ein Rennteam zusammen und gewann 1970 mit den Fahrern Derek Bell, Harald Ertl, Niki Lauda, Jacky Ickx, James Hunt, Brian Muir und Hans Stuck die europäische Tourenwagenmeisterschaft sowie das 24-Stunden-Rennen von Spa-Francorchamps.

In den Anfangsjahren bot Alpina noch komplette Aufrüstsätze für aktuelle BMW-Modelle an. (Foto: © Schwab)

Das Firmengelände von BMW Alpina in Buchloe. (Foto: Jensibua, © PD)

Die Erfahrungen aus diesen Rennen bestärkten die Buchloer Firma darin, BMW zu ermutigen, unter Alpinas Projektleitung eine Leichtgewichtsversion des BMW 3.0 CS für den Tourenwagensport zu entwickeln. Mit diesem Leichtgewichts-Coupé, dessen letzte Ausbaustufe wegen des großen Heckflügels auch scherzhaft »Batmobil« genannt wurde, beteiligte sich Alpina ab 1973 erfolgreich an vielen Langstreckenrennen und gewann mit den Fahrern Bell, Lauda, Ertl und Muir Mannschafts- und Herstellertitel. Im Jahr 1975 holten auf eben diesem Batmobil Alain Peltier und Siegfried Müller am Ende der Europäischen Tourenmeisterschaft den Fahrer-Titel. Diese Version des 3.0 CSL leistete 430 PS, wog dabei aber lediglich 1090 kg.

Der Gewinn der Europäischen Tourenmeisterschaft von 1977 durch Dieter Quester am Steuer eines 335 PS starken, aus Ersatzteilen zusammengebastelten BMW Alpina 3.5 CSL setzte dann zunächst einmal einen Schlusspunkt unter die Rennsportaktivitäten von Alpina. Bovensiepen zog sich für ganze zehn Jahre aus dem Motorsport zurück und fokussierte seine Anstrengungen auf die Veredelung und Entwicklung von Fahrzeugen für die Straße.

Vom Autotuner zum innovativen Autohersteller

Die Tuning-Maßnahmen der Firma um Burkard Bovensiepen hatten sich derart ausgeweitet, dass es nahe lag, komplette Fahrzeuge zu entwickeln. Der Bau einer Einzeldrosselanlage markierte bereits den Übergang zum Fahrzeughersteller; eine solche zierte ab jetzt auch das neue Alpina-Logo in den Farben Grün und Blau. Ende der 70er Jahre entstanden dann die ersten drei Straßenwagen in eigener Regie als Hersteller: der B6 2.8, abgeleitet vom BMW E21 der 3er-Reihe, die B7-Turbo-Limousine auf Grundlage des BMW E12 der 5er-Reihe, damals als 3-Liter-Viertürer mit 300 PS die schnellste Limousine weltweit, sowie das B7-Turbo-Coupé auf Basis des BMW E24 der 6er-Reihe.

Eine erste von zahlreichen in den kommenden Jahren noch folgenden technischen Innovationen wurde bereits diesen drei Eigenentwicklungen beigegeben: ihre Motoren verfügten über eine vollelektronische Computerzündung – ein Novum in diesen Tagen.

Seit 1983 offiziell als Autohersteller registriert, sorgte Alpina mit seinen immer nur in Kleinserien hergestellten Fahr-

Ende der 60er-Jahre begann Alpina, sich im Rennsport zu engagieren. Mit dem Leichtbaucoupé 3.0 CSL fuhren die Buchloer Anfang der 70er große Erfolge ein. (Foto: © Alpina)

Die 6er-Reihe von BMW veredelte Alpina im Sommer 1985 mit dem B10 3.5. (Foto: © ALPINA Burkard Bovensiepen GmbH)

Das 97 Mal gebaute B12 5.0 Coupé auf Basis des 8er hatte den Fünfliter-Zwölfzylinder mit 350 PS unter der Haube. (Foto: © ALPINA Burkard Bovensiepen GmbH)

Der Roadster Limited Edition war mit 66 produzierten Autos einer der exklusivsten Alpinas überhaupt. (Foto: © ALPINA Burkard Bovensiepen GmbH)

zeugen für weitere Neuerungen. 1985 rüstete die Firma alle Autos zwecks Reduzierung des Schadstoffausstoßes mit Emitec-Metallkatalysatoren aus. Zehn Jahre später wurde ein »Superkat«, ein elektrisch aufgeheizter Katalysator, in den B12 5.7 E-Kat eingebaut, der die Schadstoffemissionen um ganze 80 % senkte.

1989 erneuerte Alpina mit dem B10 Bi-Turbo seinen Geschwindigkeitsrekord. Die viertürige Dreiliter-Limousine schaffte aufgrund ihrer beiden Turbolader 360 PS und wurde so die schnellste Straßenlimousine der Welt. Weitere Highlights betrafen zu Beginn der 90er Jahre die Steuerung von Getriebe und Kupplung: 1992 brachte Alpina die weltweit erste elektrisch gesteuerte Kupplung (Shifttronic) auf den Markt, ein Jahr später ermöglichte das Switch-Tronic-Getriebe ein manuelles Eingreifen in die Automatikschaltung mittels Tastern, die sich auf der Rückseite des Lenkrades befanden.

Mittlerweile stellte Alpina nicht nur Fahrzeuge auf Basis der BMW 3er-, 5er- und 6er-Reihe her, auch die 7er- und 8er-Reihen sowie die Roadster mit dem Z im Namen wurden nun miteinbezogen.

Mit dem ersten Diesel in dieser Hochleistungs-Sportwagenklasse und stolzen 238 PS Leistung überraschte der Hersteller aus Buchloe im Jahr 1999 die Öffentlichkeit. Der D10 Bi-Turbo war eine Gemeinschaftsleistung von Alpina und BMW und fand unter den Dieselautos weltweit nicht seinesgleichen.

Zu den jüngsten Modellen von Alpina gehören der B6 Bi-Turbo mit V8-Motor, einem Hubraum von 4395 cm^3, einem Achtgang-Sport-Automatik-Switch-Tronic-Getriebe und einer Höchstgeschwindigkeit von 320 km/h. Mit einem 4,4-Liter-V8-Motor mit Biturbo-Aufladung kommt der B7 Bi-Tur-

BMW Alpina B6 Bi-Turbo. (Foto: © BMW Alpina)

Der Alpina B6 Bi-Turbo als Coupé und Cabriolet. Im Apina-Trimm schöpfte der 4,4-l-Achtzylinder 540 PS, das maximale Drehmoment lag bei 730 Nm. (Foto: © ALPINA Burkard Bovensiepen GmbH)

BMW Alpina D5 Bi-Turbo. (Foto: © BMW Alpina)

Limitiert auf 99 Einheiten, war der BMW Alpina B3 GT3 ab Frühjahr 2012 erhältlich. (Foto: © ALPINA Burkard Bovensiepen GmbH)

bo; satte 540 PS erlauben ihm eine Höchstgeschwindigkeit von 312 km/h. Erneuert hat Alpina das Modell B3 Bi-Turbo, dessen doppelt aufgeladener Reihensechszylinder nun 410 PS stark ist und eine Höchstgeschwindigkeit von 300 km/h ermöglicht.

Zurück auf der Rennpiste

Nachdem man Ende der 70er Jahre dem Motorsport den Rücken gekehrt hatte, beteiligte sich Alpina in den Jahren 1987/88 an der Deutschen Tourenwagenmeisterschaft, für die Burkhard Bovensiepen persönlich die Regeln festgelegt hatte. Trotz vieler Siege mit den Fahrern Christian Danner, Fabien Giroix, Peter Oberndorfer, Andy Bovensiepen und Ellen Lohr war dies nur ein Kurzzeitengagement, und es dauerte diesmal sogar mehr als zehn Jahre, bis Alpina erneut in den Rennsport zurückkehrte.

2009 beteiligte sich Alpina mit dem B6 GT3 und einem eigenen Team erfolgreich an der neuen GT3-Europameisterschaft sowie an zahlreichen Langstreckenrennen. Mit den Fahrern Andreas Wirth, Jens Klingmann, Claudia Hürtgen, Csaba Walter und Chris Mamerow konnte das Team dabei vier Siege einfahren.

Im Jahr 2010 existierte wiederum kein eigenes Alpina-Team, doch unterstützte der Buchloer Autohersteller eine Reihe von Kundenteams, die weiterentwickelte Modelle des B6 GT3 erfolgreich bei der GT3-Europameisterschaft und anderen Rennen wie den ADAC Masters einsetzten. 2011 jedoch meldete sich Alpina mit dem limitierten Modell B3 GT3 zurück auf der Bühne des internationalen Rennsports und holte mit dem neuen Rennwagen sofort den Titel in der deutschen ADAC-GT-Serie.

Alpina war 2009 mit dem B6 in der ADAC-GT-Masters-Serie am Start. Hier bei den 1000 Kilometern vom Nürburgring. (Foto: © ALPINA Burkard Bovensiepen GmbH)

Der B3 GT3 mit seinem Dreiliter-Sechszylinder hatte eine Leistung von 408 PS. Die Höchstgeschwindigkeit lag bei 300 km/h. (Foto: © ALPINA Burkard Bovensiepen GmbH)

Der Grundpreis des edlen Renners aus dem Allgäu lag bei 90.000 Euro. (Foto: © ALPINA Burkard Bovensiepen GmbH)

AMG

Was tun, wenn man bei einem der ältesten und prestigeträchtigsten deutschen Automobilhersteller arbeitet, aber viele eigene Ideen hat, wie sich gediegene Oberklasse-Wagen in schnelle Flitzer auch für den professionellen Rennsport verwandeln ließen? Diese Frage stellten sich in den 60er Jahren die beiden Schwaben Hans-Werner Aufrecht und Erhard Melcher, die damals bei Daimler-Benz arbeiteten, und die Antwort, die sie sich selber gaben, bestand in der Gründung der Motor-Tuningfirma AMG (A für Aufrecht, M für Melchior und G für Aufrechts Geburtsort Großaspach) bei Burgstall in der Nähe von Stuttgart im Jahr 1967.

Die Renn-Limousine von AMG erzielte beim 24-Stunden-Rennen von Spa-Francorchamps/Belgien im Jahre 1971 einen international beachteten Erfolg. Gleich bei seinem ersten Einsatz gelang dem 309 kW/420 PS starken 300 SEL 6.8 AMG der Klassensieg und der zweite Gesamtrang. (Foto: © Daimler AG)

Rennmotoren und mehr aus Burgstall/Affalterbach

Entscheidend dafür, dass die kleine Firma bei Burgstall im Tuning-Geschäft richtig Fuß fassen konnte, war ihre Teilnahme an den 24 Stunden von Spa-Francorchamps im Jahr 1971. Die Fahrer Hans Heyer und Clemens Schickentanz konnten überraschend auf ihrem von AMG getunten roten Mercedes 300 SEL 6.8 den zweiten Gesamtplatz für sich verbuchen.

Dieser Erfolg machte das kleine Ingenieursbüro über Nacht nicht nur in Deutschland zu einem Begriff. Weitere Rennerfolge stellten sich 1972 am Nürburg- und am Norisring ein. In der Folge klopften zahlreiche Mercedes-Fahrer bei der jungen Firma an, um ihre Autos von ihr leistungsmäßig auf Vordermann bringen zu lassen. Anfangs betrafen diese Tuningmaßnahmen in erster Linie den Motor, begleitet von kleineren aerodynamischen Verbesserungen an der Karosserie. In späteren Jahren weiteten sich die Veredelungen auf das gesamte Fahrzeug aus und beinhalteten auch Fahrwerk, Bremsen und Getriebe sowie Steuersysteme wie ABS und ESP.

1976 hatte das Geschäftsvolumen derart zugenommen, dass AMG ins benachbarte Affalterbach umzog und sich die Mitarbeiterzahl auf 40 erhöhte. Trotz großer Konkurrenz war die Firma zum Mercedes-Tuner Nr. 1 aufgestiegen.

Maßgeblich trugen zu diesem Erfolg AMGs Rennsporterfolge bei (z. B. der 2. Platz von Schickentanz/Denzel bei der Europäischen Tourenmeisterschaft 1980 auf einem 450 SLC Coupé, abgeleitet von der Mercedes-Benz-C-107-Baureihe), aber auch die Tuningmaßnahmen an der Mercedes-Baureihe W 123.

Weiteren Kundenzulauf brachten in den 80er Jahren die Veredelungen an der Baureihe W 126 (der S-Klasse) sowie am 190 E 2.3. Die Vierventiltechnik des Letzteren wurde vom mittlerweile aus dem Unternehmen ausgestiegenen Erhard Melcher entwickelt.

Wieder war die Zeit gekommen, das florierende Unternehmen zu vergrößern, und so entstand Mitte der 80er Jahre ein zweites Werk in Affalterbach.

AMG und Mercedes arbeiten im Rennsport zusammen

Ab 1986 beteiligte sich AMG mit dem 190 E 2.3 an der Deutschen Tourenmeisterschaft. Daimler unterstützte die erfolgreiche Tuning-Schmiede, sodass ab 1988 eine richtiggehende Rennkooperation zwischen den beiden entstand und AMG bei der DTM quasi als Mercedes-Werksteam fungierte. Belohnt wurde diese Zusammenarbeit im Jahr 1989 durch sieben Siege bei der DTM mit Klaus Ludwig und Kurt Thiim am Steuer, die damit einen Jahresrekord aufstellten.

Die immer engere Verflechtung von Mercedes und AMG gipfelte 1990 in einer offiziellen Partnerschaft zwischen beiden Unternehmen. Im 360 PS starken AMG 190 E 2.5/16 Evo mit seinem 2,5 Liter großen Reihen-Vierzylinder, dem ersten offiziellen Gemeinschaftsprojekt zwischen AMG und Mercedes, errang Kurt Thiim erneut einen DTM-Sieg. Zwei weitere Tourengewinne waren diesem bereits vorangegangen. Ab 1991 wurde die Zusammenarbeit richtig erfolgreich: AMG holte bei der DTM den Team-Titel, Mercedes gewann den Herstellerpreis und Klaus Ludwig wurde Zweiter in der Fahrer-Wertung, ein Jahr später landeten alle drei auf dem ersten Platz.

AMG war mittlerweile ins Mercedes-Marketing- und Vertriebsnetz mit einbezogen und benötigte ein drittes Werk. Die Mitarbeiterzahl war auf stolze 400 angewachsen.

Drei Jahre nach dem Beginn ihrer offiziellen Partnerschaft brachten AMG und Mercedes ihr erstes gemeinsam entwickeltes Fahrzeug auf den Markt: den C 36. Dieser wurde größtenteils in den Mercedes-Montagewerken zusammengebaut, besaß eine Leistung von 280 PS bei einer Spitzengeschwindigkeit von 250 km/h (abgeregelt) und erhielt von Mercedes erstmals eine Werksgarantie. Dieser Umstand trug dazu bei, dass AMG nicht mehr länger nur als Autotuner angesehen wurde; das Patentamt in München stufte das Unternehmen inzwischen als Autohersteller ein.

Nach dem Sieg des 300 SEL 6.8 AMG bei den 24 Stunden von Spa wollten viele Kunden ihren 300er bei AMG tunen lassen. AMG verfeinerte die 300er daraufhin in drei Tuningstufen bis hoch zum hier abgebildeten 300 SEL 6.3 AMG mit bis zu 320 PS. (Foto: © AMG)

Anfang der 90er Jahre brachten die Affalterbacher mit dem 190 E 3.2 AMG ein weiteres Erfolgsmodell auf den Markt. (Foto: © AMG)

AMG gehört heute zum Daimler-Konzern

Nach Einstellung der DTM/ITC (die Konkurrenz war aus Kostengründen ausgestiegen) beteiligten sich AMG und Mercedes-Benz 1997 mit dem in nur 125 Tagen entwickelten CLK GTR an der FIA-GT1-Weltmeisterschaft. Mit diesem V12-Supersportwagen, der 612 PS bereitstellte, wurden AMG, Mercedes und Bernd Schneider Weltmeister. Von der straßenzugelassenen Version wurden gerade einmal 25 Autos gebaut. Im Jahr darauf wiederholten AMG und Mercedes diesen Triumph mit dem weiterentwickelten CLK LM mit V8-Motor, was dazu führte, dass auch aus dieser Rennserie die Konkurrenz ausstieg und sie infolgedessen eingestellt wurde.

In zwei Schritten vollzog sich nun die endgültige Eingliederung von AMG in den Daimler-Konzern. 1999 übernahm DaimlerChrysler die Mehrheitsanteile an den AMG-Aktien, die neue Bezeichnung der Firma lautete nun Mercedes-AMG GmbH. AMG-Mitbegründer Hans-Werner Aufrecht rief gleichzeitig die H.W.A. GmbH (mittlerweile HWA AG) ins Leben, die sich seither um die Motorsportaktivitäten von Mercedes-AMG kümmert.

Sechs Jahre später wurde DaimlerChrysler 100-prozentiger Anteilseigner von AMG, damit war die vollständige Übernahme der Firma aus Affalterbach vollzogen. Seitdem verkörpern die AMG-Fahrzeuge in der Mercedes-Benz-Angebotspalette immer die jeweiligen Spitzenmodelle.

Auch die Formel-1-Weltmeisterschaften fanden nicht gänzlich ohne AMG-Beteiligung statt. Das Unternehmen stellte hierfür Safety Cars (CL 55 AMG F1), Medical Cars (gegenwärtig C 63 AMG T-Modell) und Dienstwagen bereit. Seit 2012 erfuhr AMG eine weitere Adelung; der Name ist nämlich seitdem Namens-Bestandteil des Mercedes-Werksteams in der Formel 1: »Mercedes AMG Petronas F1 Team«.

Während in den folgenden Jahren mit dem CLK-Coupé im Rennsport neue Siege eingefahren wurden, kümmerte sich AMG bei den Straßenwagen immer mehr um spezielle, auch abgehobene Privatkundenwünsche. Mit dem AMG-Performance-Studio werden seit 2006 drei limitierte Editionen angeboten (Signature Series, Black Series, Editions), in deren Rahmen sogar individuelle Einzelanfertigungen mit speziellen Inneneinrichtungen und vielen veränderten technischen Eigenschaften erhältlich sind. War der Weg vom reinen Autotuner bis hierher bereits ein weiter gewesen, erfolgte 2009 in Konsequenz der letzte noch ausstehende Schritt. AMG stellte sein erstes vollständig selbst entwickeltes Fahr-

Mit dem CLK GTR wurden AMG, Mercedes und Bernd Schneider Weltmeister. (Foto: © Daimler AG)

Der CLK GTR Roadster von 2002 beim Tracktest 2010. Am Steuer saß Renn-Legende Dieter Glemser. (Foto: © Daimler AG)

Der SLK 32 AMG erschien im Frühjahr 2001 und hatte einen völlig neuen Kompressor-V6. (Foto: © Daimler AG)

Typisch AMG: Sehr dezent gestaltete sich der Auftritt des SLK 55 AMG. (Foto: © Daimler AG)

Der CL 55 AMG trat 2000 die Nachfolge des CLK 55 AMG als Safety Car an. Der Zweitürer war das erste Serienauto mit ABC-Fahrwerkssystem. (Foto: © Daimler AG)

In der Formel-1-Saison 2006 gab der CLK 63 AMG als Safety Car die Richtung vor. (Foto: © Daimler AG)

Der SL 65 AMG Black Series von 2008 war der erste SL, bei dem das Dach nicht abgenommen werden konnte. Der Über-SL hatte 670 PS und lief 320 km/h. (Foto: © Daimler AG)

Der SLS AMG Coupé Electric Drive ging 2013 bei der Silvretta E-Rallye an den Start. Zuvor hatte er mit 7:56,234 Minuten einen neuen Nordschleifen-Rekord aufgestellt. (Foto: © Daimler AG)

zeug vor: das extrem sportliche Zweisitzer-Coupé SLS AMG mit Flügeltüren und 571 PS starkem V8-Motor, der dem Wagen eine Höchstgeschwindigkeit von 317 km/h beschert. Der SLS AMG kam zusätzlich als offener Roadster auf den Markt, mit beinah identischen technischen Eigenschaften wie das Coupé, trotz höherem Gewicht.

2011 erschien vom Flügeltürer SLS AMG eine Rennversion mit dem Namenszusatz GT3. Ein Jahr später kamen weitere Modelle auf den Markt, darunter der 422-PS-Roadster SLK 55 AMG sowie der mit einem 5,5-Liter-V8-Biturbo-Motor ausgestattete Sportwagen SL 63 AMG mit einer Leistung von 537 PS.

Der bislang stärkste AMG trägt die Bezeichnung SLS AMG Coupé Electric Drive und leistet unglaubliche 751 PS. Angetrieben wird der Flügeltürer von vier Synchron-Elektromotoren, die dem Fahrzeug eine Reichweite von zirka 250 km ermöglichen.

SLS AMG Coupè Black Series, 2012: Der um 60 PS auf 631 PS erstarkte Flügeltürer mit dem 6,3-Liter-V8 beschleunigte in 3,6 Sekunden auf Tempo 100. (Foto: © Daimler AG)

Die Präsentation des SLS AMG Roadster erfolgte im Mai 2011, die Auslieferung aber zog sich noch über ein Jahr hin. (Foto: © Daimler AG)

Bildschön: Der SLS AMG Roadster. (Foto: © Daimler AG)

Nicht zu schlagen: Der SLS AMG GT3 holte den Gesamtsieg beim 24-Stunden-Rennen Nürburgring 2013. (Foto: © Daimler AG)

Alpha und Omega oder Grundstein und (vorläufige) Krönung des AMG-Erfolgs: Der 300 SEL 6.8 AMG und der SLS AMG in der Rennversion als GT3. (Foto: Daimler AG)

ARTEGA

Die Artega GmbH & Co. KG wurde 2006 als Ableger des Elektronikherstellers Paragon AG im ostwestfälischen Delbrück gegründet und war eine Zeit lang der jüngste Automobilhersteller Deutschlands. Und beinahe wäre das Unternehmen drei Jahre später schon wieder Geschichte gewesen: Im Zuge der Finanzkrise geriet Paragon 2009 an den Rand des Abgrunds, Artega-Gründer und Paragon-Eigner Klaus-Dieter Frers musste seine Anteile an der jungen Sportwagenmanufaktur wieder verkaufen und schied aus deren Führung aus.

Das Artega-Logo war stark an das Wappen des Firmensitzes Dellbrück angelehnt. (Foto: © Artega)

Der Kampf ums Überleben

Zu diesem Zeitpunkt hatte Artega gerade die ersten Fahrzeuge der ersten Serie verkauft – der Artega GT war ein exklusiver Mittelmotor-Sportwagen, gezeichnet von keinem Geringeren als Henrik Fisker, der schon den BMW Z8 und den Aston Martin DB9 in Form gebracht hatte. Eigentlich hätte der GT, der 2007 auf dem Genfer Automobilsalon der Öffentlichkeit präsentiert worden war, schon im Jahr 2008 zur Serienreife entwickelt sein sollen, doch nun schien es, als sei selbst der Verkaufsstart in 2009 noch zu früh erfolgt – womöglich schlicht aus Geldnot.

Daran, dass die Geschichte ein gutes Ende nahm, hatte sicherlich die Tatsache großen Anteil, dass man mit Tresalia Capital einen mexikanischen Investor als neuen Eigentümer fand, der offensichtlich mehr an langfristigen Beteiligungen als an kurzfristigen Gewinnmitnahmen interessiert ist. Und Tresalia Capital, einer der Hauptaktionäre der Brauerei, die mit »Corona« ein weltberühmtes Bier braut, gehört Maria Asunción Aramburuzabala, der man ein großes Faible für Autos nachsagt.

Nach der Übernahme fielen im Herbst 2009 zwei segensreiche Entscheidungen: Wolfgang Ziebart wurde neuer Geschäftsführer bei Artega, Peter Müller Leiter des operativen Geschäfts. Dr.-Ing. Wolfgang Ziebart war lange Jahre bei BMW tätig gewesen, zuletzt im Vorstand verantwortlich für Forschung & Entwicklung und Einkauf, danach war er im Vorstand der Continental AG und schließlich Vorstandsvorsitzender der Infineon Technologies AG. Dipl.-Ing. Betriebswirt (VWA) Peter Müller brachte Erfahrungen aus leitenden Positionen bei Porsche, Webasto und ebenfalls BMW mit.

Wolfgang Ziebart, für den es »nichts Spannenderes gab, als einen Sportwagen auf den Markt zu bringen«, bemächtigte sich gleich eines fertigen Artega GTs und testete ihn auf Herz und Nieren. Die Liste mit Verbesserungsvorschlägen, die er in diesen Tagen erstellte, war keine kurze, und sie mag nachträglich als deutliches Indiz dafür gelten, dass die ersten Exemplare des Sportwagens gebaut und verkauft worden waren, bevor der Wagen wirklich Serienreife erlangt hatte.

Zweiter Anlauf

Aber sowohl die neuen Chefs als auch die neue Eigentümerin meinten es wirklich ernst mit ihrem Vorhaben, den Artega zu einer Erfolgsgeschichte zu machen. Deshalb genehmigte Tresalia Capital einen sechsmonatigen Produktionsstopp, um in dieser Zeit dem Artega GT die nötige (Serien-)Reife angedeihen zu lassen. Und weil niemand wollte, dass auf den Straßen Sportwagen unterwegs waren, die den Namen Artega trugen, ohne den eigenen Ansprüchen der neuen Artega-Verantwortlichen zu genügen, kaufte man von den Kunden alle bislang ausgelieferten Fahrzeuge zurück, um sie auf den neuesten Stand zu bringen. Nun gut, es handelte sich dabei lediglich um acht (in manchen Quellen ist von neun die Rede) Exemplare, aber man sollte die Bedeutung einer solchen Aktion mit ihrem symbolischen Charakter gewiss nicht unterschätzen ...

Im Mai 2010 wurden die ersten Artega GT der zweiten, nachgebesserten Generation ausgeliefert, im ersten Jahr (bis Mai 2011) wurden gut 60 Exemplare verkauft. Für die Serienproduktion des zunächst einzigen Modells, des Artega GTs, hatte die Artega Automobil GmbH & Co. KG ein neues Automobilwerk in Delbrück geschaffen, in dem bis zu 500 Einheiten pro Jahr gefertigt werden können. Zwei Baukörper im Artega-Design prägen das Zentrum der jungen Automarke mit einer Produktionsfläche von 4000 m². In der Manufaktur mit Rohbau und Endmontage entstehen in der Artegastraße 1 die Fahrzeuge, im benachbarten Marken- und Vertriebszentrum werden die weltweite Vermarktung und der Kundenservice organisiert.

Der Artega GT, der zu Beginn des Jahres 2011 für knapp 84.000 Euro zu haben war, zählte mit 1285 kg zu den Leichtgewichten unter den Sportwagen. Möglich wurde dies durch einen Aluminium-Spaceframe in Verbindung mit hochfesten Stählen und kohlefaserverstärkten Verbundwerkstoffen. Angetrieben wurde der GT von einem V6 mit 3597 cm³, der es auf immerhin 300 PS brachte. Dass dieses Triebwerk aus dem Hause VW stammte, wo es beispielsweise im Passat CC eingesetzt wurde, war sicherlich kein Nachteil. Im wesentlich leichteren Artega jedenfalls garantierte es beeindruckende Fahrleistungen, brachte den 1,18 m flachen Renner in 4,8 s auf Tempo 100 und auf eine Höchstgeschwindigkeit von 270 km/h. (Mit 4,015 m war der Artega in etwa so lang wie ein Kleinwagen, machte sich aber mit 1,88 m ähnlich breit wie eine Luxuslimousine.) Übrigens stammten außer dem Motor auch noch das Sechsgang-Direktschaltgetriebe und eine Reihe weiterer Bauteile aus dem VW-Regal. Dafür aber war der Artega GT, zumindest gemessen an seiner Exklusivität und seiner recht üppigen Serienausstattung – im Vergleich zu anderen Sportwagenherstellern war die Liste aufpreispflichtiger Sonderausstattungen bei dem Zweisitzer aus Delbrück extrem kurz – trotz des beachtlichen Preises nicht überteuert.

Die ersten Exemplare des Artega GT waren offensichtlich verkauft worden, noch bevor der Wagen wirklich Serienreife erlangt hatte. (Fotos: Thomas Doerfer, © CC-BY-2.0)

Artega SE mit Elektroantrieb

Im Oktober 2010 nahm Peter Müller auf dem Chefsessel bei Artega Platz, sein Vorgänger Wolfgang Ziebart wechselte in den Beirat des Unternehmens, der bis dato ausschließlich mexikanisch besetzt gewesen war, und widmete sich fortan verstärkt der Entwicklung eines Hybrid-Modells des Sportwagens.

Der erste Ableger des Artega GTs, der der Öffentlichkeit präsentiert wurde, besaß dann aber (noch) keinen Hybrid-, sondern stattdessen einen rein elektrischen Antrieb. Als SE (das »SE« steht für »Sport Electric«) verfügt der Artega über zwei unabhängig voneinander arbeitende Elektromotoren an den Hinterrädern, die zusammen 380 PS leisten und den SE damit in 4,3 s auf Tempo 100 beschleunigen, also nochmals 0,5 s schneller als der GT. Die Höchstgeschwindigkeit des E-Artegas liegt bei mindestens 250 km/h.

Ihren Strom beziehen die beiden Elektromotoren aus Lithium-Ionen-Polymerzellen, die in insgesamt 16 Modulen zusammengefasst sind, von denen zwölf im Heck und vier

Im Mai 2010 wurden die ersten Artega GT der zweiten, nachgebesserten Generation ausgeliefert. Hier im Bild das Exponat auf der IAA 2011 in Frankfurt. (Fotos: David Villarreal Fernandez, © CC-BY-SA-2.0)

vorne untergebracht sind. Damit bleibt die Gewichtsverteilung des SE – 47 Prozent auf der Vorder-, 53 Prozent auf der Hinterachse – die gleiche wie beim GT. Allerdings liegt das Gesamtgewicht des SE mit 1400 kg um 125 kg über dem des GTs – kein Wunder bei einem Gewicht von insgesamt 460 kg, das Elektromotoren und Batteriemodule auf die Waage bringen. Dafür aber ist der SE mit einer Reichweite von 200 km bei normaler Fahrweise und von bis zu 300 km bei entsprechend behutsamem Umgang mit dem Gas- respektive Strompedal sowie mit einer Ladedauer von 90 Minuten bei komplett leeren Batterien – eine entsprechende Ladeleistung vorausgesetzt – doch schon in erstaunlichem Maße alltagstauglich.

Vorgestellt wurde der Artega SE am 1. März 2011 auf dem Genfer Automobilsalon, eine Fahrpräsentation war für den Spätsommer des gleichen Jahres geplant. Artega selbst kündigte für den SE einen Preis von etwa 150.000 Euro an.

Das Aus für Artega

Das Jahr 2012 sollte für Artega – ebenso wie für einige Mitbewerber – kein glückliches werden. Die bis zu 80.000 Euro, die für einen Sportwagen der Dellbrücker Schmiede zu berappen waren, erschienen vielen potentiellen Käufern wohl als zu viel Geld. So kam es, dass sich Artega zu Beginn des neuen Jahres nach einem möglichen Käufer umschauen musste. Zwar präsentierten sie auf dem Genfer Autosalon noch ihre neue Modell-Studie mit Glasdach, doch weil sich kein Käufer für den Betrieb finden wollte, blieb Artega nichts anderes übrig, als im Juli 2012 die Insolvenz zu beantragen.

Ende September übernahm schließlich der Dellbrücker Autozulieferer Paragon AG die Vermögenswerte des nicht mehr zu rettenden Sportwagenbauers. Gründer und Vorsitzender von Paragon war und ist Klaus Dieter Frers, maßgeblicher Ideengeber für den Artega-Sportwagen, der bis 2009 zudem noch Mehrteilseigner bei Artega gewesen war und seine Anteile damals an einen mexikanischen Investor hatte abgeben müssen. Zum Glück für die Angestellten von Artega sah sich Paragon in der Lage, sämtliche bisherigen Artega-Mitarbeiter zu übernehmen. Das Abenteuer des Artega-Sportwagens war damit Geschichte, die Produktion endete nach genau 130 produzierten und verkauften Fahrzeugen.

Der Artega GT, der zu Beginn des Jahres 2011 für knapp 84.000 Euro zu haben war, zählte mit 1285 kg zu den Leichtgewichten unter den Sportwagen. (Fotos: © Artega)

Die Liste aufpreispflichtiger Sonderausstattungen war beim Artega ziemlich kurz. (Foto: © Artega)

Der Artega SE tankte an der Steckdose. Seine beiden Elektromotoren brachten den Wagen auf mindestens 250 km/h. (Foto: © Artega)

AUDI

Die Firma Audi, wie wir sie heute kennen, geht auf das Jahr 1965 zurück. In ihrer Ahnengalerie sind vier verschiedene Marken zu finden, aus deren Zusammenschluss schließlich die Auto Union hervorging, die dann wiederum zu Audi wurde. Audi war die zweite Marke von Volkswagen und genoss lange Zeit den Ruf, eher langweilige Autos zu bauen. Mit dem ersten Quattro von 1980 änderte sich das nachhaltig.

Der Start: Im März 1980 wurde der erste Audi quattro auf dem Genfer Automobilsalon vorgestellt. (Foto: © Audi AG)

Audi quattro

Die Quattro-Ursprünge reichen in den Winter 1976/77 zurück – damals unternahm eine Gruppe von Audi-Ingenieuren Testfahrten im tief verschneiten Schweden. Zu Vergleichszwecken fuhr ein Iltis mit – trotz seiner nur 75 PS ließ der hochbeinige Geländewagen den viel stärkeren Audi-Prototypen mit ihrem Frontantrieb keine Chance. Wenige Wochen später begann ein kleines Team von Ingenieuren, an der Spitze der damalige Entwicklungsvorstand Dr. Ferdinand Piëch, ein Allrad-Auto zu entwickeln. Der Geniestreich von Audi, der die quattro-Technologie erst möglich machte, bestand in der Hohlwelle – einer hohl gebohrten Sekundärwelle im Getriebe, über die Kraft in zwei Richtungen fließt. Von ihrem hinteren Ende aus treibt sie das Mittendifferenzial an. Die andere Hälfte des Antriebsmoments gelangt über eine Abtriebswelle, die in der hohlen Sekundärwelle rotiert, zum Differenzial der Vorderachse. Die Hohlwelle ermöglichte einen Allradantrieb, der praktisch verspannungsfrei, leicht, kompakt und effizient im Wirkungsgrad war und ohne schweres Verteilergetriebe nebst zweiter Kardanwelle auskam. Die revolutionäre Technologie feierte ihr Debüt auf dem Genfer Salon 1980 im neuen Audi quattro, einem kantig gestylten 200-PS-Coupé. Anfangs nur als Kleinserie geplant, entwickelte sich der Ur-quattro aufgrund der großen Nachfrage zum Erfolgsmodell; immer wieder verfeinert, blieb er bis 1991 im Programm. 1984 stellte ihm Audi den Sport quattro mit 306 PS Leistung und um 32 cm verkürztem Radstand zur Seite, der in der Wettbewerbsausführung 400 PS brachte. Quattro und quattro S1 revolutionierten den Rallyesport, Höhe- und Endpunkt war der 500 PS starke Sport quattro S1 für den Einsatz in der Gruppe B. Seinen größten Triumph feierte der dann 598 PS starke S1 1987 am Pikes Peak: Walter Röhrl sorgte für den dritten Audi-Sieg in Folge beim Bergrennen in Colorado/USA. Bis zum Audi-Ausstieg 1986 aus der Rallye-WM hatten die Ingolstädter vier Titel in der Rallye-WM und drei Siege am Pikes Peak eingefahren.

Mit dem Ur-quattro revolutionierte Audi 1981 die Rallye-Weltmeisterschaft. (Foto: © Audi AG)

1985: Walter Röhrl gewinnt mit dem Audi Sport quattro S1 die Rallye San Remo. (Foto: © Audi AG)

1987: Walter Röhrl sorgt mit dem Audi Sport quattro S1 für den dritten Audi-Sieg in Folge am Pikes Peak. (Foto: © Audi AG)

TT/TTS

Der TT der Volkswagen-Tochter begann seine Karriere als Studie auf der IAA 1995. Drei Jahre später gab dann die Serienausführung des Audi-Zweisitzers ihr Debüt: Die Bezeichnung »TT« war eine Verbeugung vor der eigenen Vergangenheit, etwa in Gestalt des NSU TTS. Für das Design zeichnete in erster Linie Peter Schreyer verantwortlich, der später die koreanische Marke Kia neu einkleidete. Die Motorenpalette umfasste zunächst einen 1,8-Liter-Fünfventil-Turbomotor in zwei Leistungsstufen – 180 bis 225 PS –, später wurde die Modellreihe sowohl nach oben als auch nach unten (150 PS) ausgebaut. Je nach Ausführung bestand auch die Wahl zwischen Zwei- und Vierradantrieb. Zum stärksten Audi TT der bis 2006 gebauten ersten Generation avancierte der 250 PS starke Sechszylinder im 3.2 quattro. Die Produktion des Coupés wie auch des ab Herbst 1999 gelieferten Roadsters erfolgte überwiegend im ungarischen Györ.

Die zweite TT-Generation ging im April 2006 in den Markt, die technische Basis stammte, wie schon beim Vorgänger, vom Konzernbruder Golf. Das Motorenangebot wurde deutlich ausgebaut und im Laufe der Modelljahre wesentlich erweitert, so etwa um einen 2,0-Liter-TDI mit 170 PS im Frühjahr 2008. In jenem Jahr folgte auch die TTS-Variante mit dem 272 PS starken Zweiliter-TFSI; 2009 krönte dann der TT RS als stärkste und schnellste Sportvariante die TT-Familie: Hier kam ein 2,5-l-TFSI mit 340 PS und 450 Nm Drehmoment zum Einsatz. Das TT RS Coupé katapultiert sich in 4,6 Sekunden aus dem Stand auf 100 km/h, der Roadster in 4,7 Sekunden. Die Spitze von abgeregelten 250 km/h ist bei beiden Varianten Formsache; auf Wunsch kann sie auf 280 km/h angehoben werden. Dank der Audi-Space-Frame-Bauweise (ASF), die im Wesentlichen durch die Kombination aus Aluminium vorne und Stahlblech am Heck gekennzeichnet ist, wog das Coupé lediglich 1450 und der Roadster nur 1510 Kilogramm. So viel Hightech gab es nicht zum Nulltarif, der geschlossene TT kostete 55.800 Euro, der inzwischen aus dem Programm gestrichene Roadster 58.650 Euro. 2010 gab es eine umfangreiche Modellpflege.

Jüngster Spross der TT-Familie ist das 2013 präsentierte Showcar mit der Bezeichnung Audi TT ultra quattro concept. Mitt 1111 kg Leergewicht 100 kg leichter als seine Serienbrüder, verfügt der concept über einen 310 PS starken Zweiliter-TFSI, was in der Kombination für herausragende Fahrleistungen sorgt. Kein Wunder bei einem Leistungsgewicht von 3,6 kg/PS, das dem reinrassiger Supersportwagen entspricht.

Für den Audi TT der ersten Generation zeichnete Peter Schreyer verantwortlich, der es später im koreanischen Hyundai-Konzern zu höchsten Ehren brachte. (Foto: © Audi AG)

Audi TT Roadster wurde ab 1999 gebaut. (Fotos: © Audi AG)

Die zweite Generation des Audi TT Coupés kam im April 2006 auf den Markt. (Fotos: © Audi AG)

Audi TT ultra quatro concept 2013. (Foto: © Audi AG)

Audi TT Roadster von 2007. (Fotos: © Audi AG)

Anfang Juni 2007 begann die Auslieferung des neuen, 420 PS starken Spitzensportlers mit dem Namen R8. (Foto: © Audi AG)

Audi R8

Nachdem Audi seit den 2000ern im Grunde genommen im Prototypensport nach Belieben dominierte, lag es nahe, ein wenig von diesem Glanz auch in die Schauräume der Händler zu bringen: Anfang Juni 2007 begann die Auslieferung des neuen sportlichen Spitzenmodells mit dem Namen R8. Der 420 PS starke Zweisitzer mit Alu-Karosserie, Mittelmotor und Allrad-Antrieb war ein brillanter Supersportwagen mit überraschend hohem Alltagsnutzen. Über jeden Tadel erhaben zeigte sich die Verarbeitung, und ein wahrhaft faszinierendes Design gab es obendrein. Breit und satt lag der Sportwagen mit Aluminium-Spaceframe-Karosserie auf der Straße, auf die er seine geballte Kraft mit dem permanenten Allradantrieb quattro übertrug, bis er nach 4,6 Sekunden Tempo 100 erreichte, nur um danach weiter bis zur Höchstgeschwindigkeit von 301 km/h zu beschleunigen. Geschaltet wurde dabei mit einem sequentiellen Sechsgang-Getriebe mit Bedientasten am Lenkrad. Serienmäßig verfügte der Sportler über Bi-Xenon-Licht und ein Tagfahrlicht aus zwölf Leuchtdioden, noch beeindruckender aber waren die Voll-LED-Scheinwerfer, mit denen der R8 als erstes Serienauto weltweit ab Ende 2007 optional ausgestattet werden konnte.

Als zweite R8-Variante folgte im April 2010 der Audi R8 Spyder mit Stoffverdeck und separat versenkbarer Heckscheibe, produziert in der Manufaktur der quattro GmbH im Werk Neckarsulm. Wie beim Coupé standen zunächst zwei Hightech-Motoren zur Wahl, der 4.2-Liter-Achtzylinder mit FSI-Direkteinspritzung mobilisierte 430 PS, eine Stufe darüber rangierte der 5.2-Liter-Zehnzylinder mit 525 PS. Auf Wunsch gab Audi dem R8 Spyder 5.2 FSI ein automatisiertes Sechsganggetriebe mit. Die R-tronic bietet ein Normal- und ein Sportprogramm sowie einen vollautomatischen und einen manuellen Modus. Zudem hat der offene

Mittelmotor-Sportwagen eine Launch Control an Bord – ein Programm, das beim Start das volle Beschleunigungspotenzial ausschöpft. Im Unterschied zum Coupé entfallen die Sideblades hinter den Türen; die Seitenteile bestehen aus Kohlefaser-Verbundmaterial, ebenso der große Deckel über der Verdeckablage. Das Verdeck ist, typisch Audi, aus Stoff gefertigt, wiegt nur 20 kg und ist voll Highspeed-tauglich.

Sechs Jahre nach der Premiere und gut 20.000 gebauten Fahrzeugen unterzog Audi sein Flaggschiff einer umfangreichen Modellpflege. Auf dem Pariser Salon 2012 gezeigt, präsentierte sich der Hochleistungssportwagen in vielerlei Hinsicht verbessert. Die vielleicht wichtigste technische Änderung bestand in der Einführung der neu entwickelten Siebengang-S-tronic. Das Programm umfasste nach wie vor die beiden Karosserievarianten Spyder und Coupé, zu haben nun als R8 V8 mit dem 4.2 FSI quattro (430 PS), R8 V10 (5.2 FSI quattro, 525 PS) und neuerdings auch als noch stärkerer R8 V10 plus (550 PS). Dessen Spitzengeschwindigkeit war mit 317 km/h angegeben.

R8 V10 Spyder 2012. (Foto: © Audi AG)

R8 V10 2013. (Foto: © Audi AG)

R8 V10 plus 2012. (Foto: © Audi AG)

Ende 2012 hätte der mit zwei Elektromotoren ausgestattete R8 e-tron erscheinen sollen, seine Produktion wurde jedoch kurzfristig auf Eis gelegt. (Foto: © Audi AG)

B & B

Mit phantasiereichen, oftmals verrückt anmutenden Fahrzeugkreationen wurde die Frankfurter Tuningfirma b&b von Rainer Buchmann berühmt. Doch eigentlich sah Buchmann sich lieber als technischen Vordenker für die Autoindustrie. Als solcher überraschte er die Fachwelt mit elektronischen Entwicklungen, die heute oft selbstverständlich, ihrer Zeit aber meist weit voraus waren, was seinem Unternehmen schließlich zum Verhängnis wurde.

Der dank »Magic Top« zum Cabriolet umgebaute Mercedes 500 SEC trug viel zum guten Ruf von Buchmanns Tuning-Schmiede bei.
(Foto: © www.traumautoarchiv.de)

Der erfolgreiche Tuner wider Willen

Eigentlich waren die Verschönerungen an Rainer Buchmanns ersten privaten Automobilen nur für ihn selber gedacht gewesen, doch weil auch andere Gefallen an seinen individuell gestalteten Fahrzeugen fanden, verkaufte er eines nach dem anderen für teureres Geld weiter, als er selbst für sie ausgegeben hatte, und fand so ein lohnendes Geschäftsmodell.

Daher kam es, dass Rainer Buchmann zusammen mit seinem Bruder mitten im größten Schock der automobilen Neuzeit, der Ölkrise des Jahres 1973, in einer ehemaligen BMW-Werkstatt in Frankfurt/Main seine Firma »b&b Auto Exklusive Services« für optisches Porsche-Tuning eröffnete. Dort bot er alles an, was in einen Porsche passte – Hauptsache teuer!

Allen Unkenrufen zum Trotz florierte das Geschäft mit dem Luxus. Der Aufstieg begann drei Jahre später mit dem b&b Porsche turbo, einer Mischung aus Porsche 928 und Porsche 911, versehen mit Regenbogenstreifen. Zur unumstrittenen Nummer 1 unter den deutschen Edeltunern avancierte b&b 1978 durch den CW 311, ein Mitbringsel des ehemaligen Porsche-Designers Eberhard Schulz. Der Flügeltürer mit Mittelmotor blieb ein Einzelstück, Stilelemente und technisches Grundkonzept wurden später bei Isdera in Kleinserie verwirklicht. Selbst Mercedes-Benz war von dem Fahrzeug so angetan, dass es b&b das Tragen des Mercedes-Sterns nicht verweigerte. Ebenfalls ein optisches Glanzlicht stellte der 600er Pullman mit freistehenden Kotflügeln im Stile der 30er Jahre dar. Mit zum guten Ruf der Frankfurter Edelschmiede haben auch die Buchmann-Cabriolets beigetragen: die 928-Vollcabrios, zu Preisen von 200.000 DM aufwärts, und das Mercedes SEC-Cabrio mit »Magic Top«, einem versenkbaren Hardtop.

Doch Buchmann, der aufsehenerregende Fahrzeuge schuf, die oft mit viel Luxuszubehör wie Farbfernsehen, CB-Funk, Kühlschränken, vergoldeten Armaturenbrettern und Stereo-Anlagen ausgestattet waren, sah sich gar nicht in erster Linie als Tuner von Automobilen. Viel eher gefiel er sich in der Rolle des technischen Vordenkers der Autoindustrie.

Luxuriös veredelt: Der Innenraum des b&b-SEC-Cabrios. (Foto: © www.traumautoarchiv.de)

Innovative Technik, die Maßstäbe setzte

Das Geld, das Buchmann mit seinen Tuningkreationen verdiente, steckte er in das Gebiet, das ihn eigentlich umtrieb: die Entwicklung fortschrittlich-innovativer elektronischer Ausstattungen für Automobile. Mit dem DINFOS-System etwa entstand ein digitales Informationssystem, das quasi einen ersten Bordcomputer darstellte und den Fahrer mit Infos über den Zustand seines Wagens versorgte. Damit ausgerüstet wurde 1982 eine kleine Spezialserie von VW Polos. Untergebracht waren die Bedienelemente im Lenkrad, wodurch gleichzeitig das erste Multifunktionslenkrad entstand.

Seinerzeit als Spielerei abgetan wurde die erste per Fernbedienung steuerbare Zentralverriegelung, die ebenfalls von b&b stammte und heutzutage in jedem Kleinwagen steckt. Buchmann entwickelte neue Kunststoffe für Stoßfänger und fertigte Lacke, die je nach Lichteinfall unterschiedlich glänzten. Bereits Ende der 70er entstand das erste elektrisch faltbare Stahldach für Cabrios. Ebenfalls von b&b: ein Abstandswarner auf Kamerabasis als Einparkhilfe.

b&b erlebte in den frühen 80er Jahren den geschäftlichen Höhepunkt, die Mitarbeiterzahl war stetig gewachsen. BMW adelte in dieser Zeit den Fahrzeugtuner, indem dieser zur Entwicklung des Motorrads »Futuro« hinzugezogen wurde.

Veränderte Rahmenbedingungen

Mitte der 80er Jahre änderte sich etwas am bisher stetig gewachsenen Erfolg von b&b. Davon betroffen waren genauso andere Tuner. Die Autofirmen begannen zunehmend, ihre eigenen Sonderausstattungen und Sondermodelle zu entwickeln, und vergaben immer weniger Aufträge an Firmen wie b&b. Auch das Kaufverhalten der Kunden wandelte sich und kündigte vom Ende der Boomjahre für die Branche: der Markt für teure Hochleistungswagen brach ein.

Die Autoindustrie stand den vielen futuristisch oder sogar spleenig anmutenden technischen Entwicklungen Buchmanns immer skeptischer gegenüber, war von dessen in die Zukunft weisendem Einfallsreichtum überfordert und wollte sich stattdessen auf aktuell Verkaufbares beschränken.

Nachdem wichtige Mitarbeiter wie z. B. der Designer Erich Schulz die Firma verlassen hatten, war b&b nicht mehr lange zu halten. Im Jahr 1986 meldete das Unternehmen Konkurs an und schloss die Tore. Rainer Buchmann ist seitdem als Unternehmensberater tätig.

Mit dem »Magic Top« nahm Buchmann die versenkbaren Hardtops späterer Cabrios und Roadster vorweg. Allerdings verschwand das Hardtop des Mercedes 500 SEC nicht wirklich, es wurde vielmehr auf der Kofferraumhaube abgelegt. (Foto: © www.traumautoarchiv.de)

BITTER

Erich Bitter aus Schwelm, Jahrgang 1933, war nicht nur Rallyefahrer, sondern auch Kaufmann und hatte ein Faible für exotische Sportwagen: Nachdem er 1964 bereits Abarth-Fahrzeuge nach Deutschland importiert hatte, bei Abarth die Lage aber immer desolater wurde, begann er 1968 mit dem Import der Intermeccanica-Italia-Sportwagen aus Turin. Unter der schicken Schale dieser Coupés steckte solide amerikanische Großserientechnik von Ford.

Der 1973 auf der IAA präsentierte Bitter CD war das erste Auto von Erich Bitter. Es wurde bis 1979 bei Baur in Stuttgart 395 Mal gebaut. (Foto: © Schwab/Slg. Kh)

Das Aus für den Indra

Ford hatte in Europa keinen V8-Motor im Angebot, um aber den Italia in Europa anbieten zu können, musste unbedingt ein entsprechender Antriebsstrang implantiert werden. Der größte in Europa lieferbare Großserien-V8 hatte einen Hubraum von 5,4 Litern und war im Opel Diplomat V8 zu finden; der passte aber nicht ins Motorabteil des Coupés. Daher wurde ein neuer Intermeccanica entwickelt, bei dessen Entwicklung Motorentechniker und Fahrzeugentwickler Dr. Fritz Indra eine wesentliche Rolle spielte. Der Intermeccanica Indra mit seiner Kunststoff-Karosserie bot zwar eine atemberaubende Form, aber eine so lausige Verarbeitungsqualität, dass sowohl Bitter als auch GM alsbald die Lust an einer weiteren Zusammenarbeit verloren: General Motors entzog den Italienern 1973 endgültig jegliche Unterstützung, die Gewährleistungskosten waren viel zu hoch. Das Aus für den Indra bedeutete aber den Anfang für Erich Bitter, der zusammen mit Opel und der Stuttgarter Karosseriefirma Baur ein eigenes Sportwagenprojekt aus der Taufe hob, das dann auf der Frankfurter Automobilausstellung IAA im September 1973 erschien.

Deutsche Technik, italienisches Design

Richtig neu war die Form dieses »Bitter CD« allerdings nicht, Ähnliches hatte man bereits vier Jahre zuvor an derselben Stelle als Stylingstudie »Opel CD« bewundern können. Diese Showstudie wurde dann 1970 vom italienischen Karosseriedesigner Frua weiterentwickelt, dann kam noch ein Schuss Maserati Ghibli dazu – all diese Impulse und Einflüsse formten die Opel-Designer letztlich zu einem stimmigen Fastback-Coupé, das dann über ausgewählte Opel-Händler vertrieben wurde und den Opel-Blitz kräftig aufpolierte. Das Coupé basierte auf dem um 16,5 Zentimeter verkürzten Fahrgestell des Diplomat V8 und bediente sich seiner Mechanik, das Interieur war luxuriös und sportlich zugleich – der Bitter CD war eben ein richtiger Gran Tourismo, dem niemand die deutsche Herkunft ansah. Die Produktion erfolgte bei Baur in Stuttgart, sie lief nach der IAA an (was ein denkbar schlechter Zeitpunkt war, da die Wirtschaft unter der Ölkrise litt) und lief bis Ende 1979, nachdem bereits 1977 die Fertigung des Teilespenders, des

Diplomat V8, ausgelaufen war. Insgesamt wurden 395 Bitter CD gebaut.

Opel hatte den Diplomat durch den Senator ersetzt, Bitter ersetzte demzufolge den CD (»Coupé Diplomat«) durch den SC (»Senator Coupé«): über die originale Senator-Bodengruppe und den 3-Liter-Sechszylinder-Einspritzer mit 180 PS setzten Erich Bitter und die Opel-Stylingabteilung einen Entwurf im Ferrari-Stil. Bitters viersitziges Luxuscoupé wurde auf der IAA 1979 gezeigt, die Produktion begann aber erst 1981. Die Karosserien ließ Bitter in Italien fertigen, da Baur keine Kapazitäten hatte. Die Endmontage erfolgte dann in Bitters Betrieb in Schwelm, später bei Steyr-Daimler-Puch in Graz. Insgesamt wurden von 1981 bis 1989 488 Exemplare des Bitter SC gefertigt, darunter sechs Fahrzeuge mit Allradantrieb und dem vom Opel-Tuner Dieter Mantzel auf 3,9 Liter aufgebohrten Senator-Motor mit 210 PS, der ab 1984 angeboten wurde. Auch 27 Cabriolets entstanden, entwickelt bei IAD im englischen Worthing und von Opel-Veredler Keinath in Dettingen (der auch Cabriolets von Monza und Senator vorgestellt hatte) umgebaut. Für den US-Markt kreierte Bitter eine viertürige Luxuslimousine mit verlängertem Radstand, den SC Sedan, es blieb bei fünf Exemplaren.

Das Bitter SC Cabriolet wurde 27 mal gebaut. (Foto: Craig Howell, © CC)

Einzelstücke, Studien und Projekte

Damit endete der Serienbau bei Bitter, an Prototypen und Konzepten indes mangelte es nie. Vielleicht der interessanteste Entwurf war der 1983/84 entstandene Bitter GT auf Manta-Unterbau mit integriertem Überrollbügel und Targa-Dach, geplant als Einsteiger-Modell zum halben SC-Preis. Den Prototyp schuf Eberhard Schulz' Firma Isdera nach Plänen Bitters unter Mithilfe der Rüsselsheimer Styling-Abteilung, er blieb ein Einzelstück. Zwischen 1987 und 1991 entwickelte Bitter den Type 3 auf Omega-A-3000-Basis bis zur Serienreife für den Verkauf in den USA, das Design besorgte diesmal Opel-Stylingchef George Gallion. Aus der geplanten Großserie von mindestens 10.000 Wagen (die auch als Isuzu vermarktet werden sollten) wurde aber nichts, lediglich vier Prototypen entstanden.

1989 gab es auf Omega-A-Technik den Type III Diplomat, eine viertürige Studie. 1998 debütierte der Bitter Berlina in Genf, ebenfalls ein Einzelstück, dessen technische Grundlage der Omega B MV6 bildete. Nichts mit Opel zu tun hatten der Bitter Tasco, ein Rolling Chassis ohne Technik von 1991, und der Bitter GT1, ein Supersportwagen auf Lotus-Basis mit dem 8-Liter-V10-Motor der Dodge Viper, 1997/98 zwei Mal entstanden. Der CD II, gezeigt auf dem Genfer Salon 2003 und 2005, basierte auf dem Ende 2006 ausgelaufenen australische Holden Monaro mit 6-Liter-V8-Motor, auch er schaffte es nicht in die Serie. 2008 kam der bislang letzte Streich, der Bitter Vero. Dabei handelte es sich um eine optisch und technisch leicht veränderte Limousine der australischen GM-Tochter Holden mit neuer Front, Sportauspuff und Sportfahrwerk. Für Vortrieb sorgte der Sechsliter-Chevrolet-V8 mit 278 kW (378 PS) und Sechsgang-Automatik. Zehn Fahrzeuge wurden hergestellt, der auf dem Genfer Salon 2009 gezeigte Bitter Vero Sport basierte dagegen auf dem Holden Commodore. Diese Luxuslimousine mit 6,2 Liter großem Achtzylindermotor und 320 kW (435 PS) blieb aber ein Einzelstück. Die Firma Bitter arbeitet heute auf dem Gebiet der Fahrzeugentwicklung und im Prototypenbau.

Der Type 3 auf Omega-A-3000-Basis. (Foto: © Bitter)

Dieser kleine Bitter Roadster hätte 1985 in Serie gehen und für rund 40.000 Mark junge Käufer finden sollen. Es blieb aber bei diesem einen Prototypen. (Foto: © Bitter)

BMW

Die weißblaue Marke, 1917 als Hersteller von Flugzeugmotoren gegründet und seit 1923 als Motorradhersteller aktiv, begann erst Ende der 20er mit dem Autobau, war aber innerhalb der zehn Jahre bis zum Ausbruch des Zweiten Weltkriegs zum führenden Anbieter von sportlichen Autos aufgestiegen, vor allem mit dem BMW 328. In den ersten beiden Jahrzehnten nach 1945 taten sich die Weißblauen dann schwer, entweder waren die Autos zu groß – 501/502 – oder zu klein – BMW Isetta. Erst mit der »Neuen (Mittel-) Klasse« fasste die Marke in den 60ern wieder Tritt, und seit den 70ern weist die Erfolgskurve steil nach oben: BMW steht für »Freude am Fahren« und hat in jeder Fahrzeugfamilie ein sportliches Aushängeschild, das sich mit dem »M« schmücken darf und von der heutigen BMW M GmbH entwickelt worden ist.

(Foto: © BMW AG)

328 Roadster

Der BMW 328 gehört zu den wichtigsten Fahrzeugen der deutschen Automobilgeschichte. Innerhalb der BMW-Modellpalette trat diese Sportwagen-Ikone die Nachfolge des sehr erfolgreichen 315/1 an, der Sportausführung des zwischen 1934 und 1937 verkauften BMW 315. Der Sechszylinder-Roadster mit 1,5 Litern Hubraum war im Rennsport eine Macht und wurde 230 Mal gebaut. Ende 1934 folgte bereits eine leistungsstärkere Ausführung des BMW Roadsters mit der Typenbezeichnung 319/1. Mit dessen 45 PS war im Motorsport der Mittdreißiger Jahre aber bald kein Staat mehr zu machen. Die Ingenieure suchten daher nach einer Möglichkeit, die Leistung deutlich zu steigern. Als Basis diente der Zweiliter-Sechszylinder aus dem Typ 319/1, der aufgebohrt und mit einem neuen Zylinderkopf versehen wurde: Beim 328 trafen dann in der Serienversion 80 PS auf nur 830 kg Gewicht, was dem schnörkellosen Roadster zu beeindruckenden Fahrleistungen verhalf: Die Höchstgeschwindigkeit lag bei 150 km/h – nach anderen Angaben sogar bei 155 km/h –, er beschleunigte in zehn Sekunden bis zur 100-km/h-Marke. Zunächst ab Mai 1936 nur zu Rennzwecken gebaut (bei seinem Debüt auf dem Nürburgring am 14. Juni 1936 düpierte er die Konkurrenz), begann so etwas wie eine Serienfertigung im Frühjahr 1937, sie endete nach 464 Exemplaren mit dem Kriegsbeginn 1939. Die Geschichte war damit aber noch nicht zu Ende, der BMW 328 beeinflusste viele Nachkriegsentwicklungen von Bristol über EMW bis Veritas.

Der Vorgänger des 328, der BMW 315/1, ... (Foto: © BMW AG)

... war wie hier 1934 bei den »2000 Kilometern durch Deutschland« ein sehr erfolgreicher Sportwagen. (Foto: © BMW AG)

Ernst Henne gewann 1936 auf seinem BMW 328 das Eifelrennen. (Foto: © BMW AG)

Ein BMW 328 bei der Mille Miglia 1938. (Foto: © BMW AG)

Huschke von Hanstein und Walter Bäumer gewannen die Mille Miglia 1940 auf diesem BMW 328 Touring Coupé. (Foto: © BMW AG)

Der BMW 328, hier ein 1936er-Baujahr, in voller Pracht. (Foto: © BMW AG)

507

V8-Sportwagen sollten das Unternehmen aus der Krise führen, in das sie die Sechszylinder-Limousinen gebracht hatten. Der Versuch ging gründlich schief, führte aber zu dem vielleicht schönsten Auto aller Zeiten, dem BMW 507.

Zu Lebzeiten war der 507 ein große Enttäuschung: Nur 252 Stück wurden von ihm gebaut (eigentlich 254, doch zwei Prototypen wurden verschrottet), seine Väter, und insbesondere der Initiator Maxie Hoffman, hatten sich wesentlich mehr davon versprochen. Und das mit gutem Grund: Der BMW 507 hatte das Zeug zum Sportwagen des Jahrhunderts. Dieser schlichtweg atemberaubende Roadster war der deutsche Supersportwagen der 50er Jahre, höchstens noch zu vergleichen mit dem 300 SL.

Dabei galt seinerzeit der Achtzylinder-Sportwagen aus München als optisch wesentlich gelungenerer Wurf: lange Schnauze, kurzes Heck, schwungvolle Linien und eine niedrige Silhouette – der V8-BMW wirkte schon im Stand schnell, er war die Sensation der Automobilschau 1955: »Der Sportwagen Typ 507 ist eine Konstruktion von seltener Schönheit«, schwärmte die Frankfurter Neue Presse, andere sprachen »vom schönsten Auto, das je in Europa gebaut wurde«. Und alle hofften, dass es den Münchnern mit diesem sensationellen Sportwagen gelingen würde, an die Vorkriegs-Traditionen und -Erfolge anzuknüpfen.

Der Traumwagen aus München entstand in zwei Serien. Das erste Baulos umfasste 43 Fahrzeuge und wurde zwischen 1956 und 1957 gebaut, das zweite dann von 1957 bis 1959. Von dieser Ausführung gab es 209 Exemplare. Der offiziell letzte Wagen, Nummer 254, wurde am 14. August 1959 komplettiert. Bei der zweiten Serie war der 110-Liter-Tank, bisher quer im Rücken der Besatzung liegend und von einem Ablagefach gekrönt, auf 65 Liter verkleinert worden und unter den Kofferraumboden gewandert; damit einher ging eine neue Position des Tankeinfüllstutzens rechts seitlich hinten. Weitere Änderungen verhalfen dem Zweisitzer zu einer Ablagefläche hinter den Sitzen; der Raum konnte, so der Prospekt, aber auch für die Mitnahme einer dritten Person dienen. Die hätte dann allerdings keine Beine haben dürfen ...

Der 3,2-Liter-Achtzylinder stammte aus dem Limousinenprogramm (»Barockengel«), war ganz aus Leichtmetall gefertigt und, um Baulänge zu sparen, in V-Form aufgebaut. Seine Leistung stieg während der Bauzeit von zunächst 120 auf zuletzt 150 PS – und dabei war der Motor in puncto Laufruhe und Elastizität unerreicht. Geholfen hat es ihm nicht, der BMW 507 gehört zu den tragischen Helden der Automobilgeschichte.

Gäbe es einen Preis für das schönste Automobil aller Zeiten – der BMW 507 zählte zu den aussichtsreichsten Kandidaten. (Foto: © BMW AG)

Das Innenleben des 507. (Foto: © BMW AG)

Blick ins Cockpit. (Foto: © BMW AG)

Der 507 mit Hardtop auf dem Münchener Flughafen. (Foto: © BMW AG)

Der 3,2-Liter-Achtzylinder war in puncto Laufruhe und Elastizität unerreicht. (Foto: © BMW AG)

Weder seine Schönheit noch seine herausragenden Qualitäten konnten sein tragisches Schicksal abwenden: Nur gut 250 Exemplare des Sport-Roadsters wurden gebaut. (Foto: © BMW AG)

2002

1966 hatte BMW wieder so weit Tritt gefasst, dass das Jubiläum – 50 Jahre BMW – groß gefeiert werden konnte. Und dazu machte man sich selbst das schönste Geschenk. Mit dem BMW 1600-2 erschien der erste Vertreter einer neuen, nur zweitürigen Baureihe, die unterhalb der nur viertürig lieferbaren »Neuen Klasse« angesiedelte wurde und sich rasch zur beliebtesten BMW-Baureihe überhaupt entwickeln sollte: In der knapp zehnjährigen Laufzeit wurden von den diversen Varianten – es gab sie mit 1,5, 1,6, 1,8 und 2,0 Litern Hubraum – 862.000 Fahrzeuge gebaut – so viele wie noch von keiner BMW-Baureihe zuvor. Topmodell war der 2002 turbo, insbesondere in Weiß und mit den Farbstreifen der 3.0-CSL-Werksrenner (es gab ihn auch noch in Silber). Auf dem Spoiler prangte der Schriftzug »obrut« – »turbo« in Spiegelschrift –, was für einen Eklat sorgte und sogar im Rahmen einer aktuellen Fragestunde im Bundestag thematisiert wurde: Was denn die Bundesregierung gegen solche Auswüchse zu unternehmen gedenke, wurde da gefragt, denn selten war das Timing unglücklicher: Der 2002 erschien just im Spätjahr 1973, als im Zuge der Ölkrise die weltweite Automobilindustrie in eine tiefe Sinnkrise stürzte. Und wenn es denn ein Zeichen für automobile Unvernunft gab, so schien der zwangsbeatmete BMW 2002 mit Kugelfischer-Benzineinspritzung das ideale Beispiel dafür zu sein. Der erste deutsche Wagen mit Turbolader beschleunigte mit

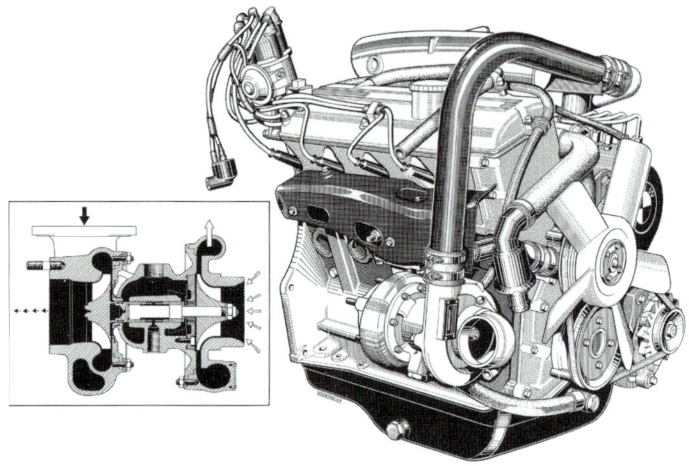

Der Motor des 2002 turbo schien seinerzeit einigen Herren in Bonn den Angstschweiß auf die Stirn zu treiben. (Foto: © BMW AG)

seinen 170 PS den knapp 1100 kg schweren Viersitzer in acht Sekunden bis zur 100er-Marke, die Höchstgeschwindigkeit lag bei 211 km/h. Ein Kostverächter war der Nullzweier natürlich nicht, selbst die Werksangaben – notorisch optimistisch – sahen ihn bei 14,5 Litern und damit um mindesten 1,5 Liter höher als beim nächstschwächeren 2002 tii mit 130 PS. Der 2002 turbo in seiner Kriegsbemalung wurde nur ein starkes Jahr gebaut, im November 1974 lief die Fertigung dann nach 1672 Stück aus, die Regierung musste daher die Angelegenheit nicht länger »mit Sorge betrachten«, so seinerzeit die Antwort auf die oben erwähnte Anfrage.

Das Topmodell der Baureihe, der BMW 2002 turbo, mit den Farbstreifen des 3.0-CSL-Werksrenners. (Foto: © BMW AG)

BMW 2002 tii mit 130 PS. (Foto: © BMW AG)

Innenraum des turboschnellen, 170 PS starken 2002ers. (Foto: © BMW AG)

Modell-Schriftzug einer Ikone. (Foto: © BMW AG)

Auch der 2002 tii zeigte anderen Verkehrsteilnehmern vorwiegend die Rücklichter. (Foto: © BMW AG)

3.0 CSL

Die 1972 gegründete BMW Motorsport GmbH unter ihrem Leiter Jochen Neerpasch baute für die Rennsaison 1973 auf Basis der BMW-Coupé-Baureihe einen neuen Wagen für die Tourenwagen-Meisterschaft auf. Der Wagen trug die Bezeichnung 3.0 CSL, Türen und Hauben bestanden aus Aluminium, das Fünfganggetriebe steckte in einem Magnesiumgehäuse. 1092 Kilo brachte das Auto auf die Waage. Unter der Leichtmetallhaube steckte ein 3340 Kubikzentimeter großer Reihensechszylinder mit zwölf Ventilen, Einspritzung und einer Verdichtung von 11:1. Die Leistung lag bei 360 PS. Und die CSL-Coupés – in Farben, die schnell die gesamte Rennsportwelt kannte – gewannen, waren unschlagbar. Der große Preis der Tourenwagen auf dem Nürburgring ging an Hans-Joachim Stuck und Chris Amon. Der Sieger der Tourenwagen-Klasse des 24-Stunden-Rennens von Le Mans hieß BMW. Der 3.0 CSL mit dem ersten BMW-Vierventil-Sechszylinder wurde zum erfolgreichsten Tourenwagen seiner Epoche. Er gewann zwischen 1973 und 1979 sechsmal die Europameisterschaft und beherrschte fast ein ganzes Jahrzehnt die internationale Tourenwagen-Szene. Am Ende seiner Karriere, als Turbo-Coupé, entwickelte der CSL bis zu 800 PS. Der stärkste BMW Tourenwagen, den die Motorsport GmbH 1976 selbst einsetzte, war der CSL mit 3,2-Liter-Biturbo-Motor und 750 PS unter Ronnie Peterson.

Auf Basis der Coupé-Baureihe, hier im Bild ein 2000 CS, wurde der 3.0 CSL für die Tourenwagen-Meisterschaft aufgebaut. (Foto: © BMW AG)

BMW 3.0 CSL. (Fotos: © BMW AG)

Der 3.0 CSL als von Alexander Calder bemaltes Art Car. (Foto: © BMW AG)

Impressionen von einem BMW 3.0 CSL bei der Le Mans Classic 2012. (Fotos: © BMW AG)

Chris Amon und Hans-Joachim Stuck mit dem BMW 3.0 CSL 1973 auf dem Nürburgring. (Foto: © BMW AG)

Der BMW M1 wurde von 1978 bis 1981 gebaut. (Foto: © BMW AG)

M1

Der BMW M1 von 1978 war das erste Wettbewerbsauto der BMW Motorsport GmbH, das nicht auf einem Serienfahrzeug basierte. Während die Technik bei BMW entstand, sollte Lamborghini die Karosserie und die Bodengruppe liefern. Auf Grund der wirtschaftlichen Probleme bei Lamborghini entstand der Gitterrohrrahmen dann aber bei Marchesi und die glasfaserverstärkte Kunststoffkarosserie bei T.I.R., beide in Modena ansässig. Giorgio Giugiaros Firma ItalDesign baute beides zusammen und sorgte für die Innenausstattung. Das Auto kam daraufhin nach Stuttgart, wo Baur die gesamte Mechanik einbaute. Für den ursprünglich geplanten Einsatz war indes bereits zu viel Zeit verloren, deshalb hob der Chef der Motorsport GmbH, Jochen Neerpasch, gemeinsam mit Bernie Ecclestone und Max Mosley die ProCar-Serie aus der Taufe. Sie wurde als Auftaktrennen vor den meisten europäischen Formel-1-Grands-Prix der Saison 1979/80 ausgetragen. Um ihn für den Motorsport im Sinne der FIA-Gruppe 4 homologieren zu können, mussten mindestens 400 Exemplare gebaut werden. Deshalb gab es die Mittelmotor-Flunder – der M1 war gerade mal 1,14 Meter hoch – auch in einer Straßenversion zu kaufen. Exakt 100.000 Mark kostete der 277-PS-Renner 1978, aber die Nachfrage überstieg bei weitem das Angebot. Als nach einem Jahr 130 Fahrzeuge fertiggestellt waren, lagen immer noch mehr als 300 feste Bestellungen vor. Immerhin war der M1 auf Anhieb der schnellste deutsche Straßensportwagen, wie die Messung des führenden Fachmagazins ergab: 264,7 km/h lief der M1 in einem Test von 1979. »Erst bei 213 km/h ist es beispielsweise nötig, vom vierten in den fünften Gang zu schalten, und anschließend geht es zügig weiter bis zur Höchstgeschwindigkeit,« so die Tester. Die 470 PS starken ProCar-Renner indes gingen deutlich schneller als Tempo

300. 1979 ging der zweimalige Formel-1-Weltmeister Niki Lauda in acht Rennen der M1-Procar-Serie an den Start und errang drei Siege und einen zweiten Platz. Und in den USA fuhren die M1 des »Red Lobster«-Teams die Konkurrenz in der IMSA-GTO-Klasse in Grund und Boden.

Der BMW M1 war ein Kind der BMW Motorsport GmbH, er basierte nicht mehr auf einem Serienfahrzeug. (Foto: © BMW AG)

Der M1 war die erste eigenständige Entwicklung der BMW Motorsport GmbH. Als ProCar-Rennwagen war er bis 490 PS stark. (Foto: © BMW AG)

M1 ProCar 2004 beim Goodwood Festival of Speed. (Foto: © BMW AG)

M1-ProCar-Rennen im Rahmen des Grand Prix von Monaco. (Foto: © BMW AG)

Niki Lauda im BMW M1 ProCar. (Foto: © BMW AG)

Der BMW Z1, hier noch als Prototyp unterwegs, wurde von 1988 bis 1991 insgesamt 8000 Mal gebaut. (Foto: © BMW AG)

Z1

Der BMW-Messestand auf der Frankfurter IAA im September 1987 war stets dicht umlagert. Im Mittelpunkt des Interesses stand ein dunkelgrün-metallic lackierter offener Zweisitzer von gerade mal vier Metern Länge. Der avantgardistisch gestylte Z1 verstand sich als zeitgenössische Interpretation des urenglischen Roadster-Gedankens mit langer Schnauze und kurzem Radstand, breiter Spur und tiefem Schwerpunkt.

Das Rückgrat des Z1 bildete ein tauchverzinktes Chassis mit eingeklebtem Kunststoffboden. Die Karosserie bestand aus zwei verschiedenen Kunststoffen: Thermoplaste fanden Verwendung für Wagenflanken, Bug und Heck; Kunststoff-Komponenten in Sandwich-Bauweise nutzte man für Motorhaube, Verdeck- und Kofferraumklappe. Die Antriebseinheit, ausschließlich mit geregeltem Katalysator, wurde dem BMW 325i entlehnt. Der seidenweich laufende Sechszylinder beschleunigte den 1250 Kilogramm schweren Roadster in rund acht Sekunden aus dem Stand auf 100 km/h. Die Kraft gelangte über ein Fünfgang-Schaltgetriebe in einem starren Transaxlerohr an die Hinterachse.

Während man bei der Federbein-Vorderachse wieder auf Bewährtes zurückgegriffen hatte, konstruierten die Männer um Entwicklungschef Ulrich Bez eine neue Hinterachse aus Quer- und Längslenkern. Diese Konstruktion stand Pate bei der Zentrallenker-Hinterachse der neuen Dreier-Reihe, die Ende 1990 erschien. Zu diesem Zeitpunkt war das Ende des Z1 bereits abzusehen: Die Ablösung des 2,5-Liter-Sechszylinders-Motors zum Sommer 1991 brachte auch das Aus für den bis dahin offensten BMW der Nachkriegszeit. Insgesamt wurden 8000 Einheiten produziert, 3000 mehr als ursprünglich geplant – zum Stückpreis von 85.000 Mark.

Der avantgardistisch gestylte Z1 verstand sich als zeitgenössische Interpretation des urenglischen Roadster-Gedankens. (Foto: © BMW AG)

Die Türen des Z1 konnten vollständig in den Seitenschwellern versenkt werden. (Foto: © BMW AG)

Nicht zuletzt dank seiner Kunststoff-Karosserie brachte es der Z1 auf gerade einmal 1250 kg Leergewicht. (Foto: © BMW AG)

Auch der BMW Z1 brachte es, bemalt von A. R. Penck, zu Art-Car-Ehren. (Foto: © BMW AG)

1997 nahm BMW den Roadster Z3, ... (Foto: © BMW AG)

Z3/Z4 M Roadster und M Coupé

Der M Roadster von 1997 bildete die Kombination aus dem in den USA gebauten Z3 Roadster mit dem 321-PS-Sechszylinder aus dem M3. Der rund 1400 Kilogramm schwere Zweisitzer wurde bei 250 km/h abgeregelt. Kurz danach folgte das M Coupé, eine Entwicklung der BMW M GmbH auf Basis des M Roadsters mit neuem Karosserieaufbau und einer Gepäckablage, die den Namen auch verdiente. Der hohe Grundpreis von 95.000 Mark setzte dem bis ins Jahr 2000 verkauften Zweisitzer-Coupé enge Grenzen – im Gegensatz zum M Roadster, der rund 15.000 Mal verkauft worden war. Der Z3 (der auf der Dreier-Reihe E 36 basierte) wurde 2002 durch den Z4 ersetzt; die Motorenpalette umfasste zunächst die beiden bekannten Sechszylinder mit 2,5 und 3,0 Litern Hubraum; das entsprechend motorisierte Coupé folgte zum Frühjahr 2006. Zu diesem Zeitpunkt traten auch die entsprechenden M-Ausführungen auf den Plan. Beide erhielten den formidablen 343-PS-Sechszylinder aus dem M3, der den Zweisitzer bis auf 250 km/h beschleunigte. Auf Basis des Coupés entstand ein Dutzend Werksrennwagen, die einen auf 430 PS leistungsgesteigerten Sechsender unter der Haube hatten und damit der Konkurrenz meist um die Ohren fuhren: Jeweils 11 von 16 Rennen der VLN-Langstreckenmeisterschaft Nürburgring gingen 2009 und 2010 an die Z4 Coupés. Seit 2010 heißt der Nachfolger Z4 GT3, eine Rennversion des aktuellen Z4 Roadsters mit 4,4-Liter-Achtzylinder für Motorsportkunden.

... pflanzte ihm den Motor vom M3 ein, ... (Foto: © BMW AG)

... und fertig war der M Roadster. (Foto: © BMW AG)

Den BMW Z3 gab es auch in einer Coupé-Version. Deren Design war allerdings gelinde gesagt umstritten. (Foto: © BMW AG)

Blick ins Cockpit des M Roadsters. (Foto: © BMW AG)

2006 kam der Z4 M Roadster auf den Markt. (Foto: © BMW AG)

Der Z4 M Roadster war mit dem 343-PS-Sechszylinder aus dem M3 bestückt. (Foto: © BMW AG)

Das 343 PS starke Herz des Z4 M Roadsters. (Foto: © BMW AG)

(Foto: © BMW AG)

Die aktuelle Rennversion des Z4 heißt Z4 GT3 und ist hier mit einem BMW M1 ProCar beim AvD-Oldtimer-Grand-Prix 2012 zu sehen. (Foto: © BMW AG)

Z8

Auf der Tokio Motors Show 1997 präsentierte BMW unter der Bezeichnung Z07 eine Roadster-Studie, die dann auf der IAA 1999 in Frankfurt in Serienausführung zu bewundern war. Bereits vor dem Start der Serienproduktion brachte es der Z8 als »Dienstwagen« von James Bond zu internationaler Berühmtheit, allerdings endete der Auftritt im Film für den silberfarbenen Roadster nicht glücklich: Er fiel einer gigantischen Kreissäge zum Opfer. Schade drum, das hatte der Z8 wirklich nicht verdient.

Der 4,40 m lange, 1,83 m breite und 1,31 m hohe Z8 (Baureihe E 52) verstand sich als moderne Interpretation des Themas BMW 507, die Technik war aber alles andere als retro: Die Karosserie bestand aus Aluminium; unter der Außenhaut bildete ein selbsttragender Aluminiumrahmen, ein sogenannter Spaceframe, die tragende Struktur. Mit seinem 400 PS starken V8-Motor, einem Vierventiler mit vier Nockenwellen und Doppel-Vanos-Steuerung, ging der Zweisitzer abgeregelte 250 km/h. Der Antriebsstrang – und damit auch die Sechsgang-Handschaltung – stammte vom BMW M5, die Bremsen vom 750i. Die Preisstellung war außerordentlich selbstbewusst, bei Auslieferungsbeginn waren mindestens 235.000 Mark hinzublättern. 5700 Fahrzeuge wurden zwischen 2000 und 2003 in Handarbeit zusammengesetzt. Ob nun BMW von Anfang an nicht mehr hatte bauen wollen oder mangels Erfolg die Produktion einstellte: Fakt ist, dass es nie gelang, den Z8 als echte SL-Alternative zu etablieren, denn der Rivale aus Stuttgart war günstiger in der Anschaffung, im Falle eines Falles leichter zu reparieren, und, vor allem, auch mit Automatik-Getriebe zu haben. Ein Z8-Fahrer, der das wollte, musste zum Alpina Roadster greifen.

Einem versierten Fahrer war es mit dem Z8 immerhin möglich, die 20 km lange Nürburgring-Nordschleife in respektablen 8:15 Minuten zu passieren.

Wie seinem Vorgänger, dem BMW 507, war auch dem Z8 kein allzu großer Erfolg beschieden. (Foto: © BMW AG)

Ein Traumwagen aus dem Hause BMW war der Z8 aber allemal. (Foto: © BMW AG)

Die Designstudie Z07 wurde bereits 1997 auf der Tokio Motor Show präsentiert. (Foto: © BMW AG)

Der BMW Z8 kostete mindestens 235.000 Mark, war aber anders als die mögliche Alternative SL aus Stuttgart nicht mit Automatik zu haben. (Foto: © BMW AG)

Auch das M3-Cabriolet dieser Baureihe war mit 765 gefertigten Exemplaren ein rares Modell. (Foto: Stahlkocher, © CC-BY-SA 3.0)

M3 (E 30 und E 36)

Nach Beendigung des Engagements in der Formel 1 konzentrierte sich die Motorsport GmbH auf den Tourenwagen-Rennsport. Damit schlug 1986 die Geburtsstunde des BMW M3. Der kompakte Zweitürer stellte für BMW die erste konsequente Parallelentwicklung von Serie und Motorsport dar: Die Straßenversion – zu Homologationszwecken mussten innerhalb eines Jahres 5000 Exemplare verfügbar sein – wurde von Anfang an renntauglich konzipiert und dem Reglement der Gruppe A förmlich auf den Leib geschneidert. Der 195 PS starke Dreier mit Vierzylinder-Vierventilmotor und serienmäßigem Katalysator dominierte die internationale Tourenwagen-Rennszene: Eine Tourenwagen-WM, zwei Tourenwagen-Europameisterschaften, der zweimalige Gewinn der Deutschen Tourenwagen-Meisterschaft (DTM) sowie eine Vielzahl weiterer international errungener Siege und Meisterschaften machten ihn zum erfolgreichsten Tourenwagen. Aber auch als Straßenfahrzeug erreichte er ungeahnte Absatzzahlen. Vom ersten BMW M3 wurden 17.970 Exemplare verkauft, einschließlich der 600 Exemplare des 2,5 Liter M3 Sport Evolution und der 765 von Hand gefertigten M3 Cabriolets.

Vom M3 Sport Evolution der Baureihe E 30 wurden nur 600 Exemplare gefertigt. (Foto: © BMW AG)

Zwei Jahre nach dem Modellwechsel zur E 36-Baureihe brachte die Motorsport GmbH 1992 den neuen BMW M3 auf den Markt, der sich optisch nur unwesentlich von seinen zivileren Brüdern unterschied. Für Vortrieb sorgte hier der drei Liter große Sechszylinder-Vierventil-Motor mit 286 PS Leistung und Vanos-Steuerung, einem stufenlos verstellbaren System zur Spreizung der Einlass-Nockenwellen. Bei der Modellpflege 1995 erhielt der M3 einen neuen 3,2-Liter-Motor mit 321 PS und Doppel-Vanos; die Kraft wurde jetzt über ein serienmäßiges Sechsganggetriebe auf die Hinterräder übertragen. Von Anfang an in der Planung waren diesmal eine Cabrio-Variante und eine etwas komfortabler abgestimmte Limousine. Zwischen 1992 und 1996 konstruierte die Motorsport GmbH über 85 viertürige Renn-3er auf Basis dieses M3. Mit Johnny Cecotto am Steuer gewann der M3 GT 1993 die ADAC GT-Meisterschaft, 1996 errang dann der bis zu 400 PS starke PTG M3 den IMSA-Titel.

Eric van de Poele 1987 im BMW M3 DTM der Baureihe E 30 auf dem Nürburgring. (Foto: © BMW AG)

BMW M3 im Einsatz bei der DTM 1987 ... (Foto: © BMW AG)

... und als Art Car 1989 verschönert von Ken Done. (Foto: © BMW AG)

Der M3 der Baureihe E 36. (Foto: © BMW AG)

Den M3 gab es natürlich auch wieder in M3-Ausführung. Heute ein außerordentlich gesuchter Wagen. (Foto: © BMW AG)

Johnny Cecotto, hier 1993 beim Rennen in Ahlhorn, gewann auf seinem M3 GT in diesem Jahr die ADAC-GT-Meisterschaft. (Foto: © BMW AG)

BMW M3 Coupé der Baureihe E 46. (Foto: © BMW AG)

M3 (E 46 und E 90/92/93)

Die dritte M3-Generation (E 46) des Jahres 2000 punktete nicht nur durch überragende Fahrleistungen – 343 PS, 365 Nm, 0–100 km/h in 5,2 Sekunden –, sondern auch durch außerordentlich standfeste Compound-Bremsen. Im Jahr darauf startete der M3 GTR dann in der American Le Mans Series, erstmals mit einem Vierliter-Achtzylindermotor unter der Haube. Das Wettbewerbsauto mit den charakteristischen Lufteinlässen in der Haube und dem mächtigen Heckflügel erwies sich auf den Rennstrecken der USA als überlegen und errang die GT-Meisterschaft des Jahres 2002. In jenem Jahr entstand auch der M3 CSL, das »Coupé Sport Leichtbau«: Dach, Mittelkonsole und Türverkleidungen bestanden aus Kohlefaserverbundstoff, die Heckscheibe war leichter und zahlreiche Komfortelemente waren schlicht entfallen. Zusammen mit dem auf 360 PS leistungsgesteigerten Motor war der CSL ein wahrer Kurvenkünstler, der bei Tests die Nürburgring-Nordschleife in 7:50 Minuten umrundete, eine überragende Zeit für diese Fahrzeugklasse.

2003 kam der CSL auf den Markt, innerhalb weniger Monate waren alle 1383 Fahrzeuge verkauft. Der M3 GTR stand derweil in der Box und durfte nicht mehr rennen – das US-Reglement war geändert worden. Fürs Altenteil war der 3er mit Achtzylinder freilich noch viel zu jung und konkurrenzfähig. Also wurde er modifiziert und für das Langstreckenrennen auf dem Nürburgring fit gemacht. Mit überzeugendem Erfolg: 2004 feierte der M3 GTR beim 24-Stunden-Rennen in der Eifel einen Doppelsieg – und wiederholte ihn im Jahr darauf.

2007 ersetzte dann bei der neuen M3-Generation (E 90 / E 92 / E 93) ein 420 PS starker Vierliter-V8 den traditionsreichen Reihensechszylinder. Die Kraftübertragung auf die Hinterräder erfolgte über ein Sechsgang-Handschaltgetriebe sowie über ein vollständig neu entwickeltes Hinterachsgetriebe. Den neuen gab es als Limousine (E 90), Coupé (E 92) und Cabriolet (E 93). Insbesondere beim Coupé setzten die Konstrukteure einmal mehr auf Leichtbau. Wie bei anderen M-Modellen bestand auch hier das Dach aus Kohlefaser-verstärktem Kunststoff, die Motorhaube war aus Aluminium.

Seit 2009 wird der BMW M3 GTS auf Basis des BMW M3 Coupés ausschließlich auf Kundenwunsch produziert.

M3 (E46) GTR in der Rennversion 2005. (Foto: © BMW AG)

Wer möchte da nicht einsteigen: Cabrio-Version des M3 E46. (Foto: © BMW AG)

BMW M3 (E46) CSL von 2003. (Foto: © BMW AG)

BMW M3 der vierten Generation als Limousine, Baureihe E90. (Foto: © BMW AG)

In der Cabrioversion hatte der M3 (E93) jetzt erstmals ein versenkbares Metalldach. (Foto: © BMW AG)

BMW M3 GTS von 2010. (Foto: © BMW AG)

Der BMW M3 DTM wurde ausschließlich für den Einsatz in der DTM konzipiert. 2012 erstmals eingesetzt, gewann BMW mit diesem Wagen auf Anhieb die Fahrer- und die Teamwertung. Das Bild zeigt Augusto Farfus auf seinem Castrol-Edge-M3 beim Rennen in Moskau 2012, gefolgt von Bruno Spengler im BMW-Bank-M3.(Foto: © BMW AG)

Im Rahmen des »Concours d'Elegance« von Pebble Beach zeigte die BMW Group am 15. August 2013 die Studie des künftigen M4. (Foto: © BMW AG)

M5

Der Image-Erfolg des M1 animierte die Motorsport GmbH zu einem weiteren Fahrzeug: Die Ingenieure entwickelten und bauten 1980 auf Basis des Serien-5ers den M535i mit dem Zweiventil-Sechszylinder aus dem 635 CSi unter der Haube. 218 PS leistete das Triebwerk und machte den 5er zu einem König auf der Überholspur. 1984 ging man einen Schritt weiter und versenkte den Vierventil-Reihensechszylinder des M1 im Motorabteil und wählte für dieses Spitzenmodell der mittleren Baureihe die Bezeichnung »M5«. In Handarbeit zusammengesetzt, entpuppte sich dieser bis dato heißeste Fünfer als ein echter Wolf im Schafspelz, dessen Leistung mit 286 PS fast das Dreifache des Einstiegsmodells 518i betrug. Äußerlich war er jedoch auf den ersten Blick kaum von seinen schwächeren Brüdern zu unterscheiden. Die Höchstgeschwindigkeit lag bei 245 km/h.

M5 der ersten Generation, Baureihe E 28. (Foto: © BMW AG)

1988 ging der M5 in die zweite Generation – E34. Der Reihensechszylinder mit zunächst 3,6, später 3,8 Litern Hubraum leistete 315 bzw. 340 PS. Die Motoren trugen jetzt den Buchstaben »S« als interne Baumusternummer und den Schriftzug »M Power« auf dem Ventildeckel. Zunächst kam der M5 als Limousine auf den Markt, zu Beginn des Jahres 1992 auch als Kombi.

1998 präsentierten die Ingenieure der BMW M GmbH die dritte M5-Generation. Ihr Herzstück war ein komplett neu entwickelter Achtzylinder mit 400 PS Leistung und einem maximalen Drehmoment von rund 500 Newtonmetern. Wie schon der Vorgänger verfügte auch der neue M5 wieder über ein präzise schaltbares Sechsganggetriebe. Der sportlichste Fünfer – Baureihe E 39 – unterschied sich durch eine anders gestaltete Frontschürze mit großem Kühllufteinlass, großen Leichtmetallrädern sowie vier Auspuffendrohre von den schwächeren Modellen.

Im Herbst 2004 folgte dann der neue M5 (E 60 bzw. als Kombi E 61), dessen Vorgänger bereits eine Auflage von über 20.000 Fahrzeugen erreicht hatte. Der bis dahin stärkste 5er hatte fünf Liter Hubraum, zehn Zylinder, 507 PS Leistung, 520 Newtonmeter Drehmoment und Motordrehzahlen bis jenseits der 8000er-Grenze. Das Zusammenspiel von V10-Motor und Siebengang-SMG erlaubte den Sprint von 0 auf 100 km/h in 4,7 Sekunden, die 200-km/h-Markierung fiel nach rund 15 Sekunden. Bei Tempo 250 beendete die elektronische Begrenzung normalerweise den Vorwärtsdrang.

Der aktuelle BMW M5 der Baureihe F 10 wurde 2011 auf der IAA vorgestellt. Sein neu entwickeltes V8-Triebwerk mit Twin-Scroll-Doppelturbo-Aufladung, Benzin-Direkteinspritzung und voll variabler Ventilsteuerung leistet 560 PS, sein maximales Drehmoment liegt bei 680 Newtonmetern.

Ab 1992 gab es den M5 der zweiten Generation (E 34) auch in einer Kombi-Variante. (Foto: © BMW AG)

Der Motor des E 34 leistete anfangs 315, später 340 PS. (Foto: © BMW AG)

M5 der dritten Generation (Baureihe E 39). (Fotos: © BMW AG)

Mit der Baureihe E 60 erschien 2005 der M5 der vierten Generation. (Foto: © BMW AG)

Die aktuelle, fünfte Generation des M5 entspringt der Baureihe F 10. Sie bringt es auf nunmehr 560 PS. (Foto: © BMW AG)

M5 mit Competition-Paket, Baujahr 2013. (Foto: © BMW AG)

Der M 635 CSi war Mitte der 80er Jahre der erste M-BMW der 6er-Reihe. (Foto: © BMW AG)

M6

Die 6er-Reihe von 1976 trat die Nachfolge der zwischen 1968 und 1975 gebauten Coupé-Serie an, deren prominentester Vertreter der 3.0 CS in Leichtbauweise gewesen war. Die Spitze des Modellangebots markierte zunächst der 3,3 Liter im 633 CSi mit 197 PS und einer Höchstgeschwindigkeit von 215 km/h; 1978 folgte der 635 CSi mit 218 PS. Diesen entwickelte die Motorsport GmbH Ende 1983 dann zum M 635 CSi weiter. Das Coupé war ab Frühjahr 1984 lieferbar und erhielt ebenso wie der zeitgleich vorgestellte M5 den Vierventil-Motor aus dem M1, ein modifiziertes Fahrwerk und breitere Reifen. Im M-Trimm lag die Höchstgeschwindigkeit bei 255 km/h. In den USA wurde dieser Typ dann als M6 vermarktet, insgesamt entstanden 5855 Stück. Zuletzt wurden dafür DM 108.000,- (Ausführung mit Kat) aufgerufen.

Nach dem Auslaufen der Modellreihe dauerte es dann 16 Jahre, bis wieder ein M6 im Programm stand. Als Coupé und ab Juni 2006 auch als Cabrio zu haben, bildete die Baureihe E 63 (Cabrio: E 64) die Basis für den neuen M6. Bestückt mit dem Fünfliter-Zehnzylinder des M5 – und daher auch mit 507 PS und 520 Nm Drehmoment gleich stark – vereinigte der 2+2 das Handling eines Rennwagens mit dem Komfort eines großen Reisewagens. Die Höchstgeschwindigkeit lag, elektronisch abgeregelt, bei den üblichen 250 km/h, wer mochte, konnte die Speere aufheben lassen (auf die knapp 2500 Euro kam es in der Preisklasse sowieso nicht mehr an) und dann dabei zusehen, wie die Tachonadel auf 305 km/h kletterte. Das Dach bestand aus Kohlefaser-Verbundstoff, die Abgasanlage aus Edelstahl. Das SMG-Getriebe wies sieben Gänge auf. Serienmäßig gab es eine variable Differenzialsperre, die bei zunehmender Drehzahldifferenz zwischen den Antriebsrädern ein steigendes Sperrmoment aufbaute. Speziell für das Cabrio hatte man neue vordere Einzelsitze geschaffen. Batterie und das Reifenpannensystem (kein Ersatzrad mehr) befanden sich im Kofferraum, der ein Volumen von 300 bis 350 Litern aufwies. Die Preisliste begann bei 108.500 bzw. 116.300 Euro.

Seit 2012 gibt es den BMW M6 der Baureihe F 12 (Cabrio: F 13). Die neue Generation mit V8-Doppelturbo und Siebengang-Doppelkupplungsgetriebe war laut Herstellerangaben im Verbrauch um bis zu 30 Prozent sparsamer. Anfang 2013 wurde der neue M6 in Detroit dann auch als Gran Coupé präsentiert.

Erst 2005 gab es dann mit der Baureihe E 63 wieder einen BMW M6. (Foto: © BMW AG)

Die neuen M6 waren mit einem Fünfliter-Zehnzylinder bestückt. (Foto: © BMW AG)

Ab 2006 gab es den neuen M6 dann auch als Cabrio. (Foto: © BMW AG)

Seit 2012 gibt es die aktuelle M6-Generation. Das Cabrio entstammt der Baureihe F 13. (Fotos: © BMW AG)

Der M6-Motor hat aktuell »nur« noch einen Achtzylindermotor, der es mit Doppelturbo aber auf stolze 560 PS bringt. (Fotos: © BMW AG)

Zu Beginn des Jahres 2013 präsentierte BMW den M6 dann auch als Gran Coupé. (Foto: © BMW AG)

Der 8er-BMW war ein sportlicher Traumwagen, aber kein reinrassiger Sportwagen. (Foto: © BMW AG)

8er

Die Ablösung der 6er-Reihe stand auf der IAA 1989 im Schlafaugen-Look der späten Achtziger. Der erste Serien-BMW mit voll versenkbaren Scheinwerfern hatte den prächtigen Fünfliter-Zwölfzylinder aus dem 750i unter der flachen Haube. Die neue 8er-Reihe war ohne Zweifel ein überaus sportlicher Wagen, wenn auch kein reinrassiger Sportwagen. Motorsportliche Ambitionen waren ihm völlig fremd. Dazu war er zu kultiviert, zu luxuriös, zu geräumig – Viersitzer – und mit mindestens 1,8 Tonnen zu schwer. Was damals an Fahrdynamik-Regel- und Fahrer-Assistenzsystemen zu haben war, hatte das Luxuscoupé mit an Bord, eine Sechsgang-Schaltung sowieso.

Den 4,78 langen Gleiter gab es zunächst nur in einer Ausführung als 850i mit 300 PS und Integrallenker-Hinterachse, im Oktober 1992 folgte der von der BMW Motorsport GmbH vorgestellte 850 CSi. Diese Ausführung mit 381 PS hatte einen auf 5,6 Liter aufgebohrten V12, ein Sportfahrwerk mit hinterem Sperrdifferenzial, 17-Zoll-LM-Felgen und eine dezent, aber wirkungsvoll verfeinerte Aerodynamik. Der CSi beschleunigte in sechs Sekunden auf 100 km/h und war damit um gut 0,4 Sekunden schneller als der schwächere 850er, der jetzt als 850 Ci figurierte. Im Februar 1993 kam der Achtzylinder 840 Ci mit dem V8 des BMW 740i/540i mit »nur« 286 PS hinzu. In seinen Fahreigenschaften war dieser 8er den V12-Modellen so gut wie ebenbürtig. Von allen E-31-Varianten wurden insgesamt 32.815 Stück gebaut, davon mit Achtzylindermotor 7821 Einheiten und 1510 CSi-Exemplare. Die Modellreihe lief 1999 aus, die CSi-Fertigung hatte die M-Technik schon 1997 eingestellt. Die Preise bewegten sich zwischen 130.000 und 190.000 D-Mark.

Den 8er gab es zunächst nur als 850i bzw. CSi mit Zwölfzylindermotor, später folgte noch ein 840 mit acht Zylindern. (Foto: © BMW AG)

Das Luxuscoupé erwies sich als ein überaus kultivierter und dabei geräumiger Gleiter. (Foto: © BMW AG)

Vom 8er-BMW wurden drei fahrbereite Cabrios fertiggestellt, hier der Prototyp, der im BMW-Museum ausgestellt ist. (Foto: © BMW AG)

Auch aus dem 8er-BMW wurde ein Kunstwerk: David Hockney verwandelte diesen WQagen 1995 in ein Art Car. (Foto: © BMW AG)

Kompromisslose Verbeugung vor einem Klassiker: Das Concept Coupé Mille Miglia von 2006. (Foto: © BMW AG)

Concept-Cars und Designstudien

Concept-Cars sind die Spielwiese der Automobildesigner. Vom elektrischen Antrieb über Flügeltüren bis hin zur textilen Außenhaut – Denkverbote gibt es nicht, doch fast in jedem Fall geraten die Konzepte außerordentlich sportiv, bei BMW mit seiner reichen sportlichen Vergangenheit sowieso.

BMW Turbo (1972)

Der BMW Turbo war das erste Concept Car, das jemals von BMW gebaut wurde. Das Karosseriedesign wurde beim M1 von 1978 wieder aufgegriffen.

BMW Just 4/2 (1995)

Dieser Prototyp der BMW Technik GmbH trug die interne Bezeichnung Z 21, gezeigt im Oktober 1995 auf der Tokyo Motor Show in Japan. Die Studie mit dem Namen »Just 4/2« (»Nur für zwei«) war eine reinrassige Fahrmaschine mit freistehenden Rädern. Für Vortrieb sorgte der 100 PS starke Vierzylinder-Antrieb aus der BMW K 1100. Aus dem Stand beschleunigt der nur 550 Kilogramm schwere Prototyp in rund sechs Sekunden auf Tempo 100, die Höchstgeschwindigkeit betrug 180 km/h.

BMW Z 29 (2001)

Konsequenter Leichtbau stand im Mittelpunkt des Projekts BMW Z 29, das die BMW Forschung und Technik GmbH im Jahr 2001 verwirklichte. Das Konzeptfahrzeug besaß einen Frontmittelmotor in Gestalt des 343 PS starken Reihensechszylinders des damals aktuellen BMWs M3. Für die Kraftübertragung an die Hinterachse sorgte ein sequentielles M-Getriebe mit sechs Gängen. Der vier Meter lange Prototyp hatte nach oben schwingende Flügeltüren, wog 1160 Kilogramm, beschleunigte in 4,4 Sekunden aus dem Stand auf Tempo 100 und erreichte eine Höchstgeschwindigkeit von 270 km/h.

BMW Concept Coupé Mille Miglia (2006)

Das Karosseriedesign des BMW Concept Coupés Mille Miglia 2006 erinnerte an das legendäre BMW 328 Mille Miglia Touring Coupé aus dem Jahre 1940.

BMW M1 Hommage (2008)

Eine Designstudie zu Ehren der Vorgängermodelle BMW M1 (1978) und BMW Turbo (1972).

BMW 328 Hommage (2011)

Der BMW 328 Hommage wurde anlässlich des 75. Geburtstages des legendären Rennwagens BMW 328 präsentiert und versuchte, die Tugenden des 328 in die Neuzeit zu übertragen. Entstanden unter reichlicher Verwendung von kohlefaserverstärktem Kunststoff (CFK), sollte hier der »pure und reduzierte Roadstercharakter des Sportwagens von damals« unterstrichen werden.

BMW Zagato (2012)

Keine Chance auf Umsetzung, aber wunderbare Studien, entstanden in Italien bei Zagato: BMW Roadster und Coupé mit eigenständigem, athletischem Design.

Der BMW Turbo von 1972 war das erste Concept Car, das jemals von BMW gebaut wurde. (Foto: © BMW AG)

2008 erschien diese Designstudie als Hommage an den M1. (Foto: © BMW AG)

Diese Studie mit dem Namen »Just 4/2« (»Nur für zwei«) war eine reinrassige Fahrmaschine mit freistehenden Rädern. (Foto: © BMW AG)

Beim Z 29 ging es in erster Linie um Leichtbau, ins Auge stachen aber vor allem die Flügeltüren. (Foto: © BMW AG)

Der 328 Hommage sollte den »puren und reduzierten Roadstercharakter« seines Vorbilds neu beleben. (Foto: © BMW AG)

Der BMW Zagato von 2012 entstand in einer Roadster- und in einer Coupé-Version. (Foto: © BMW AG)

BRABUS

Aus einer Studentenbastelbude den weltgrößten unabhängigen Mercedes-Benz-Tuner zu machen, ist schon eine beeindruckende Leistung. Bodo Buschmann aus Bottrop im Ruhrgebiet setzte den Startschuss zu dieser Karriere vor gut 35 Jahren. Er war nicht der einzige Tuninganbieter, der damals diesen Zeitgeist aufgriff, aber nach dem Verschmelzen von Hauptkonkurrent AMG mit Mercedes führte er sein Unternehmen vollends konsequent bis zur Spitze.

Das Angebot von Brabus umfasst neben den »Supercars« sämtliche Modelle von Smart, Mercedes und Maybach. Der Brabus 800 E V12 gehört als derzeit stärkstes und schnellstes viersitziges Cabrio der Welt eindeutig zu den Supercars. (Foto: © Brabus)

Vom Freizeitbastler zum millionenschweren Umsatzbringer

Es gibt viele Gründe, warum jemand mit einem Auto »von der Stange« nicht mehr zufrieden ist. Eine grundsätzliche Unzufriedenheit mit der gebotenen Leistung oder dem zu braven Aussehen des Wagens spielt dabei ebenso eine Rolle wie ein ausgeprägter Individualismus, nicht das Gleiche haben zu wollen wie der Nachbar oder einfach nur der Wunsch, aufzufallen um buchstäblich jeden Preis.

Als der BWL- und Jurastudent Bodo Buschmann Ende der 70er-Jahre anfing, gleich gegenüber des väterlichen Mercedes-Benz-Autohauses die fahrbaren Unterteile seiner Kumpels sowie sein eigenes »aufzumotzen«, griff er einen Zeitgeist auf, der in den nächsten Jahren geradezu zur Manie werden sollte. Und er war wahrlich nicht allein. Mit ihm konkurrierten in Deutschland an die hundert Autotuner, sein späterer Hauptkonkurrent AMG war anfangs nur einer davon. Doch was Buschmann von anderen unterschied, war sein Hang zur Perfektion.

Gegründet hatte er Brabus 1977 gemeinsam mit dem Studienkollegen Klaus Brackmann, der allerdings später aus dem Unternehmen ausschied, aber noch im Namen erkennbar ist (Bra-Bus). Umtriebig, wie er war, hatte Buschmann seine veredelten Fahrzeuge, meist von der Marke Mercedes-Benz, gleich persönlich bei den diversen Autofachredakteuren vorgestellt. Bekannt wurde er dabei vor allem durch seine Tuningmaßnahmen am Mercedes-Benz W 126. Noch vor Ablauf des Jahrzehnts hatte er bereits zahlungskräftige Kundschaft aus dem arabischen Raum.

Mit Zähigkeit und Fleiß führte Buschmann seinen Betrieb in den kommenden Jahren an die Spitze unter den Tuningschmieden. 1994 hatte Brabus ein Zwischenspiel bei Bugatti; bis zur Übernahme der Nobelmarke durch Volkswagen agierten die Bottroper dort als Werkstuner. Ab Mitte der 90er-Jahre schaffte es Brabus mehrfach in das Guiness-Buch der Rekorde. Mit dem Brabus E V12 »one of ten« gelang auf Basis des Mercedes-Benz W 211 die damals schnellste Serienlimousine (330 km/h), mit dem Brabus M V12 der schnellste zugelassene Geländewagen (260 km/h). Im Jahr 2002 ging Brabus ein Joint Venture mit der smart GmbH ein. Die Palette der von Brabus getunten Automarken erweiterte sich schließlich auch noch auf Maybach, Chrysler, Dodge und Jeep.

Brabus ist längst als Fahrzeughersteller eingetragen. Der Kunde kann selbst entscheiden, ob er seinen eigenen Wagen leistungsgesteigert haben oder gleich ein Gesamtpaket von Brabus beziehen möchte. In letzterem Fall kaufen die Bottroper den Wagen direkt beim Hersteller und versehen ihn mit all den Exklusivitäten, für die der Kunde zu zahlen bereit ist. In der Angebotsliste von Brabus befinden sich auch sogenannte »Supercars« – Fahrzeuge mit besonders hohen Motor- und Fahrleistungen.

Brabus ist heute in über 80 Ländern vertreten und arbeitet daran, auch noch die letzten weißen Flecken auf der Landkarte zu füllen. Dabei macht das Unternehmen einen Umsatz von um die 250 Millionen Euro pro Jahr. Highlights bei Brabus waren zum Zeitpunkt, da diese Zeilen geschrieben wurden (2013), unter anderem der 800 PS starke Brabus Rocket auf Basis der CLS-Klasse oder das ebenso starke Brabus 800 E V12 Cabriolet.

Weltpremiere auf der IAA 2011: Der Brabus High Performance 4WD Full Electric – die Konzeptstudie einer Luxuslimousine mit vier Radnabenmotoren auf Basis der E-Klasse. Die Leistung liegt bei 320 kW, das Drehmoment bei sagenhaften 3200 Nm. Bei konstant 100 km/h muss der bis zu 220 km/h schnelle Stromer erst nach 350 km an die Steckdose. (Foto: © Brabus)

Brabus veredelt seit 1999 auch Smart-Modelle. Es gab inzwischen verschiedene Sonderserien, unter anderem diesen Ultimate 112; die Bottroper Veredler entlockten dem Winzling 112 PS und eine Spitze von 170 km/h. Mehr als 112 Fahrzeuge sollten davon nicht gebaut werden, der Preis lag deutlich jenseits der 40.000-Euro-Grenze. (Foto: © Brabus)

Rekordhalter: Mit dem Brabus Rocket auf Basis des Mercedes CLS entwickelten die Bottroper die mit 366 km/h seinerzeit schnellste straßenzugelassene Limousine der Welt. Der Motor dieser Rakete ist zwischenzeitlich von 730 auf 800 PS erstarkt, die Höchstgeschwindigkeit allerdings wird aktuell mit »nur noch« 350 km/h angegeben. (Foto: © Brabus)

CCG AUTOMOTIVE

Den Traum vom selbstkonstruierten Automobil haben viele, bei Tom Gerards aus Monschau in der Eifel musste es aber nicht bloß gleich ein Supersportwagen sein, nein, er sollte zusätzlich auch über einen schadstoffarmen, alternativen Antrieb verfügen. Dass dieser seinen sportlichen Qualitäten keinen Abbruch tut, möchte der giftgrüne »customGT« jedem Interessierten gerne unter Beweis stellen.

Mit dem customGT wurde für Tom Gerards der Traum vom selbstkonstruierten Automobil wahr. (Foto: © CCG)

CCG customGT – Der Supersportwagen aus der Eifel

Tom Gerards Firma CCG automotive GmbH ist eigentlich eine kleine Spezialwerkstatt, die sich u. a. um Reparaturen, Restaurationen, Service und Inspektionen sowie Innenraumveredelungen von klassischen Sportwagen kümmert. Zusätzlich optimiert CCG die Performance und Aerodynamik aktueller Sportwagen. Doch irgendwann kam für Tom Gerards die Zeit, sich seinen Traum vom selbstgebauten Automobil zu erfüllen. 2009 begannen die Planungen. Für den Inhaber von CCG stand von vorneherein fest, dass der Wagen nicht nur extrem sportliche Qualitäten besitzen müsste, sondern wahlweise einen alternativen Antrieb aufweisen sollte.

Sorgfältig wählte Tom Gerards sich seine Kooperationspartner aus, um das angestrebte Ziel in kompromissloser Qualität erreichen zu können. Aus den USA bezog er den pulverbeschichteten Gitterrohrrahmen nebst GFK-Karosse, der die Basis des Mittelmotorkonzeptfahrzeugs bilden sollte. Dieses wurde an die deutschen TÜV-Regeln angepasst und optimiert. Die servofreie Lenkung (Mustang) und der Motor samt Ansauganlage, bekannt aus der Corvette, stammten aus dem Haus General Motors und wurden bei CCG feingetunt. Dadurch kommt der customGT in der leistungsstärkeren Variante mit 7-Liter-V8-Motor auf 550 PS, erzielt eine Höchstgeschwindigkeit von bis zu 320 km/h und spurtet in 3,3 Sekunden von 0 auf 100 km/h. Das kleinere Modell besitzt einen 6-Liter-V8-Motor, leistet 450 PS und benötigt 3,5 Sekunden, um von 0 auf 100 km/h zu kommen. Eingebaut sind diese Motoren direkt hinter den Sitzen.

Auf Wunsch ist der Benzinmotor nun, wie schon erwähnt, erweiterbar um ein alternatives Antriebssystem auf der Basis von Autogas (LPG). Auf dieses umweltfreundliche und geldbeutelschonende System kann nach einer Aufwärmphase des Motors umgeschaltet werden. Die beiden Gastanks fassen dabei jeweils 37 Liter und müssen nacheinander geleert werden. Sobald der Gasinhalt des einen Tanks verbraucht ist, wird auf den zweiten umgeschaltet.

Die weiteren Komponenten des customGT wurden aus Deutschland bezogen. So stammt das manuelle Stangen-Sechsgang-Getriebe aus dem Porsche 993 Turbo, die Kupplung dagegen aus dem Porsche 997. Das Fahrwerk von KW wurde auf deren 7-Post entwickelt, optimiert und schließlich auf dem Nürburgring mehrmals im VLN-Training getestet und feinabgestimmt. Das Hochleistungsbremssystem mit sechs Kolben vorne und vier Kolben hinten ist eine spezielle Entwicklung von MOVE'IT für den customGT. Bei CCG wird alles zu einem sinnvollen und passenden Ganzen verarbeitet.

Dank einer Außenhaut aus glasfaserverstärkten Verbundstoffen oder optional aus Carbon gibt sich der grün lackierte customGT äußerst leichtgewichtig. Ebenfalls aus Carbon bestehen der Front- und der ausfahrbare Heckspoiler.

Das Interieur des Supersportwagens aus der Eifel ist in Alcantara und Glattleder gehalten, Schalensitze und eine Rennsport-Armatur gehören grundsätzlich dazu. Gegen Aufpreis lässt sich der customGT jedoch ganz den eigenen Wunschvorstellungen gemäß einrichten.

Elf Monate hatte die Testphase des Fahrzeugs gedauert, dann bekam der mit knapp einem Meter (genau 40 Zoll) extrem flache customGT im Jahr 2011 die Kleinserienabnahme und die deutsche Straßenzulassung. Auf Luxus muss man bei diesem Auto verzichten. Ab Werk ist lediglich eine Klimaanlage eingebaut. ABS, ESP sowie Airbag sind gegen Aufpreis aber zu haben. Noch puristischer und stark auf Rennsport ausgerichtet soll die geplante Modellvariante »Competition« werden.

Der Motor stammt aus der Corvette und wurde von CCG nochmals feingetunt. (Foto: © CCG)

Der Wagen verfügt über extrem sportliche Qualitäten. (Foto: © CCG)

Die Karosserie besteht aus glasfaserverstärkten Verbundstoffen oder optional aus Carbon. (Foto: © CCG)

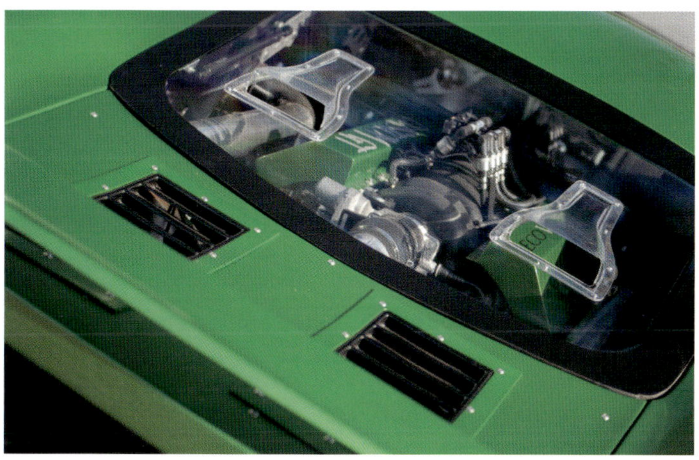

Der direkt hinter den Sitzen eingebaute Motor kann auf Wunsch auch mit Autogas (LPG) betrieben werden. (Foto: © CCG)

Das Fahrwerk wurde eigens von KW entwickelt und optimiert. (Foto: © CCG)

Die Feinabstimmung des Fahrwerks erfolgte im Rahmen von VLN-Trainings auf dem Nürburgring. (Foto: © CCG)

DAUER

Der Nürnberger Industrielle Jochen Dauer hatte sich bereits als Rennfahrer einen Namen gemacht, als er mit seiner Konvertierung des Porsche 962C den seinerzeit schnellsten straßenzugelassenen Sportwagen schuf. Seine Hoffnung, mit diesem und anderen veredelten Supersportwagen das große Geld zu verdienen, erfüllte sich jedoch nicht.

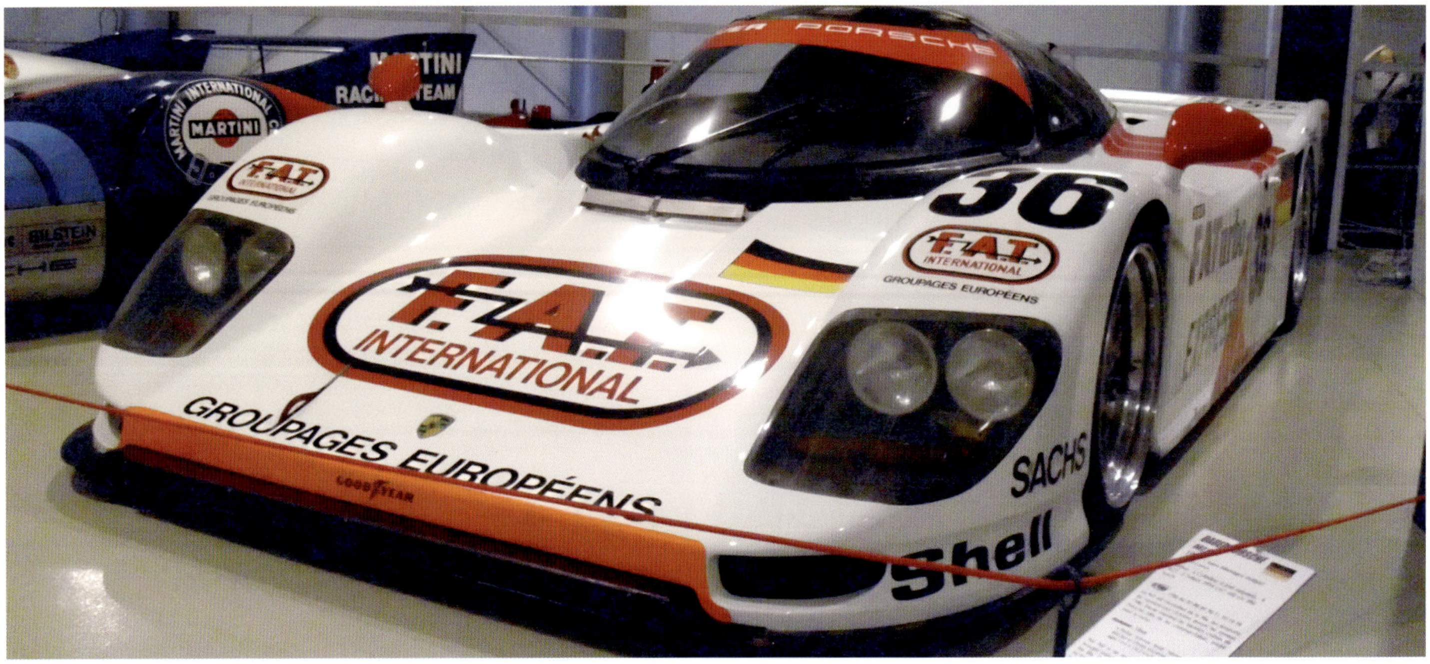

Das Siegerauto der 24 Stunden von Le Mans 1994: Dauer 962 LM Sport. (Foto: © GLfD)

Der rennfahrende Fabrikant

Jochen Dauer wurde 1951 im Lichtenfelser Stadtteil Schney in Bayern geboren. Obwohl von Beruf eigentlich Ledermöbel-Fabrikant, gehörte seine eigentliche Liebe dem Motorsport. Anfang der 70er Jahre absolvierte er seine ersten Rennen mit NSU-Fahrzeugen. Bekannt wurde er in der Branche zunächst durch seine einfallsreichen Ideen bei der Sponsorengewinnung und zur Finanzierung seiner Renneinsätze.

Im Laufe der 80er Jahre konnte er zahlreiche Siege in den Formeln 2 und 3 sowie in Tourenwagenrennen einfahren. Angespornt von diesen Erfolgen, gründete Dauer 1987 seinen eigenen Rennstall namens »Jochen Dauer Racing«. Dann landete er beim damals weltweit populärsten Rennwagen – dem Porsche 962C. Mit diesem Gefährt gewann er 1988 die Sportwagen-Europameisterschaft. Als Sponsor fungierte damals ein bekannter italienischer Süßwarenhersteller, der ihm u. a. den Kauf zweier Porsche 962C finanziert hatte.

Nachdem der Deutsche Supercup 1989 eingestellt wurde und Änderungen im Motorenreglement der Endurance-Weltmeisterschaft den Porsche 962C ab 1991 von der Teilnahme ausschlossen, zog es Jochen Dauer in die US-amerikanische IMSA-Rennserie. Seinen Sponsor konnte Dauer von diesem Schritt jedoch nicht überzeugen, und so endete sein Ausflug in die USA bei den 24 Stunden von Daytona mit leeren Kassen und der Auflösung der Jochen Dauer Racing, nachdem der erste Porsche mit den Fahrern Mario, Michael und Jeff Andretti nur einen fünften Platz belegte und der zweite Wagen mit den Unser-Brüdern am Steuer gleich gar nicht ins Ziel gelangte.

Dauer 962 LM als schnellster straßenzugelassener Sportwagen seiner Zeit

Jochen Dauer wollte sich mit dieser Niederlage nicht abfinden. Er dachte nach, wie er wieder zu Geld kommen könnte, und entschloss sich, in die Branche der Sportwagenveredler einzusteigen. Deshalb gründete er 1993 in Nürnberg eine neue Firma namens »Dauer Sportwagen GmbH«. Dauers Konzept sah vor, Rennwagen zu straßenzugelassenen Fahrzeugen umzubauen und diese an die Schwerreichen der Welt zu verkaufen. Den Anfang sollten seine vorhandenen, rennsporterprobten Porsche 962C machen.

Dauer war nicht der einzige Hersteller, der den 962 in ein Straßenfahrzeug umwandeln wollte, doch er war derjenige, der dieses Vorhaben tatsächlich realisieren konnte. Das lag daran, dass er den – auch finanziell – großen Aufwand nicht scheute, der allein mit der Modifikation des Cockpits verbunden war.

Der »Dauer 962 LM«, den der Nürnberger auf der IAA 1993 vorstellte, behielt weitestgehend den Sechszylinder-Motor mit zwei Turboladern des Porsche bei, ebenso dessen Stahl-

Gitterrohrrahmen-Chassis und die Rennbremsen. Die Karosserie hingegen wurde so modifiziert, dass Luftwiderstand und Abtrieb kräftig reduziert wurden. Eine Servolenkung sorgte für mehr Komfort. Im Gegensatz zum Rennwagen erhielt der Dauer 962 LM Katalysator und ABS, Scheinwerfer und Spiegel wurden ebenfalls straßenkonform angepasst.

Die Leistung der gebauten Fahrzeuge lag bei 730 PS. Die Spitzengeschwindigkeit von zirka 404 km/h wurde 1998 offiziell gemessen. Für den Sprint von 0 auf 100 km/h benötigte der Dauer 962 LM nur 2,6 Sekunden.

Auch Porsche war beeindruckt von Dauers Kreation und ging mit dem Nürnberger einen Kooperationsvertrag ein. Porsches Plan klingt zunächst irrwitzig: Vom straßenzugelassenen 962 LM, der seinerseits auf dem Rennwagen Porsche 962 basierte, sollte erneut eine Rennsport-Version hergestellt werden.

Die Rechnung ging auf: 1994 gewann Porsche mit dem Dauer 962 LM Sport die 24 Stunden von Le Mans. Porsche und Dauer hatten es gegen den Protest der konkurrierenden Rennteams verstanden, eine Lücke im Reglement für sich zur Teilnahme auszunutzen, die allerdings im Jahr darauf wieder geschlossen wurde, wodurch das Rennabenteuer in Le Mans eine Ausnahme blieb.

Von den geplanten 50 Fahrzeugen, die Dauer von der straßenzugelassenen Version herstellen und verkaufen wollte, wurden lediglich 13 realisiert. Von diesen befand sich allein ein halbes Dutzend im Besitz des schwerreichen Sultans von Brunei. Mehr Interessenten fanden sich nicht. Zwar war der Wagen innen ganz mit Leder ausgestattet und verfügte sogar über einen DVD-Player, doch ansonsten ging es in ihm eher rennsportwagentypisch unbequem und eng zu. Eine Heckscheibe fehlte dem Auto zusätzlich. Ersetzt wurde diese von einer Heckkamera. Ebenso fehlte jegliche Elektronik, die dem Fahrer dabei hätte helfen können, die hohen Geschwindigkeiten zu meistern. Zu Beginn des dritten Jahrtausends belief sich der Verkaufspreis der schnellen Renner auf zirka 980.000 Euro. Zu einer geplanten Neuauflage im Jahr 2006 kam es nicht mehr.

Übernahme von Bugatti

Ende der 90er Jahre nahm Jochen Dauer einen zweiten Anlauf auf dem Sportwagenmarkt. Er sicherte sich bei einer Auktion die Konkursmasse der pleite gegangenen Firma Bugatti, deren superschnelle und ebenso teure Sportwagen ebenfalls zu wenig Abnehmer gefunden hatten. Die Namensrechte der Edelmarke dagegen gingen an Volkswagen. Die Wolfsburger wiederum erben einige Jahre später mit dem 1000 PS starken Bugatti Veyron 16.4 vom 962 LM den Titel für den schnellsten straßenzugelassenen Sportwagen.

Mithilfe der erworbenen teilfertigen Bugattis des Typs EB 110, ihren Motoren, Bauteilen und Konstruktionsplänen beabsichtigte Dauer in den USA Fuß zu fassen und ein weltweites Service-Netz für Bugatti aufzubauen. Doch Dauer besaß längst nicht mehr das für solche Vorhaben notwendige Kapital. Zusätzlich sprangen seine Partner ab, mit denen er die Bugattis als Nachfolger des 962 LM Sport im Rennsport

Um den Bugatti EB 110 erfolgreich zu vermarkten, fehlte Jochen Dauer das erforderliche Kapital. (Foto: Spurzem, © CC-BY-SA 2.0)

einzusetzen gedachte, denn diese erkannten ebenfalls, dass Dauers Pläne finanziell nicht abgesichert waren.

Die fünf von Dauer bis 2001/02 fertiggestellten Bugatti EB 110 – jeder in einer eigenen Farbe – waren dank Kohlefaser-Monocoque leichter als die Original-Bugattis, besaßen Zwölfzylindermotoren mit vier Turboladern und der Leistung von 612 PS, waren allradgetrieben und mit 480.000 Euro deutlich billiger als der 962 LM. Im Jahr 2011 übernahm die Toscana-Motors-GmbH in Kaiserlautern die Bugattilagerbestände der Firma Dauer.

Das Ende der Dauer Sportwagen GmbH

Dauers riskante Investitionen hatten sich letztlich nicht ausgezahlt. Er verdiente mit seinen teuren Sportwagen nicht so viel Geld, wie er für sie ausgab. Deshalb hatten sich überall die Schulden angehäuft, auch gegenüber Porsche. Dazu gesellten sich nicht bezahlte Steuern in Höhe von über vier Millionen Euro.

50 Mal hatte Jochen Dauer seinen 962 LM verkaufen wollen, tatsächlich wurden dann aber gerade einmal 13 Exemplare gebaut. (Fotos: © Dauer Sportwagen GmbH)

Im Jahr 2008, als ihm die Schulden endgültig über den Kopf gewachsen waren, setzte sich der immer die große Show und den großen Auftritt liebende Jochen Dauer ab und verschwand aus der Öffentlichkeit. Doch er konnte sich seinen Verfolgern nicht dauerhaft entziehen. Zwei Jahre später spürten ihn die Fahnder in der Schweiz auf und verhafteten ihn. Dass er lediglich zu dreieinhalb Jahren Haft verurteilt wurde, hatte Dauer einem Gericht zu verdanken, das sich lieber auf einen entsprechenden Deal mit seinen Anwälten denn auf ein langes Verfahren einlassen mochte.

ENZMANN

Während andere in der elterlichen Garage höchstens wertloses Gerümpel finden, stieß der Schweizer Heinz Enzmann zu Beginn der 50er Jahre dort auf die Idee seines Lebens. Von Kindesbeinen an in Autos vernarrt, fand er für das abgestellte VW-Fahrgestell seines Vaters, der im heimatlichen Schlüpfheim im Schweizer Kanton Luzern eine Volkswagen-Vertretung führte, eine interessante neue Verwendung.

Der Enzmann 506 wurde 1956 auf der IAA in Frankfurt vorgestellt. (Foto: © GLfD)

Der Kunststoff-Sportwagen mit VW-Fahrgestell

Heinz Enzmann, von Beruf eigentlich Landarzt, entdeckte beim spielerischen Experimentieren mit dem aufgefundenen VW-Käfer-Chassis dessen Leichtgängigkeit beim Fahren. Was störte, waren die schweren Karosserieaufbauten, die gewöhnlich mit diesem Fahrgestell verbunden wurden. Also beschloss Enzmann, dieses traumhaft zu fahrende Chassis mit einer angemessen leichten Karosserie aus Polyester zu versehen. Ihm schwebte hierbei die Konstruktion eines zwar leistungsstarken, aber trotzdem sparsam und sicher zu fahrenden zweisitzigen Sportwagens vor.

Akribisch begann der Schweizer mit den Vorarbeiten. Unterstützt wurde er dabei von zwei seiner Brüder, von denen der eine, Hans Enzmann, Erfahrungen als Ingenieur bei VW in Wolfsburg einbringen konnte. Um nicht nur zu sehen, sondern am eigenen Leib zu spüren, ob die Entwürfe richtig gediehen, fertigte er ein Holzmodell im Maßstab 1:1 an, das ihm zur Optimierung seiner Vorstellungen diente. Sogar die Sitzposition und die Lenkradhöhe testete er an diesem Modell. Anschließend baute er nach diesem Vorbild die Kunststoffkarosserie, die aus einem Block bestand und keine Türen besaß. Der Fahrer musste von oben in das Cockpit einsteigen, was ihm durch die niedrige Höhe des Fahrzeugs und durch extra angebrachte Trittnischen, wie man sie aus dem Flugzeugbau beispielsweise bei Kampfjets kennt, erleichtert wurde. Dies verlieh dem Sportwagen eine besondere Stabilität und Leichtigkeit.

Neben der Gewichtsersparnis lagen Enzmann zudem die bequeme Sitzweise des Fahrers und seine Sicherheit am Herzen. Die Sitze gestaltete er deshalb ergonomisch und benutzte hierfür zur Modellierung seinen eigenen Körper. Die weitere Sicherheitsausstattung konnte sich ebenfalls sehen lassen, verstand es der Schweizer doch, einige wirklich fortschrittliche technische Details in seinen Sportwagen einfließen zu lassen, darunter Sicherheitsgurte, Überrollbügel, Nacken- und Zugluftschutz und – ein Aufprallkissen für den Beifahrer!

Obwohl zur normalen Ausstattung des Sportwagens ein 30-PS-VW-Motor gehörte, verlangten die Kunden später

Gut zu erkennen: Die Karosserie kam ohne Türen daher, dafür gab es eine Trittstufe. (Foto: © GLfD)

Blick ins Cockpit des kleinen Cabriolets. (Foto: © GLfD)

nach stärkeren Aggregaten, sodass der Wagen alternativ mit Okrasa- (ausgerüstet mit Judson-und-Maag-Kompressoren) oder 60 bis 130 PS starken Porsche-Motoren versehen wurde und mit diesen auch bei allerhand Rennen zum Einsatz kam, für die er wegen seiner vorzüglichen Fahreigenschaften ohnehin prädestiniert war.

Erstmals 1956 in Lausanne vorgestellt, begann seine Karriere ein Jahr später auf der IAA in Frankfurt, die ihm nicht nur seine Modellbezeichnung »506« einbrachte (dies war seine Standnummer bei der Autoausstellung), sondern auch seine ersten Bestellungen aus dem In- und Ausland bescherte.

Wolfsburg wittert einen Konkurrenten

Den innovativen »Enzmann 506« gab es bald in drei verschiedenen Versionen zu kaufen: als Spyder mit kleiner Rennsportscheibe und offener Karosserie, als Cabriolet mit Karmann-Scheibe und Klappdach sowie in Hardtopausführung. Unter der Typ-Bezeichnung »500« experimentierte Enzmann 1960 darüber hinaus mit einem Kunststoff-Coupé mit DKW-Frontantriebsmechanik, das aber nie in Serie ging.

Enzmann 506 Spyder beim Gaisbergrennen 2009. (Fotos: © GLfD)

1959 hatte der Schweizer Sportwagenhersteller bereits 60 Exemplare seines Modells 506 verkauft. In den folgenden Jahren gestaltete sich die Produktion aber zunehmend schwieriger, weil Volkswagen in dem agilen kleinen Sportwagen eine Konkurrenz zu seinem Karmann Ghia sah und keine Käfer-Fahrgestelle mehr liefern wollte. Das Aufkaufen und Ausschlachten fertiger VW-Käfer für die eigene Produk-

Der 506 mit Rennsportscheibe. (Foto: © Enzmann)

Enzmann 506 in der klassischen Gulf-Lackierung. (Foto: © Enzmann)

tion war für Enzmann zu teuer. Bis zum Jahr 1968 entstanden wegen dieser erheblichen Beschaffungsprobleme nur noch 40 weitere Enzmann-Sportwagen, dann stellte der Schweizer Autobauer die Produktion notgedrungen ein.

Wiederbelebung als »New Enzmann«

Das Interesse am Enzmann aber hatte über all die Jahre offensichtlich nie nachgelassen, sodass der Sohn Kari Enzmann zusammen mit Schwager Werner Schreiber und Geschäftspartner Walter Gossweiler zu Beginn des neuen Jahrtausends die beinahe originalgetreue Neuauflage des Sportwagens von Senior Emil Enzmann wagen konnte. Wieder wurde eine leichtgewichtige Kunstharzkarosserie, deren türlose Monoblocbauweise für eine hohe Steifigkeit sorgte, auf ein VW-Käfer-Fahrgestell gesetzt. Der Karosseriekörper entstand dabei in derselben Negativform wie die alten Enzmänner. Das Gesamtgewicht des New Enzmann lag nicht über 600 kg. Lediglich die Motorisierung und die Bremsen wurden an die neue Zeit angepasst. Rund 110 PS leistete der darin verbaute luftgekühlte 2-Liter-Boxermotor.

Die neue Firma Gossweiler & Schreiber hatte ihren Sitz im Schweizer Bischofszell und baute den 506 nur nach Vorbestellung. Der hoffnungsfrohe Besitzer in spe musste sich jedoch auf eine längere Wartezeit einrichten, bis er den rund 60.000 CHF teuren Sportwagen, der in der kleinen Firma per Hand in Einzelfertigung hergestellt wurde, auch in Empfang nehmen konnte. Alternativ konnte der handwerklich geschickte Interessent den Enzmann jedoch als Bausatz beziehen. 2013 jedoch rollten die beiden letzten New Enzmann durch die Werkstore, da die Sportwagen in der Schweiz von diesem Zeitpunkt an nicht mehr TÜV-geprüft werden konnten.

Diese Skizzen dokumentieren die Entstehung des Enzmann-Designs. (Foto: © Enzmann)

Anfang des Jahrtausends wurde der Enzmann 506 fast originalgetreu neu aufgelegt. (Foto: © Enzmann)

FORD

Die seit 1926 in Deutschland tätige Tochter des US-Autobauers Ford stand für alles, nur nicht für sportliche Fahrzeuge. Erst Mitte der 60er war so etwas wie Aufbruchsstimmung zu spüren, mit den RS-Ausstattungen wurden die braven Limousinen zumindest optisch etwas frecher. Mehr als nur mattschwarze Rallyestreifen und Sportfelgen boten dann die RS-Typen von Escort und Capri, die insbesondere in den 70ern mit so manchem Duell in der Tourenwagen-Meisterschaft für Furore sorgten. Viel Entwicklungsarbeit an den Tourenwagen fand bei Zakspeed in Niederzissen statt, die Einsätze im Rallyesport wurden maßgeblich von Ford Europe gesteuert und die Fahrzeuge in England aufgebaut. Sportliche Autos tragen heutzutage bei Ford die Kürzel ST oder RS, die in der Regel an Homologationsmodellen zu finden sind.

Taunus-Technik und italienisches Flair: Der im Auftrag der Ford-Werke gebaute OSI basierte auf dem kreuzbraven Taunus P5. (Foto: © Kh)

Ford OSI 20 M TS

Die Firma O.S.I. – dahinter verbarg sich Officine Stamapaggi Industriali – gehörte zu den bekanntesten italienischen Karosserieschneidern und war einer der führenden Spezialisten für Kleinserien. 1966 – in jenem Jahr produzierte OSI rund 15.000 Einheiten – begannen die Turiner dann mit dem Bau eines exklusiven Kleinserien-Coupés für Ford/Köln, das über deren Händlernetz vertrieben wurde: Am 10. Januar 1967 stellten die Ford-Werke auf Schloss Georghausen bei Köln das OSI-20-M-TS-Coupé vor: »Ein Wagen, der höchsten Ansprüchen an Komfort und Eleganz gerecht wird«, wie der OSI-Generaldirektor betonte.

Das Coupé zum Discount-Preis übernahm aus Kostengründen eine bestehende, in Großserie gebaute Bodengruppe. Der größte zur Verfügung stehende Ford-Wagen war der Taunus 20 M P5, eine ausgereifte und zuverlässige Konstruktion, die aber wirklich nicht im Verdacht überbordender Sportlichkeit stand. Kein Wunder also, dass die Fahrleistungen nicht zu halten vermochten, was die sportliche Optik versprach. Der Vortrieb im OSI-Coupé endete schon bei einer Höchstgeschwindigkeit von gut 165 km/h. »Für die Optik 100 km/h zu langsam«, urteilte auto motor und sport in einem dennoch überraschend wohlwollend ausgefallenen Fahrbericht. Andererseits war das OSI-Rezept in Zeiten, in denen noch immer ein simpler Käfer im Sportanzug mit Namen Karmann-Ghia als halber Sportwagen durchging, ein echter Leckerbissen. Ein Hauch Ferrari, ein Stückchen Maserati, ein Touch Mustang-Fastback – zumindest die Karosseriedesigner hatten ganze Arbeit geleistet.

Zu den mäßigen Fahrleistungen kamen gravierende Verarbeitungsmängel, die vielen der in Köln endmontierten OSI ein jähes Ende bereiteten: Der Rostschutz war katastrophal. Nach rund 2200 gebauten TS-Coupés endete die Zusammenarbeit, die Firma kam nicht mehr dazu, das geplante Cabriolet zu verwirklichen. Ein Großbrand vernichtete 1968 die Produktionsstätten und sämtliche Werkzeuge, die Firma OSI gehörte der Vergangenheit an.

Die miserable Verarbeitung war ein Grund für den Misserfolg der deutsch-italienischen Gemeinschaftsproduktion, ein zweiter der Großbrand im Jahre 1968, der die Firma OSI völlig verwüstete. (Foto: © Schwab/Slg. Kh)

Der Italo-Ford war bestimmt kein Sportwagen für beinharte Racer mit dem Messer zwischen den Zähnen. (Foto: © Schwab/Slg. Kh)

Ford Escort RS I + II

»RS« steht bei Ford für »Rennsport«, und mit diesem Kürzel schmückte Ford seit den 60ern seine sportlichen Top-Modelle – lange bevor die Konkurrenz auf den Plan trat: Die RS, anders als die späteren GTi und GSi, hatten ihre Wurzeln im Rennsport.

Während der Escort RS 2000 der ersten Generation von der Optik her aussah wie jeder andere Escort auch, endeten die Gemeinsamkeiten mit dem Blick unter die Motorhaube: Hier werkelte ein Zweiliter mit obenliegender Nockenwelle, eine simple, aber standfeste Maschine mit ordentlicher Leistung. Die Kraftstoffversorgung erfolgte ursprünglich über einen Zweistufen-Weber-Vergaser, homologiert wurde aber auch eine Doppelvergaser-Anlage von Solex, die im Gruppe-1-Trimm rund 150 PS mobilisierte und bei den Straßenmodellen immer noch für 100 PS gut war. Die Produktion der ersten Ecort-RS-Generation begann im Juli 1973 bei der britischen Ford-Motorsport-Tochter AVO und wurde dann zum Jahresende nach Deutschland verlegt, um den Nachfragestau abzubauen. Den RS hatte es stets nur als Zweitürer gegeben.

Die zweite RS-Generation debütierte im März 1975 auf dem Salon in Genf, die Deutschland-Premiere erfolgte zur IAA im September 1975. Im Gegensatz zum Vormodell war die zweite Auflage des Spitzensportlers auf den ersten Blick von ihren zivileren Brüdern an ihrer neuen Nase zu unterscheiden. Die neue Frontpartie, die den Wagen um gut 16 Zentimeter länger machte, bestand aus Polyurethan der Firma Bayer und war bei den Reifenbäckern von Phoenix in Form gebracht worden. Das sogenannte Bayflex-Formteil verringerte den Luftwiderstandsbeiwert um 16 und den Auftrieb an der Vorderachse um 25 Prozent. Außerdem verkrafteten sie schadlos kleine Rempler bis zu einer Geschwindigkeit von 8 km/h, was nicht ganz unwichtig war, um US-Sicherheitsvorschriften zu entsprechen. Am Heck befand sich ebenfalls eine kleine Polyurethan-Spoilerlippe, die den Auftrieb an der Hinterachse um beeindruckende 60 Prozent verringerte.

Nicht ganz so sportlich gebärdete sich der schon aus dem Vorgänger bekannte Zweiliter-Motor, der dank einer neuen Auspuffanlage jetzt 110 PS bei 5500 Touren brachte. Gefüttert vom Zweistufen-Vergaser von Weber, beschleunigte der Escort aus dem Stand in zehn Sekunden auf 100 km/h, seine Höchstgeschwindigkeit lag bei 180 km/h. Ein ganz besonderes Vergnügen waren die RS 2000 Spezial, die über die RS-Händler verkauft wurden. Diese Sonderserie, in Köln aufgebaut, mobilisierte 132 PS und wurde rund 300 Mal gebaut.

Zakspeed in Niederzissen begann 1968 mit Ford-Unterstützung Gruppe-2-Tourenwagen aufzubauen. Der 16V-BDA-Motor brachte, nach der Kraftkur dann, rund 140 PS. (Foto: © Schwab/Slg. Kh)

Der RS 2000 des Modelljahres 1973 hatte den Zweiliter-ohc-Motor aus dem Consul unter der Haube. Seine 100 PS hatten mit dem fliegengewichtigen Kleinwagen keine Mühe. (Foto: © Schwab/Slg. Kh)

Die RS-Nase mit ihren Doppelscheinwerfern bestand aus Kunststoff-Material und prägte die Optik des Sport-Escort. (Foto: © Ford)

Bei Oldtimer-Rallyes immer wieder ein gerne gesehener Gast: Der Escort RS 1800, hier eine Aufnahme von 2012. (Foto: Swifty44, © CC-BY-SA 3.0)

In Großbritannien waren die Escort mit der 1,8-Liter-Maschine kaum zu stoppen. Daran hat sich auch über drei Jahrzehnte später nichts geändert. (Foto: sandyseek, © CC-BY-SA 2.0)

Ford Escort RS III + IV

In den 80er Jahren verblasste der RS-Ruhm: Seine Position als sportliches Spitzenmodell im Programm machte ihm seine Volksausgabe, der XR3, streitig. Und im Motorsport verlagerte sich das Interesse hin zu anderen Modellen. Dennoch hielt Ford auch in der dritten Escort-Generation – erstmals mit Frontantrieb – an der Traditionsbezeichnung RS fest.

Der RS 1600i, Homologationsmodell als Basis für den Einsatz in der Rennsport-Gruppe A, stand auf dem Genfer Salon im März 1982, knapp drei Monate vor Produktionsbeginn im Werk Saarlouis. Der sportliche Kölner brachte es dank der Bosch-J-Jetronic mit Schubabschaltung, einer schärferen Nockenwelle und geänderter Auspuffanlage auf 115 PS bei 5750 Touren. Die Zündung erfolgte vollelektronisch. Ein Fünfganggetriebe war Pflicht, ebenso ein Sportfahrwerk mit erheblichen Änderungen, auch gegenüber dem XR3. Den knapp 190 km/h schnellen Escort ersetzte zum Modelljahr 1985 der RS Turbo. Dieser wurde von einem Garrett-Turbolader zwangsbeatmet, zusammen mit einigen anderen leistungsfördernden Maßnahmen kamen so 132 PS zusammen. Fahrwerk und Bremsanlage des umfassend verspoilerten Turbos stammten weitgehend aus dem RS-/XR-Regal. In der Neuauflage von 1986 präsentierten sich Motor, Fahrwerk wie auch die Visko-Kupplung stark überarbeitet, dennoch blieb gerade fahrwerkseitig noch jede Menge Raum für Modellpflege.

Auch in der letzten Escort-Generation trug das Topmodell wieder die Bezeichnung RS 2000. Der zunächst nur dreitürige Schrägheck-Kompakte erschien Ende 1991 und verfügte über den aus Sierra und Scorpio bekannten Zweiliter-Vierzylinder mit neuem Vierventil-Zylinderkopf, der 150 PS aufbot. Äußerlich trat der letzte RS 2000 vergleichsweise dezent auf, Front- und Heckstoßfänger waren tiefer herabgezogen, dazu kamen ein kleiner Heckspoiler und zwei Buckel auf der Motorhaube – allesamt wie der Kühlergrill in Wagenfarbe lackiert. Fords Sportpaket schlug mit einem Grundpreis von 35.290 Mark zu Buche.

Alles andere als dezent trat dagegen der Ford Escort RS Cosworth auf, der Nachfolger des RS Turbo und Voraussetzung für den Einstieg in die Rallye-WM. Antrieb, Fahrwerk und – verkürzte – Bodengruppe stammten vom Sierra RS, ebenso das permanente Allradsystem mit den zwei Visko-Kupplungen im Zentral- und Hinterachsdifferenzial. Auch der Cosworth-16V-Reihenvierzylinder stammte aus dem Sierra, er leistete 220 PS. Die Höchstgeschwindigkeit des üppig bespoilerten Straßenmodells mit seinen Kotflügelverbreiterungen lag bei 230 km/h. Zu Homologationszwecken mussten mindestens 2500 Exemplare gebaut werden, davon 500 mit einer Wassereinspritzung, wie sie auch die Wettbewerbswagen hatten. Diese war allerdings im Straßentrimm stillgelegt. Nachdem diese Mindestmenge an Fahrzeugen gebaut worden war, wurde der RS Cosworth auch ohne den Doppelflügel angeboten; insgesamt liefen bis 1996 7145 Escort RS Cosworth vom Band, der Stückpreis betrug 56.500 Mark.

Bei der Rallye Monte Carlo zum Auftakt der WM-Saison 1993 gab der Renn-RS sein Rallye-Debüt, für Januar 1993 erfolgte die Homologation des Escort RS Cosworth in der Gruppe A. Der Escort RS Cosworth bildete auch die Basis für die Entwicklung des ersten World Rally Cars (WRC), der 1997 und 1998 das letzte Kapitel in der Geschichte des Ford Escort in der Rallye-WM schrieb.

Der Escort XR3 war das sportliche Spitzenmodell der nun auf Frontantrieb ausgelegten Baureihe. (Foto: Stricker, © GFDL)

Der Escort XR3 war das sportliche Spitzenmodell der nun auf Frontantrieb ausgelegten Baureihe. (Foto: Stricker, © GFDL)

Der RS 1600i als Homologationsmodell der dritten Escort-Generation für die Teilnahme an der Rennsportgruppe A wurde im März 1982 präsentiert. (Foto: Martin Pettitt/Mr.choppers, © CC-BY-SA 2.0)

Fords neues Gruppe-A-Rallyeauto lief 225 km/h und entstand bei Karmann. (Foto: © Ford)

Der RS Turbo wurde in Großbritannien und nicht im Ford-Werk Saarlouis gebaut. Seine Leistung lag bei 132 PS. (Foto: © Ford)

Ein Cosworth-Escort bei der Argyll-Rallye im Juni 1992. Malcolm Wilson saß am Steuer. (Foto: Dougie Macdonald, © CC-BY-SA 3.0)

(Foto: © Ford)

Ford Capri I

Seine internationale Publikumspremiere gab der flotte Kölner im Januar 1969 auf dem Brüsseler Automobilsalon. Am 21. des gleichen Monats wurde er in der Bonner Beethovenhalle der internationalen Presse vorgestellt, bevor er am 5. Februar dort in den Ausstellungsräumen der Ford-Händler auftauchte. Unter den fünf zur Markteinführung angebotenen Capri-Typen markierte der Sechszylinder-Capri 2300 GT mit 108 PS die Spitze. Dieser beschleunigte in 10,8 Sekunden auf 100 km/h und erreichte eine Spitzengeschwindigkeit von knapp 180 km/h. Im Herbst 1969 gesellte sich mit dem Capri 2300 GT/R ein Modell hinzu, das es mit »scharfer« Nockenwelle, Doppelrohrauspuff sowie diversen Modifikationen an Zündung und Vergaser auf 125 PS brachte. Für damalige Verhältnisse war das ein ganz heißer Ofen, der es in der Sprintdisziplin auf sportwagenrelevante 9,8 Sekunden und ein maximales Marschtempo von 190 km/h brachte. Zur Legende indes wurde der Capri durch den 1970 vorgestellten 2600 RS, das bis dato sportlichste Auto der Kölner überhaupt. Für 15.800 DM bekam man ein Fahrzeug an die Hand – gerüstet mit Kugelfischer-Einspritzung, Sportfahrwerk und 150 munteren Pferden unter der mattschwarzen Motorhaube –, dessen markantes Doppelscheinwerfer-Gesicht auf Augenhöhe der damaligen Porsche-Phalanx auftauchte. Eine Homologationsauflage von tausend Einheiten für den Motorsport, bestückt mit Magnesiumfelgen, Plexiglasscheiben und Kunststofftüren, legte denn auch den Grundstein für die Rennkarriere. Zum Modelljahr 1973 gab es ein Facelift mit diversen Verfeinerungen, der RS 2600 lief nun, dank geänderter Hinterachsübersetzung, in der Spitze 210 km/h. Insgesamt 784.000 Einheiten waren von 1969 bis einschließlich 1973 in Deutschland gebaut worden, von denen 244.000 auf dem Heimatmarkt einen Abnehmer fanden. 1971 beteiligt sich Ford werksseitig mit zwei solchen Fahrzeugen an der Tourenwagen-Europameisterschaft und mit einem an der Deutschen Rundstrecken-Meisterschaft. Ergebnisse: Auf internationaler Bühne holte Dieter Glemser den Titel, im deutschen Wettbewerb fuhr Jochen Mass mit dem Maximalergebnis von acht Siegen in acht Läufen den Gesamtsieg ein. Auch die Trophäenausbeute der Saison 1972 konnte sich sehen lassen: Deutsche Automobil-Rennsportmeisterschaft (Stuck), Europa-Tourenwagen-Meisterschaft (Mass), die Plätze eins und zwei beim französischen 24-Stunden-Klassiker von Le Mans und ein Dreifachsieg beim 24-Stunden-Rennen im belgischen Spa-Francorchamps.

Ein Sportwagen der Optik nach, nicht dem Charakter: Immerhin gab es den Kölner zeitweilig sogar als1,3-Liter-Sparmobil mit 55 PS. Das andere Ende markierte der nicht in Deutschland verkauft RS mit 3,1-Liter-V6. (Foto: © Ford)

Die Firma May bot für den Capri RS einen Turbo-Satz an. Der 2,3-l-Capri erstarkte damit von 108 auf 180 PS, der RS von 125 auf 207 PS. (Foto: © Schwab/Slg. Kh)

Lange Schnauze, kurzes Heck: Das Konzept hatte schon beim Jaguar E-Type bestens funktioniert. Im Gegensatz dazu steckte unter der langen Capri-Haube solide Großserientechnik. (Foto: © Ford)

Die schwarze Haube war Kennzeichen der R-Ausstattung. (Foto: ©Ford)

Der Capri 2600 RS erschien im März 1970 als Basis-Modell für den Tourenwagensport. Nur bei dem Leichtbau-Modell für den Werkseinsatz bestanden Hauben, Türen und Scheiben aus GfK. Hier in Le Mans, 1971. (Foto: © Ford)

Eine Macht im Rennsport: Capri RS, bei den Werksrennwagen mit Vergaser, sonst mit Kugelfischer-Einspritzung. Hier der RS von Fritzinger/Heyer auf dem Nürburgring 1973. (Foto: © Spurzem, © CC-BY-SA 3.0)

Ford Capri III

Der Capri ´78 unterschied sich durch eine neue Bugpartie mit Halogen-Doppelscheinwerfern, einen integrierten Frontspoiler und die neuen, bis an die Radauschnitte geführten Stoßstangen vom Vorgänger. Weder das optische Konzept noch die Technik hatte sich im Prinzip seit der ersten Generation geändert, auch das Fahrwerk war mit McPherson-Federbein-Vorderachse und einer starren Hinterachse an Halbelliptik-Längsblattfedern gleich geblieben, über die Jahre lediglich verfeinert um Gasdruckstoßdämpfer und Querstabilisator. Topmodell war der Dreiliter-V6 mit 138 PS, zum neuen Spitzenmodell avancierte der Dreiliter-Capri S von 1979. Dieser lief 200 km/h – nicht schlecht, doch echtes Sportwagenfeeling kam erst im Januar 1981 mit dem 2,8 Injection auf, einer in Großbritannien entwickelten Power-Variante auf Capri-S-Basis. Hier kam ein neuer 2,8-Liter-V6-Einspritzmotor mit strammen 160 PS zum Einsatz, der echte 210 km/h lief und in rund acht Sekunden aus dem Stand auf 100 km/h beschleunigte. Er rollte auf 205/60 VR 13-Breitreifen auf Leichtmetall-Siebenzöllern und hatte ein Bremsdruck-Regelventil für die Hinterachse. Stilgerechte Design- und Ausstattungsdetails wie ein Spoilersatz, Zierstreifen und ein sportlich aufgemachtes Interieur rundeten den neuen Auftritt ab.

Im gleichen Jahr erschien auch in einer limitierten Stückzahl von 200 Einheiten der Capri Turbo. Unter dessen Haube kauerte der von einem KKK-Turbolader auf 188 PS aufgeblasene 2,8-Liter-Vergaser-V6 aus der Granada-Baureihe, auf Wunsch war ein Sperrdifferenzial lieferbar. Kotflügelverbreiterungen, 235er-Bereifung sowie üppiges Front- und Heckspoilerwerk sorgten für 215 km/h Spitze. 1984 schließlich leiteten die Modelle Super GT und Super Injection das Ende einer Ära ein. Im 18. Dezember 1986 rollte der letzte von 1.900.678 Ford Capri vom Band.

Wie der Capri I kam auch der Capri III zu rennsportlichen Lorbeeren; in den Jahren dazwischen hatte Ford im Tourenwagensport nicht den Capri II, sondern den Escort eingesetzt. 1978 indes stieg man mit dem Capri Turbo in die Zweiliter-Division der Deutschen Rennsport-Meisterschaft ein, 1979 holte der knapp 400 PS starke Turbo Capri vier Siege in der Division bis zwei Liter Hubraum. 1980 balgten sich die Kölner dann mit dem rund 580 PS starken »Super Capri« in der großen Division über zwei Liter Hubraum mit dem Porsche 935. Mit fünf Siegen avancierte Klaus Ludwig zum erfolgreichsten Fahrer der Meisterschaft, verpasste aber aufgrund von Regelstreitigkeiten den Meistertitel. 1981 legte dann Klaus Ludwig auf dem Turbo Capri in der kleinen Zweiliter-Division mit zehn Siegen in dreizehn Läufen einen regelrechten Durchmarsch hin, während Manfred Winkelhock parallel dazu in der großen Division auf sechs Siege kam.

Nur mäßig überarbeitet, präsentierte sich die Neuauflage des Capri III von 1978. (Foto: © Ford)

Spitzenmodell der Reihe war der Capri Super Injection 2,8 l mit einer Höchstgeschwindigkeit von 210 km/h. (Foto: ©Ford)

Ab Werk leistete der zwangsbeatmete 2,8-Liter-Turbo 188 PS. (Foto: © Ford)

Mit dem RS-Kit wirkte auch ein braver 70-PS-1600er zumindest optisch erheblich sportlicher. (Foto: © Ford)

Die bei Zakspeed aufgebauten Capri für die DRM gebauten Renn-Capri hatten nur noch entfernte Ähnlichkeit mit dem Ausgangsprodukt. (Foto: © Ford)

Mit dem Zakspeed-Capri gewann Klaus Ludwig 1981 die Deutsche Rennsport-Meisterschaft. (Foto: Stahlkocher, © CC-BY-SA 3.0)

Ford Sierra

Der Taunus-Nachfolger mit Namen »Sierra« gilt als Markstein in der Geschichte des Automobildesigns, und die Sportausführungen schrieben Rennsportgeschichte. Ausgangsbasis war der im März 1983 (die anderen Ausführungen waren auf der IAA 1982 gezeigt worden) vorgestellte XR4i. Ausschließlich als Dreitürer mit dritter Seitenscheibe lieferbar, hatten die Konstrukteure den 2,8-Liter-V6 mit 150 PS aus dem Capri im Motorabteil versenkt. Der üppig bespoilerte Top-Sierra brachte es auf eine Spitze von 210 km/h und beschleunigte in 8,5 Sekunden aus dem Stand auf 100 Stundenkilometer. Auf dieser Basis erfolgten 1985 erste Gehversuche in der Deutschen Produktionswagen-Meisterschaft unter Klaus Niedzwiedz und Klaus Ludwig. Gleich beim ersten Rennlauf auf der Avus in Berlin fuhr der schneeweiß lackierte Gruppe-A-Bolide der Konkurrenz auf und davon. Befeuert wurde »Niedzes« Renn-Sierra von einem 2,3-Liter-Turbo, der im Renntrimm 300 PS abdrückte. In Deutschland wurde der XR4i bereits 1985 durch den XR4x4 abgelöst.

Diesmal bildete die normale dreitürige Fließheck-Karosserie die Ausgangsbasis, jetzt aber mit permanentem Allradantrieb und zwei Visko-Kupplungen. Der 150 PS starke V6 befeuerte ab der IAA im September 1985 auch einen Sierra-Allrad-Fünftürer mit serienmäßigem ABS. Für sportliche Umtriebe besser gebaut wurde der RS Cosworth von 1986, entwickelt von der britischen Ford-Tochter Special Vehicle Engineering SVE. Um an den Tourenwagen-Rennen der Gruppe A teilnehmen zu können, mussten 5000 Homologationsexemplare gebaut werden, 500 weitere »Evolution«-Modelle für Motorsport-Kunden folgten 1987 unter der Bezeichnung RS 500. Ausgangsbasis des sportlichen Tuns bildete in jedem Fall der als Coupé bezeichnete Dreitürer mit Zweiliter-Serienmotor. Im Cosworth-Trimm auf vier Ventile pro Zylinder umgerüstet und durch einen Garrett-Turbolader zwangsbeatmet, leistete er 204 PS, gespeist von einer elektronischen Motorsteuerung mit Weber/Marelli-Reiheneinspritzung. Bereits in seiner ersten vollständigen Saison gewann der RS die Tourenwagen-WM und zahlreiche nationale Rallye-Meisterschaften; Erfolge, die sich bei der Tourenwagen-EM 1988 wiederholen sollten.

Der Sierra Cosworth vom Februar 1988 basierte dagegen auf der viertürigen Stufenheck-Limousine. Der Familiensportler verbarg unter seiner biederen Karosserie zahlreiche technische Neuerungen, so zum Beispiel eine versteifte Karosseriestruktur, ausgeschäumte A-Säulen sowie neue Türdichtungen. Ins Auge fielen der spezielle Kühlergrill, die Kotflügelverbreiterungen und die dezenten Spoiler. Praktisch unverändert gegenüber dem Vorgänger blieb das Technik-Paket des Cossies, das Fahrwerk wurde allerdings vorn wie hinten mit Stabilisatoren aufgerüstet. Seine Höchstgeschwindigkeit lag bei 240 km/h, für den Sprint zur 100-km/h-Marke vergingen gerade 6,5 Sekunden. Knapp zwei Jahre später präsentierte sich der Cosworth mit Allrad-Antrieb und modifiziertem, nun 220 PS starkem Einspritzer und geregeltem Katalysator. Zuletzt für 70.700 Mark verkauft, tauchte der Cossie nicht mehr in den Sierra-Prospekten des Modelljahres 1993 auf.

Der Sierra XR4i war das Spitzenmodell der neuen Ford-Baureihe. Seine Frontansicht machte ihn unverwechselbar. (Foto: © Ford)

Der XR4i wurde zwischen 1985 und 1990 bei Karmann gebaut, in Deutschland lief er nur bis 1985. (Foto: © Ford)

Die Zivilausführung wurde als Sierra RS 500 verkauft, die Rennausführung des Cosworth dominierte 1987 und 1988 in der Tourenwagen-WM. (Foto: © Ford)

Der XR4i wurde 1985 durch den in Großbritannien gebauten XR4x4 abgelöst, auch der RS Cosworth von 1986 entstand bei der Ford-Tochter SVE. (Foto: © Ford)

Der Sierra Cosworth 4x4 erschien 1988 als Stufenheck-Limousine. Er verzichtet auf wildes Spoilerwerk, erreichte aber dennoch 240 km/h. (Foto: © Ford)

Immer noch ein Hingucker: Der Gruppe-A-Sierra im Jahre 2008 in Goodwood. (Foto: Brian Snelson, © CC-BY-SA 2.0)

Ford Focus RS

Mit dem für sein Design und eine überlegene Fahrdynamik gerühmten Focus von 1998 gab Ford sich ein neues Gesicht. Der Golf-Konkurrent mit dem »New Edge«-Design war auf Anhieb bemerkenswert erfolgreich: Breits vier Jahre nach Produktionsanlauf wurde die Zweimillionen-Marke überschritten, in diesem Jahr erfolgte auch die Wiederbelebung des Traditionskürzels »RS« (bis dahin markierte die ST-Ausführung die Leistungsspitze). Der neue RS, gedacht wiederum als Basismodell für die Rallye-WM, war serienmäßig mit einem Sperrdifferenzial ausgerüstet. Für Vortrieb sorgte der 215 PS starke 2,0-Liter-Duratec-Turbo. Die auf exakt 4501 Exemplare limitierte Edition war schnell ausverkauft. Im Frühjahr 2009 folgte der von Grund auf neu entwickelte Ford Focus RS mit 2,5-Liter-Duratec-Motor und gewaltigen 305 PS. Das Drehmoment-Maximum lag bei 440 Nm. Der mit 263 km/h bis dahin schnellste Serien-Focus war ab Frühjahr 2009 zu Preisen von 33.900 Euro in Deutschland erhältlich, 1600 Exemplare wurden hierzulande verkauft. Die zweite Modellgeneration verabschiedete sich dann mit einem echten Knaller: Im September 2010 legte Ford den strikt auf 500 Einheiten limitierten RS500 auf. Der Fünfzylinder-Turbomotor war hier dank deutlich größer dimensioniertem Ladeluftkühler, modifiziertem Luftfilter, einem im Durchmesser vergrößerten Fallrohr der Abgasanlage, einer leistungsstärkeren Benzinpumpe sowie einer angepassten Motorsteuerung auf 350 PS erstarkt. Charakteristisches Merkmal: die trendige Folierung in Mattschwarz inklusive farblich hierauf abgestimmter 19-Zoll-Leichtmetallfelgen. Er beschleunigte in nur 5,6 Sekunden aus dem Stand auf Tempo 100 und erreichte eine Höchstgeschwindigkeit von 265 km/h.

Die teuerste Möglichkeit, Focus zu fahren: der RS von 2002. Die auf 5000 Exemplare limitierte Sonderserie kostete über 30.000 Mark. (Foto: © Ford)

Von der im Frühjahr 2011 gestarteten dritten, von A bis Z neu entwickelten Focus-Generation gab es bis zur Drucklegung dieses Buches noch keine RS-Ausführung. Der vorerst stärkste und sportlichste Focus dieser Auflage kam gut anderthalb Jahre nach Serienstart und trug das Kürzel »ST«. Für Vortrieb sorgte hier der 250 PS starke Zweiliter-Turbovierzylinder aus der EcoBoost-Baureihe. Das Topmodell wurde erstmals weltweit angeboten, in mehr als 40 Ländern der Welt ist der 248 km/h schnelle Ford Focus ST zu haben – sogar als Kombi-Variante. Das aber hatte dann zumindest optisch überhaupt nichts mehr von einem Sportwagen. Focus-Fans warteten auf einen neuen RS.

Die zweite Focus-Generation wurde zwischen 2004 und 2010 gebaut, wobei es 2008 ein Facelifting gegeben hatte. Eine RS-Ausführung gab es erst ab 2009, wobei ursprünglich 7000 Exemplare hatten gebaut werden sollen, 11.000 wurden es zum Schluss. (Foto: © Ford)

Die technische Basis des RS bildete der Focus ST. Zu den wichtigsten technischen Unterschieden gehörte die neue Vorderachse. Die Kotflügel waren verbreitert, in den Radhäusern kauerten 19-Zoll-Räder mit 235er-Reifen. (Foto: © Ford)

Mit dem RS 500 verabschiedete sich im September 2010 die zweite Focus-Generation. Das Mattschwarz des Power-Fords war keine Lackierung, sondern eine Folierung. (Foto: © Ford)

Zur Ausstattung gehörten Recaro-Schalensitze mit schwarzem Alcantara-Glattleder-Bezug, Touchscreen-Navi und rote Ledersitzbezüge waren die einzigen Positionen auf der Aufpreisliste. (Foto: © Ford)

Der RS 500 war mit 350 PS der stärkste Serien-Focus aller Zeiten, seine Beschleunigungswerte extrem. (Foto: © Ford)

Ford ist mit dem Focus seit 1998 in der Rallye-Weltmeisterschaft unterwegs, 2006 und 2007 gewann man die Markenwertung. (Foto: ©Ford)

GEMBALLA

Mit einem weißen Golf fing alles an. Doch danach zog es Uwe Gemballa mit seinen Tuningkünsten zu Edelmarken wie Porsche. So spektakulär und teuer seine Sportwagen waren, so mysteriös auch das Ableben des Firmengründers 2010. Das Ende der Autotuner- und -herstellerfirma war das aber nicht.

Der 400 PS starke Gemballa Avalanche der 80er Jahre basierte auf dem Porsche 911 Turbo. (Foto: Alexandre Prévot, © CC-BY-SA-2.0)

Vom Fahrzeugtuner zum Hersteller von Luxussportwagen

Den besagten weißen Golf nahm Uwe Gemballa 1980 unter seine Fittiche. Ein Jahr später gründete er in Leonberg bei Stuttgart bereits seine eigene Firma. Hatte er sich anfangs darauf beschränkt, das Interieur der Fahrzeuge aufzupolieren, begann er später damit, neben Leistungssteigerungen an den Motoren zusätzlich die Karosserien selber zu verändern oder sogar vollständig umzubauen. Diese Aktivitäten brachten der Firma schließlich die Anerkennung als Fahrzeughersteller ein – und das Verbot, Markenzeichen etwa von Porsche und Mercedes an den Eigenkreationen zu verwenden. In den 80er Jahren entstand so beispielsweise aus dem Porsche 911 Turbo der 400 PS starke Gemballa »Avalanche«, der Porsche 911 verwandelte sich zum Gemballa »Cyrus« Cabriolet und auch vor dem Ferrari Testarossa machte der Sportwagenveredler nicht halt.

Gemballa entwickelte sich zum wichtigsten und exklusivsten Porsche-Tuner. Seine auffallenden und schwindelerregend teuren Kreationen gingen zum größten Teil ins Ausland. Zu den Kunden der Leonberger Firma zählten Adlige aus ganz Europa, Hollywood-Berühmtheiten, wohlhabende Russen und schwerreiche Scheichs.

Rückschläge und Neubeginn

Das Geschäftsmodell von Gemballa, nur sehr teure Gesamtpakete anzubieten, blieb allerdings über die Jahre nicht ungetrübt erfolgreich. Bereits zu Beginn der 90er Jahre begann gegen seine Firma ein sich über zehn Jahre hinstreckendes Insolvenzverfahren. Doch Uwe Gemballa gründete sofort ein neues Unternehmen, das er wegen des Verlustes an seinen Namensrechten zunächst »G-Topline Automobiltechnik GmbH« nannte und mit dem er sich in kurzer Zeit wieder an die Spitze der Porsche-Tuner setzte. Ab 1999 durfte er dann wieder seinen Namen Gemballa in der Firmenbezeichnung verwenden. Der baden-württembergische Sportwagenveredler konnte im Laufe der Jahre ein weltweites Vertriebsnetz aufbauen.

Auch im Motorsport hinterließ das Unternehmen seine Spuren. 2001 schaffte der Rennfahrer Wolfgang Kaufmann auf einem Gemballa Porsche GTR 550 Biturbo einen Rundenrekord auf dem Nürburgring, der für mehrere Jahre Bestand hatte. In den Jahren 2002 und 2004 gewann Kaufmann mit den Modellen Gemballa Porsche GT 3 bzw. GTR 600 Evo den Sport-Auto-Tuner-GP in Hockenheim.

Schulden und ein mysteriöser Mordfall

Vom Porsche Carrera GT stammte der Gemballa »Mirage« GT ab, der aber von Gemballa völlig durch die Mangel gedreht worden war. So ergänzten den 10-Zylinder-Porsche-

Rennmotor mit 612 PS kurzerhand zwei Turbolader. Geplant waren für die Zukunft weit mehr PS. Kaum ein Teil des Vorbildes blieb unberührt.

Nach dem für Gemballa erfolgreichsten Jahr 2007, in dem er 13 Gemballa Mirage GT für jeweils zirka 700.000 Euro absetzen konnte, schlug aber bei ihm – wie bei vielen Tunern – die Wirtschafts- und Finanzkrise mit voller Wucht zu und bescherte ihm in den Folgejahren starke Umsatzrückgänge.

Die hohe Schuldenlast scheint Uwe Gemballa dazu bewogen zu haben, seine geschäftlichen Aktivitäten auf weitere Länder wie Dubai und Südafrika auszuweiten und dort möglicherweise nach Geldgebern zu suchen. Dies wurde ihm zum Verhängnis. Im Februar 2010 verschwand Gemballa spurlos. Ob er selber in illegale Geldgeschäfte verwickelt war oder lediglich Opfer von kriminellen Machenschaften wurde – Uwe Gemballa konnte nur noch ermordet aufgefunden werden. Der angebliche Täter wurde zwar inhaftiert, nicht jedoch der beziehungsweise die mutmaßlichen Drahtzieher im Hintergrund.

Gemballa Turbo GT 550. (Foto: BrockF5, © CC-BY-SA-2.0)

Erneute Insolvenz und Neugründung der Gemballa GmbH

Noch während Uwe Gemballa vermisst wurde, musste seine Frau für die Firma Insolvenz beantragen. Doch der Name Gemballa ist nach wie vor ein Pfund, das in der Szene etwas gilt, dachte sich Andreas Schwarz, selber kein Unbekannter unter den Autoveredlern, und kaufte zusammen mit seinem Geschäftspartner Steffen Korbach die Namens- und Markenrechte sowie die Werkstatteinrichtungen der Leonberger Firma auf. Als Gemballa GmbH feierte diese noch im selben Jahr Wiederauferstehung und ging bereits ein Jahr später an die Börse.

Anders als bei seinem Vorgänger finden sich im Angebot der neuen Firma von Schwarz auch Tuningteile statt nur superteure Gesamtpakete. Zu der neuen Modellpalette zählen neben alten Gemballa-Klassikern wie dem Avalanche oder dem Mirage GT die Neuschöpfungen Gemballa GT »Aero« 1/2/3 (Porsche Cayenne), Gemballa »Mistrale« (Porsche Panamera) sowie Gemballa »Tornado« (Porsche Cayenne).

Die letzten beiden Fahrzeuge erschienen speziell zum 30-jährigen Jubiläum der Firma Gemballa in einer auf 30 Wagen limitierten Edition und überraschten das Publikum durch ihren fast vollständigen Neuaufbau. Um das Gewicht von Mistrale und Tornado gering zu halten, wurden die Motorhaube, die Front- und die Heckschürzen, die Türen und die Seitenschweller aus Carbon gebaut.

Gemballa 996 Turbo. (Foto: ducktail964, © CC-BY-2.0)

Gemballa GTR 600 Evo. (Foto: ducktail964, © CC-BY-2.0)

Beim Spurt von 0 auf 100 km/h schlug der Mistrale mit 3,6 Sekunden den Tornado um 0,4 Sekunden, ebenso fiel seine Höchstgeschwindigkeit mit 340 km/h um 30 km/h höher aus als die seines Verwandten aus gleichem Hause. Die V8-Biturbo-Motoren bescherten beiden Sportwagen satte 720 PS.

Extra für die beiden Jubiläumsmodelle war ein neues Brembo-Bremssystem angefertigt worden, dabei kamen an die Vorderachse innenbelüftete Scheiben mit Sechskolben-Festsätteln, an die Hinterachse solche mit Vierkolben-Festsätteln. Das edle Äußere dieser neuen Gemballa-Sportwagen ergänzt die luxuriöse, ganz in Alcantara und Leder gehaltene Innenausstattung.

Seit 2011 engagiert sich Gemballa mit seiner Rennabteilung »Gemballa Racing« darüber hinaus im Motorrennsport – mit einem Fahrzeug auf Basis des McLaren MP4-12C.

Noble Gesellschaft: Gemballa Mirage GT und zwei Rolls-Royce im Straßenverkehr. (Foto: Aaron Rosenberg © CC-BY-SA 2.0)

Gemballa GTR 650 Evo von 2006. (Foto: Gemballa GmbH)

Gemballa Mirage GT. (Foto: Gemballa GmbH)

Gemballa Mistrale. (Foto: Gemballa GmbH)

Mit diesem Renner auf Basis des McLaren MP4-12C engagierte sich Gemballa Racing 2011 im Rennsport. (Foto: Gemballa Racing)

2012 zeigte Gemballa seine Straßenversion des McLaren MP4-12C, den Gemballa GT, auf dem Genfer Autosalon. (Foto: Gemballa GmbH)

Ein Jahr später, 2013, gab es den GT dann auch als Spider. (Foto: Gemballa GmbH)

GFG

Die drei Buchstaben der Firma standen für »Gerhard Feldevert, Gronau«. Zu Beginn der 80er Jahre stand Motortuning auf dem Programm des Unternehmens aus dem nordrhein-westfälischen Gronau-Epe. Dazu gesellten sich Veredelungen von Mercedes-Benz-Fahrzeugen der S-Klasse, die zu sechstürigen Limousinen oder zu Vollcabrios umgebaut wurden. Ab Mitte der 80er Jahre präsentierte sich die Firma als selbstständige Marke und begann mit der Produktion von Kundenfahrzeugen.

Auf der IAA 1985 stellt GFG den Elisar vor. (Foto: © GFG)

»Elisar« – Sportwagen im Design der 30er

Gerhard Feldevert beließ es nicht bei den für Autotuner typischen Aufgabengebieten. Schon bald begann er, einen eigenen Luxus-Sportwagen zu konstruieren. Das Besondere daran: Die über zweijährige Entwicklungsarbeit orientierte sich zwar in der Technik an der Moderne, nicht jedoch im Aussehen. Pate für den nach Feldeverts neugeborener Tochter Elisa benannten »Elisar« war der »Oldie« Mercedes-Benz 540. Feldevert hatte Wert darauf gelegt, alle Teile der Karosserie selbst herzustellen, nichts davon sollte aus einem Serienwagen stammen. Lediglich die mechanischen Teile und den Motor entnahm er den Mercedes-Baureihen.

Während das Fahrgestell aus Stahl bestand, wählte er für die Karosserie mit Kevlar verstärkten Kunststoff. Feldevert hatte ein 1:1-Holzmodell angefertigt, das als Negativform für den Kunststoff diente. Der verbaute Sechszylinder-Reihenmotor von Daimler-Benz stellte dem Sportwagen 185 PS zur Verfügung und ermöglichte ihm eine Höchstgeschwindigkeit von 180 km/h. Der Verbrauch des Schmuckstücks lag bei etwa 17 Litern auf 100 km. Die Kraftübertragung erfolgte über ein 4- bzw. 5-Gang-Automatikgetriebe.

Auf der Frankfurter IAA 1985 stellte GFG die Automobil-Augenweide, deren Kompressorröhren an den Seiten nicht bloß der Verschönerung dienten, erstmals der Öffentlichkeit vor. Ab 1986 wurde das Fahrzeug offiziell verkauft, allerdings ließen sich bis 1987 nicht mehr als 16 Exemplare absetzen. Weitere vereinzelte Stücke des in den Farben Rot,

Weiß und Schwarz angebotenen GFG Elisar fanden in der Folgezeit noch für um die 196.000 DM ihre Besitzer. GFG verkaufte daraufhin die Marke Elisar an die Collo GmbH in Hersel, die von 1997 bis 2003 einen eigenständigen Prototypen herstellte, ohne direktes Vorbild und ohne ihn, wie eigentlich geplant, anschließend in Serie zu fertigen.

Der »Bancroft«-Roadster

Zu Beginn der 90er Jahre änderte Feldevert die Unternehmensbezeichnung um in »GFG Exklusiv-Cars GmbH«. Nach den Plänen der kalifornischen Firma Bancroft Motorsport sollte der Gronauer Betrieb die Produktion eines weiteren Sportwagens übernehmen, nämlich die des »Bancroft«-Roadsters. Auch dieser Zweisitzer bekam das Aussehen eines luxuriösen 30er-Jahre-Sportwagens verpasst, inklusive schwungvoller Kotflügel und beidseitiger Reserveradschalen. Als Antrieb fungierte der 326 PS starke V8-Motor aus dem Mercedes-Benz 500 SL im Verbund mit einem Viergang-Automatikgetriebe. Als Besonderheit besaß der Roadster eine aufklappbare zusätzliche Sitzbank im Wagenheck – den »Schwiegermuttersitz«. Der Preis des Bancroft lag bei zirka 250.000 DM.

Geplant war ursprünglich, von dem Sportwagen eine auf 300 Stück limitierte Serie herzustellen. Doch so weit kam es nicht: ganze zehn Fahrzeuge ließen sich verkaufen.

Die Firma GFG Gerhard Feldevert Gronau & Co. o.H.G hat sich mittlerweile aufs Immobilien- und Kunstgewerbe verlegt.

Vom Bancroft-Roadster wurden insgesamt nur zehn Exemplare verkauft. (Foto: © GFG)

In früheren Jahren baute GFG auch Mercedes-Coupés der Baureihen 123 und 126 zu Cabriolets um. (Fotos: © GFG)

GUMPERT

»Mein Wunsch war immer, ein Auto zu haben, das so viel Anpressdruck hat, so viele Aerodynamikeffekte, dass man bei hoher Geschwindigkeit in einem Tunnel an der Decke fahren kann. Dieses Auto kann das.« Der das sagt, heißt Roland Gumpert, und das Auto, das er meint, heißt so wie er: Der ehemalige Audi-Motorsportchef erfüllte sich zum Beginn des neuen Jahrtausends den Traum vom eigenen Auto, von einem Rennwagen mit Straßenzulassung.

Die beiden einzigen Prototypen des Gumpert Apollo vor einer Phantom. (Foto: Gumpert/Uli Jooss, © GLFD)

Der Traum vom Fliegen und Fahren

Roland Gumpert hatte Maschinenbau in Graz studiert und 1969 bei Audi in Ingolstadt angeheuert, zunächst als Versuchsingenieur und dann als sogenannter Typbegleiter für den Audi 50. Mitte der Siebziger war er der Hauptverantwortliche bei der Entwicklung eines Audi-Motorrades. Dass ein solches nie gebaut wurde, lag an den Wolfsburger Konzernherren, die vom Zweirad nichts hielten – vom Allradantrieb Quattro übrigens auch nicht, doch in dem Fall hatte sich Gumpert durchsetzen können.

Das Konzept für Gumperts Supersportwagen stammt aus dem Jahr 2002, im Jahr darauf wurden erste Details an die Öffentlichkeit gegeben, und 2004 wurde in Ingolstadt der erste Prototyp des »Apollo« getauften Wagens präsentiert. Bereits bei den ersten Presse- und Vorstellungsfahrten übertrieb es ein Herr der schreibenden Zunft und unterzog das

Der Gumpert Apollo soll den Traum vom Fliegen ebenso verwirklichen wie den vom Fahren. (Foto: Maximilian Dörrbecker, © CC-BY-SA-2.5)

kostbare Unikat einer heftigen Kaltverformung. Da dieses Fahrzeug wirklich ein Unikat und damit der einzig existierende Wagen seiner Art war, musste er erst mühsam wieder zusammengeflickt werden. Immerhin: Ein zweiter Apollo näherte sich der Fertigstellung, der wurde im März 2005 auf dem Hockenheimring bei einem Rennen Dritter. Damit war die Tauglichkeit des Konzeptes unter Beweis gestellt, der Apollo wurde weiter verfeinert, um dann beim Genfer Salon 2006 in Serienausführung präsentiert zu werden – wobei Gumpert als offiziellen Produktionsstart den 21. Dezember 2005 nennt.

Der erste Apollo ging zu dem Zeitpunkt an einen Unternehmer aus dem Harz, der sich den knapp 200.000 Euro teuren Supersportwagen gönnte. Überhaupt, der Preis: Der war für einen Supersportwagen nachgerade volkstümlich, der Apollo sei »zu billig für die Scheichtümer«, klagte Gumpert gegenüber einem Nachrichtenmagazin, dort zähle »ein Auto erst, wenn es sich kaum jemand leisten kann«. In der Tat: Die Entwicklung soll deutlich unter 100 Millionen gekostet haben, weniger als ein Zehntel dessen, was Volkswagen in die Entwicklung des Bugatti Veyron investiert haben soll. Der hat aber einen Sechzehnzylinder, der Apollo dagegen nur halb so viele: Gumpert entbeinte den V8-Motor, zu finden etwa im Audi S6, und bestückte ihn mit hochfeinen Zutaten. In der Basisausführung brachte der Biturbo dann 650 PS, wiewohl in einer Ausbaustufe dem 4,2-Liter-Triebwerk 800 PS zu entlocken waren.

Doch auch mit der Basismotorisierung lässt sich gut leben, auch wenn diesem Wort ein wenig der Ruf der Ärmlichkeit anhaftet, und in diesem Fall stimmt das auch: Abgesehen von der im Überfluss vorhandenen Leistung war der Gumpert eine karge Rennmaschine mit einer Sicherheitszelle aus Kohlefaser und Chrom-Molybdän-Rahmen – Features wie eine Klimaanlage oder ein Navi gab es zunächst nur auf Wunsch. Auch das Fahrwerk hätte jedem Rennsportwagen Ehre gemacht, die Federung mit ihren Doppelquerlenkern und voll einstellbaren Federdämpfereinheiten informierte die Insassen unverzüglich über eventuelle Versäumnisse der Straßenbauer.

Innerhalb von drei Sekunden beschleunigte der nur knapp eine Tonne schwere Apollo auf Tempo 100, nach knapp neun Sekunden waren 200 km/h möglich, die Spitze lag bei rund 360 km/h, abgeregelt wurde nicht. Eine 747 hebt übrigens bei rund 300 Stundenkilometern ab, dass dies der Gumpert nicht tut, ist den langen Stunden im Windkanal der TU München zu verdanken, dem Design von Marco Vanetta und der Besessenheit seines Schöpfers, der damit dem, der es sich

Für die Verwirklichung des Traums vom Fliegen sind »Flügel-«türen natürlich unabdingbar. (Foto: © Gumpert GmbH)

Das Konzept für den Gumpert Apollo – im Bild ist ein Fahrzeug von 2006 zu sehen – stammt bereits aus dem Jahr 2002. (Foto: © Gumpert GmbH)

leisten kann – inzwischen liegt der Preis für einen Apollo bei über 300.000 Euro plus Steuern – den »Traum von Fliegen und Fahren etwas näher bringen« will, wie Gumpert auf seiner Website verrät.

Das Gumpert-Programm umfasste zunächst drei Varianten, neben der 650 PS starken Normalausführung und den gemäß der FIA-Richtlinien homologierten Rennausführungen gab es ab März 2007 den straßenzugelassenen Apollo Sport mit 800 PS starkem Biturbo. 2008 war man mit einer Hybrid-Variante (3,3-Liter-V8-Biturbo mit 520 PS und 100-kW-Elektromotor) bei den 24 Stunden auf dem Nürburgring am Start; 2009 kam die Modellvariante Apollo Speed auf dem Genfer Auto-Salon mit verbesserter Aerodynamik für Hochgeschwindigkeitsgeraden, und 2010 folgten ein leichtes Facelift und 50 Mehr-PS für den Apollo Sport. Allen Modellen gemeinsam war das etwas verbesserte Platzangebot für die Besatzung.

In Genf 2011 folgte der bislang letzte Streich, das Unternehmen zeigte den »GUMPERT TORNANTE by TOURING«, eine in Italien eingekleidete Stylingstudie, die den Weg bereiten soll für ein zweites Modell. Bis es aber so weit ist, bleiben die Flügeltürer mit den extremen Abtriebswerten das, was sie bislang schon sind: Reinrassige und zugleich mäßig alltagstaugliche Sportwagen mit Straßenzulassung, die in einer Zeit von 7:11,57 den Rundenrekord auf der Nürburgring-Nordschleife halten. Um mit dem zweimaligen Rallye-Weltmeister Walter Röhrl zu sprechen, der den Apollo Probe fuhr: »Sehr beeindruckend, um nicht zu sagen: fast angsteinflößend.«

Durchstarten mit neuem Investor

War Gumpert im Jahr 2010 noch dem Schicksal entgangen, einen Insolvenzantrag stellen zu müssen, weil rechtzeitig ein neuer Investor erschienen war, ließ sich das Unvermeidliche 2012 nicht mehr abwenden. Wie so viele Kleinserienhersteller hatte auch Gumpert mit dem Missverhältnis zwischen hohen Herstellungskosten und oft zu geringen Verkäufen zu kämpfen. Vor allem die Verkaufszahlen im asiatischen Raum, auf die die Firma gesetzt hatte, waren hinter den Erwartungen zurückgeblieben.

Doch anders als bei einigen Mitbewerbern schien der Gumpert Apollo immer noch genug Zugkraft zu besitzen, sodass nach erfolgtem Insolvenzantrag ein Sportwagen verkauft wurde und die Bestellungen wieder leicht zunahmen. Für Gumpert Anlass genug, das weltweite Händlernetz der Firma zu reaktivieren, um für mögliche Verkäufe ins Ausland gerüstet zu sein.

2013 geschah dann das erhoffte Wunder: ein neuer Investor fand sich und sicherte dem Unternehmen zunächst die Zukunft. »GSM Gumpert Sportwagenmanufaktur« nannte sich der Betrieb nun und begann unverzüglich mit der Arbeit an seiner Zukunft. Doch einen Tag vor Drucklegung dieses Buches erreichte uns die Nachricht, dass besagter Investor nach Auskunft des Insolvenzverwalters den vereinbarten Kaufpreis nicht habe zahlen können. Damit scheint das Aus für Gumpert jetzt endgültig besiegelt ...

800 PS leistete der Gumpert Apollo Sport des Jahres 2007. (Foto: © Gumpert GmbH)

Im Jahr 2008 brachte Gumpert eine Hybridversion des Apollo auf den Markt und setzte diesen bei Autorennen ein. (Foto: © Gumpert GmbH)

Der Gumpert Apollo Sport Speed stellte 2009 auf dem Nürburgring einen neuen Rundenrekord für Straßenwagen auf. (Fotos: © Gumpert GmbH)

2012 präsentierte Gumpert zwei neue Apollo-Modelle: den straßentauglichen »Apollo Enraged« ... (Fotos: © Gumpert GmbH)

... und den Rennwagen Apollo R. (Fotos: © Gumpert GmbH)

HISPANO-SUIZA

Das spanisch-schweizerische Unternehmen Hispano Suiza konkurrierte in den 20er und 30er Jahren erfolgreich mit so luxuriösen Automarken wie Mercedes, Horch, Rolls Royce oder Maybach, bevor es sein Hauptgeschäftsfeld auf den Bau von Flugzeugmotoren verlegte. Im Jahr 2010 stand erstmals seit dieser Zeit wieder ein Luxuswagen dieser Marke zum Verkauf – der unter Schweizer Leitung zunächst in München hergestellte Supersportwagen »V10 Supercharged«.

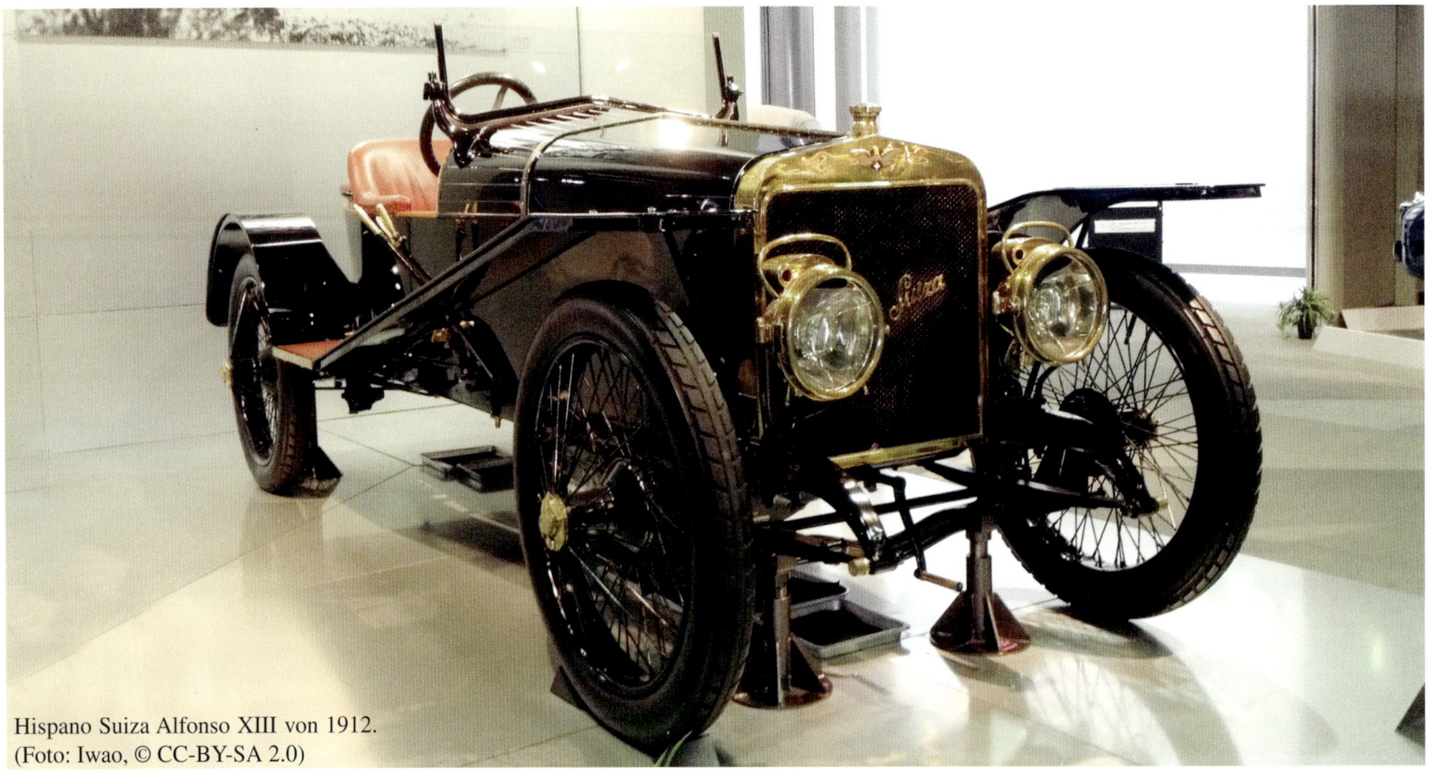

Hispano Suiza Alfonso XIII von 1912.
(Foto: Iwao, © CC-BY-SA 2.0)

Luxuswagen, Flugmotoren und Maschinenkanonen

Maßgeblicher technischer Kopf und Gründer von Hispano Suiza war im Jahr 1904 der Schweizer Ingenieur Marc Birkigt. Dieser hatte davor für die spanische Autofirma La Cuadra Verbrennungsmotoren und Bremssysteme entwickelt. Nach dem Konkurs des Unternehmens fand Marc Birkigt im Bankier Don Damien Mateu einen Geldgeber für die Nachfolgefirma Hispano Suiza mit Sitz in Barcelona.

Gefördert vom spanischen König, widmeten die Autobauer ihren ersten Serienwagen »Alfonso XIII« 1910 eben diesem. Die zum Seriensportwagen weiterentwickelte Variante erzielte mit ihrem 50 PS starken Vierzylinder-Motor für die damalige Zeit unglaubliche 130 km/h. Ein Jahr später entstand bei Paris ein Zweigwerk des Autobauers, in dem ab den 20er Jahren im Gegensatz zum spanischen Mutterwerk Luxuswagen für Gutbetuchte produziert wurden.

Mit Beginn des Ersten Weltkriegs stieg Hispano Suiza in den Bau von Flugzeugmotoren ein und lieferte diese an die französische Flugzeugfabrik SPAD. Diese Zusammenarbeit führte anschließend zum Bau von Maschinenkanonen für die Ein- und Zweidecker von SPAD, die in der Lage waren, durch den Propeller eines Flugzeuges zu schießen, ohne diesen zu beschädigen.

Die in der Produktion von Flugmotoren gewonnenen Erfahrungen zahlten sich nach dem Krieg für die Luxusautomobile des Unternehmens aus, denn deren Motoren zählten aufgrund ihrer technischen Zuverlässigkeit zur Spitzenklasse. Lizenzen aus Barcelona waren deshalb auch von anderen Autoherstellern gefragt – nicht nur im Bereich Motoren, denn Hispano Suiza entwickelte zudem eine innovative Vierrad-Servobremsanlage.

Von 1919 bis 1928 rollten aus dem französischen Zweigwerk jährlich 200 Stück des Modells »Hispano Suiza H.6«, dessen 6,6-Liter-Sechszylindermotor 135 PS zur Verfügung stellte. Der »Hispano Suiza H6B« war 150 PS stark und erzielte eine Spitzengeschwindigkeit von 175 km/h. Seine Acht-Liter-Version namens »H6C« kam darüber hinaus zu Einsätzen im Rennsport und wurde sehr erfolgreich bis 1936 gebaut. Zu Beginn der 30er Jahren entstand der »Hispano Suiza Typ 68

»Hispano Suiza K6 Typ 70« aus dem Jahr 1934. Drei Jahre lang wurde der 5,6-Liter-Sechszylinder hergestellt. (Foto: M.v.Volante, © CC-BY-SA-3.0)

V12«, der mit seinem 9,4-Liter-V12-Motor im Anschaffungspreis selbst einen Rolls Royce übertraf. Einen Erfolg verhinderte allerdings die Weltwirtschaftskrise. Weitere Automodelle waren die Typen »K.6« mit 5,1-Liter-Sechszylindermotor, gebaut von 1932 bis 1938, sowie »T.60« mit 3,4-Liter-Sechszylindermotor, dessen Herstellung ebenfalls 1932 begann. Zu den prominenten Besitzern eines Hispano-Suiza-Automobils gehörte auch die Künstlerlegende Pablo Picasso.

Nach Ausbruch des Spanischen Bürgerkriegs 1936 wurde der spanische Mutterkonzern in Barcelona für die Rüstung in Beschlag genommen. Die Autoproduktion kam dort bald darauf zu einem Ende. Im französischen Zweigwerk hatte man den zunehmenden Bedarf an Flugzeugmotoren ebenso erkannt und beschränkte sich ab 1938 auf dieses Feld.

Noch vor Ende des Zweiten Weltkrieges wurde der Konzern unter Franco verstaatlicht. 1946 rückte Wifredo Ricart, der schon seit den 20er Jahren Automobile und Motoren konstruiert hatte, beispielsweise für Alfa Romeo, an die Stelle von Marc Birkigt. In dieser Zeit trennte sich Hispano Suiza von seiner Automobilherstellung, um die sich fortan die neugegründete Firma ENASA kümmerte. Unter ihrer Ägide entstanden z. B. die »Pegaso«-Lkw.

Ein Hispano-Suiza-Supersportwagen nach 70 Jahren

Gerechnet vom zuletzt gebauten Pkw in den Enddreißigerjahren sollte es etwa 70 Jahre dauern, bis unter dem Namen »Hispano Suiza« zu Beginn des neuen Jahrtausends wieder ein Automobil entstand. Die Firma hatte sich zwischenzeitlich vollends auf die Herstellung von Flugmotoren bzw. ab 1970 auf Turbinenteilfertigung, Leistungsgetriebe und elektrische Systeme im Flugzeugbereich spezialisiert. Außerdem gehörte sie mittlerweile zum französischen Aeronautikkonzern SNECMA, der selber wiederum ab 2005 Teil der französischen SAFRAN-Gruppe wurde, des zweitgrößten europäischen Flugmotorenherstellers.

Der im Jahre 2000 in Genf unter dem Markennamen Hispano Suiza vorgestellte Supersportwagen »HS 21« besaß

Beeindruckende Heckansicht des 195 PS starken Modells »H6C«. Nicht verwunderlich, dass so mancher Prominente der damaligen Zeit sich mit Sportwagen von Hispano Suiza schmücken wollte. (Foto: Brian Snelson, © CC-BY-2.0)

In den 30er Jahren entstand unter dem Markennamen Hispano Suiza das schnittig geformte Sportwagenmodell »H6C«, das auch im Rennsport zum Einsatz kam. (Foto: Thesupermat, © CC-BY-SA-3.0)

als Antrieb einen BMW-Motor, blieb aber ebenso wie die 2001 und 2002 präsentierten Nachfolger lediglich eine Studie. Wirklich ernst wurde es erst 2010, als eine vierköpfige Investorengruppe unter schweizerischer Führung den »Hispano Suiza V10 Supercharged« präsentierte. Basierend auf einem Audi-R8-Chassis und angetrieben von einem stark modifizierten Audi-R8-5,2-Liter-V10-Motor, brachte es der rund 700.000 Euro teure Supersportwagen auf 739 PS. Gefertigt wurde das Auto in München, für das Aussehen war der ehemalige Audi-Designer Erwin Himmel zuständig, verantwortlich für die Technik der ebenfalls einst bei Audi beschäftigte Roland Meyer. Dieser Wagen sollte nach dem Wunsch seiner Macher mehr bleiben als eine bloße Studie. Mit der Finanzierung der Katalanin Marta Pou im Rücken war an eine jährliche Produktion von zirka 20 bis 25 Fahrzeugen gedacht, die zunächst noch in München, später aber in der Schweiz erfolgen sollte.

Hispano Suiza baute zusätzlich eine Version mit Hybridantrieb, durch den sich die Gesamtleistung des Sportwagens auf 900 PS und die Spitzengeschwindigkeit auf 340 km/h erhöhte. Weitere Varianten wie Cabrios und Roadster sind bei einem Erfolg des in Leichtbautechnik gehaltenen und als »Hispano Suiza Grand Tourisme Coupé« angebotenen Supersportlers ebenfalls angedacht.

Die Studie »Hispano Suiza HS 21« aus dem Jahr 2000. Dies war der erste Versuch, die Marke Hispano Suiza wieder aufleben zu lassen. (Foto: Hugh Llewelyn, © CC-BY-SA-2.0)

Die zweite Modell-Studie im neuen Jahrtausend mit Namen Hispano Suiza, der »K8« von 2001. (Foto: Hugh Llewelyn, © CC-BY-SA-2.0)

Da man mit den bisherigen Sportwagen-Kreationen noch nicht zufrieden war, entstand im Jahr 2002 ein weiteres Hispano-Suiza-Modell, diesmal mit der Bezeichnung »HS21-GTS«. (Foto: © Mazel Engineering)

Der »Hispano-Suiza HS21-GTS« wurde bei Testfahrten im Jahr 2002 auf sein Potential abgeklopft. (Foto: © Mazel Engineering)

2010 entstand der dritte und bislang letzte Entwurf, der die Legende wiederbeleben soll: der »Hispano Suiza V10 Supercharged«. (Foto: © Mirco Rehmeier)

Befeuert wird der »V10 Supercharged« von einem stark modifizierten Audi-R8-Motor. (Foto: © Mirco Rehmeier)

IRMSCHER

Als die Fahrzeugtuning-Szene noch relativ jung war, stieg in diese mit Günther Irmscher ein aktiver Renn- und Rallyefahrer ein, der sich schnell einen Namen machte und seinen ursprünglich kleinen Zweimann-Betrieb in Remshalden zum weltweit bekanntesten Opeltuner entwickelte. Die Probleme des Rüsselsheimer Autoherstellers jedoch machten naturgemäß auch vor den Toren des Opelveredlers nicht halt.

Der »Irmscher 7«, ein Nachbau des britischen Lotus Seven, war der Einstieg Irmschers in die eigene Fahrzeugherstellung. (Foto: © Irmscher Automobilbau GmbH)

Vom Renn- und Rallyefahrer zum Tuningpionier

Günther Irmscher war Kraftfahrzeugmeister, Ingenieur und ein erfolgreicher Rennfahrer, als er sich 1968 entschloss, seinen Rallyewagen zu verkaufen und von dem Erlös einen eigenen Betrieb zu gründen, der sich zum Ziel setzte, vor allem Opel-Fahrzeuge für den Motorsport zu verbessern. Klüger und gewinnbringender hätte er seinen Rallyewagen nicht anlegen können, denn aus diesen Anfängen entwickelte sich ein florierendes Unternehmen. Bekannte Rennsportgrößen wie etwa Walter Röhrl nahmen das Angebot der neuen Renn- und Rallyefahrzeuge auf Basis von getunten Opelautomobilen dankbar an.

Zu Beginn der 70er Jahre gewann der kleine Betrieb aus Remshalden bei Stuttgart dann mit Opel den Autohersteller als zukünftigen Kooperationspartner, dessen Autos Irmscher hauptsächlich zu neuen Leistungen und sportlicherem Aussehen verhalf. Irmscher kümmerte sich im Laufe der Zeit um die ganze Modellpalette des Rüsselsheimer Autobauers, und dies nicht nur für den Rennsportbereich. Zwar stand dabei die Leistungssteigerung der Motoren im Mittelpunkt, doch bot der Tuner darüber hinaus auch ein breites Angebot von aufeinander abgestimmten Zubehörteilen an, die das Äußere des Fahrzeugs, seine Aerodynamik, sein Fahrwerk und seine Innenausstattung auf Vordermann brachten.

Eigene Fahrzeuge und Ausweitung der getunten Automarken

Zu Beginn der 90er Jahre baute Irmscher den Lotus Seven nach, stattete ihn mit einem 115-, später mit einem 150-PS-Motor aus und nannte ihn um in »Irmscher 7«. 1994 brachte der Betrieb aus Remshalden mit dem »Irmscher Selectra«

Ein von Irmscher getunter Opel Ascona i2000 im Renneinsatz. (Foto: © Irmscher Automobilbau GmbH)

das erste Elektrofahrzeug auf Basis eines Großserienmodells heraus, das über einen seriellen Hybridantrieb verfügte.

Lediglich ein Einzelstück blieb das im Jahr 2002 vorgestellte Fahrzeug »Inspiro«, in dem ein V6-Motor aus dem Opel Omega werkelte, der dem Zweisitzer-Sportwagen mit seiner markanten Erscheinung (lange Motorhaube, Stummelheck) zu einer Leistung von 225 PS und einer Spitzengeschwindigkeit von 240 km/h verhalf.

In den folgenden Jahren weitete Irmscher, dessen Gründer 1998 gestorben war, zusätzlich das Angebot an Automarken aus, die die Firma unter ihre Fittiche nahm. So entstand die RC-Linie, die sich um Fahrzeuge des französischen Autoherstellers Peugeot kümmerte, oder die Avenue-Reihe mit Zubehör für Freizeitfahrzeuge, Vans und SUVs. Neben aktuellen Opelmodellen bot Irmscher zudem Tuningkits für Opelklassiker aus vergangenen Tagen an. Auch die amerikanischen Automodelle der Opel-Mutterfirma General Motors – Buick, Chevrolet, Cadillac – waren fast von Anfang an Modifikations-Zielobjekte des Opel-Tuners gewesen.

Zu den Sondermodellen von Irmscher (erkennbar meist an der Modell-Bezeichnung »i«) gehörte der ab 2009 in der Stückzahl limitierte »Chevrolet Camaro i42« mit 509 PS und 6,2-Liter-V8-Motor, der dem ein Jahr zuvor vorgestellten »Irmscher GT i40« mit 475 PS nachfolgte. Ebenfalls limitiert, und zwar auf 25 Stück, war der »Irmscher Roadster Turbo« mit seinem 2,0-Liter-Turbomotor, der den lediglich 723 kg schweren Sportwagen mit 265 PS versorgte. Angeregt von einem Hollywood-Film, entstand 2009 in Zusammenarbeit der beiden Firmen Chevrolet und Irmscher das Sondermodell »Bumblebee Cruz«.

Standort in Remshalden aufgelöst

Der Erfolg des Remshaldener Autotuners hatte im Laufe der Zeit zu vielen Niederlassungen in ganz Europa geführt, deren größte sich in Spanien befindet. Rund 150 Mitarbeiter fanden hier Beschäftigung. Doch die Wirtschafts- und Finanzkrise seit 2008 erwischte Irmscher nicht minder hart als andere Tuningfirmen. Außerdem musste die Absatzkrise bei Opel beinahe zwangsläufig auf dessen wichtigsten Fahrzeugveredler übergreifen. Ebenfalls nicht hilfreich war und ist der Trend der nachlassenden Autobegeisterung bei der jungen Generation sowie die Tendenz der Autofirmen, eigene Tuningabteilungen zu unterhalten und ein breites Angebot an Zubehör und Sonderausstattungen selber anzubieten. Dies alles führte auch bei Irmscher zu empfindlichen Umsatzrückgängen.

Im Jahr 2012 kündigte die Firmenleitung deshalb zur Überraschung von Öffentlichkeit und der 64-köpfigen deutschen Belegschaft an, Ende Mai 2013 den deutschen Stammsitz in Remshalden mitsamt Firmenzentrale, den Logistikeinrichtungen und dem Fahrzeug-Umbau schließen und an einen noch nicht näher genannten Standort, möglicherweise ins Ausland, verlegen zu wollen.

Irmscher brachte beim ADAC Eifel Rallye Festival 2013 einen Opel Commodore B GS/E an den Start. Der Wagen war baugleich zu dem Fahrzeug, mit dem Walter Röhrl 1973 für Irmscher einen Klassensieg bei der Rallye Monte Carlo errang. (Foto: © Irmscher Automobilbau GmbH)

Die Elektroausführung des Irmscher 7: »Irmscher Selectra« mit seriellem Hybridantrieb. Im Bild die weiterentwickelte Variante »Irmscher i Selectra« von 2011. (Foto: © Irmscher Automobilbau GmbH)

Leichtgewicht mit hoher PS-Zahl: »Irmscher Roadster Turbo«. (Foto: © Irmscher Automobilbau GmbH)

Der Irmscher GT feierte auf dem Genfer Salon 1988 Premiere. Fahrwerk, Bodengruppe und weitere Komponenten stammten vom Omega 3000. Ein Serienbau unterblieb. (Foto: © Irmscher Automobilbau GmbH)

Ein V6 aus dem Opel Omega trieb den Inspiro bis auf 240 km/h. (Foto: © Irmscher Automobilbau GmbH)

Der Irmscher Inspiro blieb ein Unikat. (Foto: © Irmscher Automobilbau GmbH)

Das Sondermodell »Irmscher GT i40« aus dem Jahr 2008. (Foto: © Irmscher Automobilbau GmbH)

Im Jahr 2009 folgte der »Irmscher Camaro i42« dem GT i40 nach. (Foto: © Irmscher Automobilbau GmbH)

ISDERA

Er schuf das berühmte Pirelli-Rad und die bb-Turbo-Felge, das Experimentalmotorrad BMW Futuro und die Verkleidung für die 1981er Kreidler-Rennmaschine, die Buchmann 928-Cabrios, den Bitter Roadster auf Manta-Basis und für Baur den TC03: Eberhard Schulz, als Designer und Aerodynamikexperte ebenso bekannt wie als Schöpfer extremer Hochleistungs-Sportwagen. Als seine bekannteste Kreation gilt der CW 311 auf Mercedes-Basis von 1978, der einzige Mercedes, der nicht vom Werk stammt und dennoch den Stern tragen darf: Der Ritterschlag für jeden Automobil- – ja was eigentlich: Ingenieur, Konstrukteur, Enthusiast?

Der Flügeltürer Erator GT stand am Anfang der Karriere von Eberhard Schulz. Gebaut hat er ihn von 1968 bis 1969. (Foto: © Isdera)

Tagsüber Porsche, abends Mercedes

Als Schulz den Mercedes baute, arbeitete er tagsüber bei Porsche, der Flügeltürer, der in eine Linie mit den C111-Studien passte, entstand in fünfjähriger Abend-, Nacht- und Wochenendfreizeit. »Ich war Porsche-Mann durch und durch«, erklärt Schulz auf seiner Website, »Mercedes war aber immer das Größte«. Und er wollte einen eigenen Mercedes, eine Hommage an den 300 SL. Sein Ehrgeiz war kein geringerer als der, einen Supersportwagen zu bauen, wie ihn auch das Werk nicht besser hätte erstellen können. Die Flügeltüren waren ihm »heilig«, wie er sagt, der Mittelmotor eine logische Folge und eine Spitzengeschwindigkeit von 300 km/h Pflicht. Für Vortrieb sorgte der Motor aus dem Mercedes 600, von AMG auf knapp 400 PS gebracht. Dazu kamen Gitterrohrrahmen, eine Fiberglaskarosserie und ein Chassis nach damaligen F1-Standards. Das alles war sauber und solide durchkonstruiert – »und selbst der Außenspiegel auf dem Dach erfüllte die StVZO«.

Der CW 311 war allerdings nicht das erste Auto, das er gebaut hatte. Die erste aufsehende Eigenkreation (seine vierte insgesamt) von 1968 hatte ihm einen Job bei Porsche verschafft: Der Erator GT, ein Mittelmotor-Zweisitzer mit Flügeltüren und einer GFK-Karosserie über einem Gitterrohrrahmen. Anfänglich mit dem 54-PS-Motor aus dem VW 1600L bestückt, wurde später der 2,3-Liter-Ford-V6 und schließlich ein AMG-V8-Motor implantiert. Der Wagen blieb ein Einzelstück.

Vom Spyder zum Commendatore

Anfang der Achtziger machte sich Schulz dann selbstständig, er gründete sein eigenes Konstruktionsbüro. »Isdera« steht für »Ingenieurbüro für Styling, Design und Racing«, als Wappentier führte die Firma den herabstoßenden Adler. Seinen ersten Serienwagen, den Isdera-Spyder 033i, stellte Schulz 1982 vor. Hier kam ein auf 136 PS getunter 1,8-Liter-Motor aus dem Golf GTI zum Einsatz. Der Entwurf des rund vier Meter langen und 1,13 m hohen Mittelmotorsportwagens stammte von seinem Zeichenbrett, und für die Technik kamen nur bewährte Großserienaggregate infrage. Und da Schulz mit seiner 1983 gegründeten Isdera GmbH in Leonberg vor den Toren Stuttgarts Domizil bezogen hatte, musste er nach geeigneten Komponenten nicht lange suchen: Die Motoren vom 033i-16 (ab 1985, 185 PS) und vom Nachfolger 036i (ab 1987 188, ab 1991 220 PS) steuerte Mercedes bei, ebenso die Raumlenker-Hinterachse. Die Vorderradaufhängungen stammten aus dem Porsche-Vierzylinder-Regal, das Fünfganggetriebe kam von ZF. Diese Bauteile kombinierte Schulz mit einer kompromisslos offenen GfK-Karosserie mit Flügeltüren. In seiner letzten Ausbaustufe beschleunigte der nur 970 kg schwere Spyder von 0 auf 100 km/h in 6,4 Sekunden, die Höchstgeschwindigkeit lag bei 262 km/h. Insgesamt wurden 17 Mittelmotor-Fahrmaschinen gebaut; der Stückpreis lag Anfang der Neunziger bei DM 199.500,-.

Der 1984 vorgestellte Imperator 108i war quasi die Serienausführung des CW 311, der damit zum langstreckentauglichen GT-Sportwagen mutierte – mit Klimaanlage, Reserverad, Ledergestühl, einem Kofferraum mit 320 Litern Fassungsvermögen und Staufach für einen Aktenkoffer.

An Motoren wurden stets die aktuellen Achtzylinder aus dem Hause Mercedes-Benz 8 verbaut, je nach AMG-Tuningstufe und Motorengeneration mit bis zu 420 PS. Nach 17 Fahrzeugen folgte 1991 dann die zweite, verbesserte Imperator-Serie, die im Prinzip heute noch angeboten wird. Ebenfalls noch angeboten wird der 1993 vorgestellte Isdera Commendatore 112i. Die Konstruktionsnummer verrät auch hier die Anzahl der Zylinder, hier kommt der 6,0-Liter-V12 von Mercedes-Benz zum Einbau. Auch fanden (und finden sich noch) die typischen Flügeltüren oder der Dachspiegel. Neu waren die Formgebung mit langgezogener Heckpartie, der sich aufstellende Heckspoiler und das elektronische Aktivfahrwerk.

Die 620 PS des Zwölfzylinders haben mit den 1575 Kilogramm Isdera (inklusive ABS, Klimaanlage, Ersatzrad und weiteren Serienfeatures) verständlicherweise wenig Mühe, der Vortrieb endet erst bei rund 370 km/h – wobei natürlich bedacht werden muss, dass diese Fahrwerte zum Zeitpunkt der Premiere des Isdera absolut sensationell waren. Seit 2005 befindet sich der Firmensitz in Hildesheim, und dort wurde auch der bislang letzte der insgesamt 74 gebauten Isdera fertiggestellt, der 2006 gezeigte Isdera Autobahnkurier 116i.

Als bekannteste Kreation des Isdera-Gründers gilt der CW 311 auf Mercedes-Basis von 1978, der einzige Mercedes, der nicht vom Werk stammt und dennoch den Stern tragen darf. (Foto: Hweihe, © GLFD)

Der Autobahnkurier

»Von diesem Auto träume ich seit über 20 Jahren«, berichtete Eberhard Schulz einem Motorjournalisten. 1984, mit zahlreichen Unterbrechungen, begann die Schöpfung dieses Traumwagens im Stil der Dreißigerjahre. Die Hinwendung an die Vergangenheit hat ganz profane Gründe. Ursprünglich, so Schulz, sei es ihm nur darum gegangen, zwei Motoren in einem Automobil zu einem überzeugenden, funktionierenden Gesamtpaket zusammenzuschnüren, etwas, das in der Automobilgeschichte noch von niemandem so richtig gelöst wurde. Das aber erforderte viel Platz unter der Motorhaube – und nie waren die Motorabteile geräumiger gewesen als in den Zwischenkriegsjahren. Die Basis bildete dabei die damalige S-Klasse der Baureihe W 126; Schulz koppelte zwei Fünfliter-V8-Motoren zusammen, wobei der eine die Hinter- und der andere die Vorderräder antrieb. Die Gesamtleistung liegt bei 600 PS, genug, um die rund 2,3 Tonnen schwere und 5,65 Meter lange Hightech-Limousine auf eine Höchstgeschwindigkeit von 240 km/h zu treiben. Der imposante Riese ist unverkäuflich, er soll ein Einzelstück bleiben.

Der Isdera Spyder, ein offener Sportwagen mit Flügeltüren, feierte sein Debut 1983 in Genf. (Foto: © Isdera)

Flügeltüren waren auch beim Commendatore obligatorisch. (Foto: © Isdera)

»Von diesem Auto träume ich seit über 20 Jahren«: Eberhard Schulz baute in den Autobahnkurier zwei Fünfliter-V8-Motoren von Mercedes ein. (Foto: © Isdera)

Wie das historische Mercedes-Modell »Autobahnkurier« aus den 30er Jahren ist auch die Neuschöpfung von Isdera mit einer Heckflosse ausgestattet, aber mit was für einer auffälligen. (Foto: © Isdera)

Der 1984 vorgestellte Imperator 108i war quasi die Serienausführung des CW 311, der damit zum langstreckentauglichen GT-Sportwagen mutierte – mit Klimaanlage, Reserverad, Ledergestühl, einem Kofferraum mit 320 Litern Fassungsvermögen und Staufach für einen Aktenkoffer. (Foto: Silosarg, © CC)

Der Imperator war mit Flügeltüren ausgestattet. (Foto: © Isdera)

Der Spyder in der Draufsicht von vorn. (Foto: © Isdera)

Als »Evolution« bezeichnete Isdera den weiterentwickelten Imperator 108i, der 1991 in Genf vorgestellt wurde. (Foto: © Isdera)

KODIAK

Es hätte alles so schön werden können: Mladen Mitrovic, Gründer und Chef der Firma Speed & Sport in Ostfildern-Ruit, hatte die Nase voll von Ferrari und Co. Die italienische Sportwagen-Elite funktionierte nicht richtig, oder zumindest nicht so zuverlässig, wie der gebürtige Serbe das erwartete. Also beschloss er, selbst Autos zu bauen. Das erinnert an die Geschichte von Lamborghini? Richtig. Mit dem Unterschied: Die Lamborghini-Geschichte hatte ein Happy End. Die des Kodiak nicht.

Diese Kodiak-Karosserie wartet auf ihre »Hochzeit« mit Fahrgestell und Motor. Werkzeugformen und die kompletten Kodiak-Unterlagen fielen wenig später den Flammen zum Opfer. (Foto: © Speed & Sport GmbH)

Den US-Markt im Visier

Das nötige Kleingeld für sein Vorhaben hatte der Kodiak-Schöpfer Mitrovic mit Cabriodächern verdient: Seine noch heute existierende Firma Speed & Sport im Speckgürtel von Stuttgart gehört zu den größten Anbietern von Cabrioverdecken.

Begonnen hatte die Geschichte im Jahr 1970, als der damalige Architektur-Student tief in die Tasche greifen musste, um dem Zweiliter-Alfa seiner Frau ein neues Verdeck zu spendieren. Originalersatz war sündhaft teuer, Alternativen gab es nicht – oder doch nur in den USA. Und mit den ersten auf eigene Faust aus den USA importierten Verdeckhäuten begann dann die Erfolgsgeschichte des Mützenschneiders auf den Fildern, der alsbald auch Verdecke aus eigener Herstellung anzubieten begann. Zehn Jahre später setzte sich dann der Gedanke fest, es selbst mit dem Fahrzeugbau zu versuchen – ironischerweise allerdings nicht mit einem Cabriolet, sondern mit einem Coupé. Anfang der 80er nahm die Idee dann konkrete Formen an, der Firmenchef begann mit den Arbeiten an seinem persönlichen Traumwagen mit, natürlich, Flügeltüren. Die Karosserie modellierte er von Hand, den Gitterrohrrahmen ließ er an der TU München berechnen. Die Karosserieaußenhaut sollte aus Epoxydharz entstehen, für Vortrieb sorgte der 5,7-Liter-Grauguss-Block mit Alu-Brodix-Köpfen und Vierfach-Holley-Vergaser, den die kalifornische Firma Welley-Head-Service aufgebaut hatte. Der 350-PS-V8 beschleunigte den 1080 Kilogramm schweren Mittelmotor-Keil auf knapp 260 km/h. Das amerikanische Triebwerk, das eigentlich in der

Corvette zu finden war, stellte zwar hierzulande keine sonderlich populäre Wahl dar – wir reden von den frühen Achtzigern, von der zweiten Ölkrise, der Autoverteufelung und dem erwachenden Öko-Gedanken –, hatte aber den Vorteil, dass der kantige Sportler in Kalifornien zulassungsfähig war, was wiederum alles über den geplanten Absatzmarkt aussagt. Für die Kraftübertragung griff Mitrovic auf das ZF-Getriebe des BMW M1 zurück, allerdings musste eine neue Kupplungsglocke konstruiert und gegossen werden, sonst hätte die Kombination nicht funktioniert. Die Bremssättel lieferte Brembo zu, die 34 mm starken innenbelüfteten Bremsscheiben waren jeweils 60 Mark teure Sonderanfertigungen eines schwäbischen Automobilzulieferers, der auch die Großindustrie belieferte. Für Innenausstattung und Anbauteile wurde auf Teile aus dem Zubehör zurückgegriffen, die Rücklichter etwa stammten vom Porsche 924, die Instrumente von VDO. Bei den Sitzen indes handelte es sich um Eigenanfertigungen.

Ein Opfer der Flammen

Die Produktion der ersten sechs Fahrzeuge erfolgte in den Hallen der Flugzeugbauer von MBB in Laupheim, wo Rahmen und Karosserie miteinander verklebt wurden, allerdings verlor MBB aus Kostengründen recht schnell das Interesse an dem Projekt. Nach längerer Suche beauftragte Mitrovic mit der Kodiak-Produktion dann die Badische Waggonfabrik Rastatt, die bereits über wertvolle Erfahrungen im Bau von Kleinserien und Rennfahrzeugen verfügte – immerhin hatte sie unter anderem für Porsche den 959 aufgebaut. Nachdem die Verlagerung des Maschinenparks abgeschlossen war, erfolgte 1985 die Auslieferung der ersten Mittelmotor-Zweisitzer: Zwei Kodiaks gingen nach Kanada, zwei in die Schweiz, einer blieb in Deutschland, und der letzte wurde in die USA verschifft, um das amerikanische Zulassungsverfahren zu absolvieren.

Just in dieser Phase vernichtete ein Großfeuer die Hallen der Badischen Waggonfabrik, mit ihnen fielen auch die Kodiak-Werkzeugformen den Flammen zum Opfer. Es folgte ein langjähriger Gerichtsprozess – man munkelte von Brandstiftung –, doch der Prozessgewinner Speed & Sport ging letztendlich leer aus: Die Kodiak-Unterlagen waren verbrannt, sein Erbauer blieb auf einem Berg von Kosten sitzen und die vorbestellten 36 Sportwagen wurden nie gebaut. Damit endete die Geschichte des 124.000 Mark teuren Zweisitzers aus dem Schwäbischen. Was blieb, sind jede Menge noch heute vorhandener Brembo-Bremssättel, M1-Getriebe und weitere Lagerbestände, die für die geplante Kleinserie von 50 Exemplaren beschafft worden waren. Seinen Traum vom Sportwagen hat der Firmenchef übrigens dennoch nicht ganz begraben: Seit Jahren entwickelt er in der Freizeit mit professioneller Unterstützung und CAD-Technik einen neuen Kodiak, diesmal mit Kohlefaser-Karosserie und 7,2-Liter-AMG-Motor. Vielleicht gibt es ja diesmal, wie bei Lamborghini, doch noch ein Happy End.

Eines der letzten Bilder vom Kodiak F1, das noch existiert. (Foto: © Speed & Sport GmbH)

KOENIG SPECIALS

Wen könnte man sich besser als Veredler von schnellen Luxus-Sportwagen vorstellen als einen Mann, der selbst viel Erfahrung am Steuer von schnellen Rennwagen mitbringt? Willy König aus München war so einer. Mit seiner Tuningfirma »Koenig Specials« schuf er sich in den Siebzigern nach Jahren im Motorsport erfolgreich ein weiteres berufliches Standbein.

Galt mit seinen 635 PS eine Zeit lang als das schnellste Auto der Welt: Koenig 512 BB(i) Turbo von 1983. (Foto: © Koenig Specials)

Rennsportkarriere

Willy Königs erste Karriere fand als aktiver Rennfahrer im Motorsport statt. So erwarb er zu Beginn der 60er Jahre von niemand Geringerem als Graf Berghe von Trips einen Cooper, mit dem er sogleich am Gaisbergrennen in Österreich teilnahm. 1962 wurde König auf einem Ferrari 250 GT Berlinetta deutscher Bergrennmeister. 1966 gewann er bei der Herbstprüfungsfahrt des Automobilclubs München den Clubmeistertitel der GT-Klassen. Zwei Jahre später holte König in der Klasse 5 über 2000 cm^3 auf einem Ferrari 275 GTB den 1. Platz der Kategorie Grand-Tourisme-Wagen.

Auch nachdem König längst seine zweite Karriere als Sportwagentuner begründet hatte, blieb er dem Motorsport treu und engagierte sich weiterhin bei Rennen. Mitte der 80er Jahre kaufte er einen Porsche 935, und zwar einen K3 der Kremer-Brüder. Diese hatten den Porsche erfolgreich modifiziert und in Rennen eingesetzt. Ihre jeweiligen Serien waren durchnummeriert von K1 bis K4. Mit dem Modell 935 K3 holte König 1990 den Fahrertitel in der Spezial Tourenwagen Trophy. Bereits im Jahr zuvor war der Münchner beim 500-km-Rennen am Nürburgring Erster auf einem BMW M1 geworden.

Königs Sohn Walter, der später den Tuningbetrieb seines Vaters übernehmen sollte, erwarb in späteren Jahren ebenfalls Erfahrungen als Rennfahrer.

Gründung des Koenig Specials-Tuningbetriebs

Willy König hatte als Rennfahrer hinter den Volants der verschiedensten Marken gesessen, auch Ferraris waren darunter gewesen. Ab 1974 spielten die roten Flitzer aus Maranello fürs Erste eine besondere Rolle für König, denn in diesem Jahr erwarb er einen Ferrari 365 BD. Dessen Leistung überzeugte den Münchner Rennfahrer allerdings nicht, und so griff er kurzerhand selbst zum Schraubenschlüssel, um diesem Umstand abzuhelfen.

Weil sich König hierbei nicht ungeschickt anstellte, weitete er, zunächst nur als Hobby, seine Tuningaktivitäten auf weitere Fahrzeuge des italienischen Nobelherstellers aus. Dies rief andere Interessenten an seinen Kreationen auf den Plan, und weil die Zahl seiner Fans ständig zunahm, folgten den Ferraris nicht nur Marken anderer Autohersteller, sondern mit der Gründung der Tuningfirma Koenig Specials im Jahr 1977 auch die Umstellung von Hobby auf Beruf.

Dass dies alles so gelingen konnte, dazu trug nicht zuletzt sein erstes Leben als Rennfahrer bei. Denn er verfügte nicht nur über die entsprechenden Kenntnisse, Ideen und praktische Erfahrungen im Renn- und -Sportwagenbereich, sondern zudem über zahlreiche Kontakte zur Rennsport- und Automobilszene, die ihm jetzt weiterhalfen.

Königs Geschäftsmodell der Veredelung exklusiver Sportfahrzeuge für den Straßenbetrieb umfasste sowohl das Tuning von Motoren als auch die Gestaltung von Karosserie und Innenraum. In späteren Jahren wurde das Angebot der Firma noch um die Bereitstellung von Bausätzen sowie die Entwicklung von eigenen Motoren erweitert. Um dies professionell bewältigen zu können, tat sich König mit Spezialisten zusammen, mit denen er seine Ideen umsetzen konnte. Die einen kümmerten sich um die Leistungssteigerung der Motoren, die anderen um das Design der Fahrzeuge.

Expansion der getunten Markenmodelle

Der »Koenig 512 BB(i) Turbo« aus dem Jahre 1983 basierte noch auf Ferrari und errang mit seinen 653 PS den Titel »schnellstes Auto der Welt«. In den folgenden Jahren stellte der Betrieb in Handarbeit und kleinen Auflagen getunte Sportwagen weiterer Automarken vor, darunter beispielsweise SEC-, SEL- und SL-Modelle von Mercedes-Benz, den Porsche 911 Carrera mit 350 bzw. 500 PS oder den BMW M635 Turbo mit 420 PS.

Am erfolgreichsten wurde 1988 der auf Ferraris Testarossa basierende, aber grundlegend weiterentwickelte »Koenig Competition«, der zunächst mit 800, später dann als »Competition Evolution« sogar mit 1000 PS starkem Biturbo-Motor erschien und seinerzeit als schnellster straßenzugelassener Sportwagen galt. Eine Cabrioversion, ebenfalls mit Kohlefaser-Kevlar-Karosserie, folgte.

1989 entstanden der Super-Testarossa als Cabrio, der BMW 750 iL als Langlimousine »XL Senator-Lounge« und der Porsche 928 mit Kompressor und wahlweise 380 oder 430 PS. Zu den weiteren Highlights der Tuningschmiede aus München zählte der Lamborghini Countach, dem Koenig Specials ein aerodynamisch verbreitertes Heck mit Flügel, eine Spurverbreiterung, Seitenschweller und einen 700-PS-Doppelturbo-Motor verpasste. Ebenso nicht zu verachten war die Koenig-Variante des Jaguar XJ-S, dem die Münchner eine Kotflügelverbreiterung, neue Front- und Heckschürzen sowie Seitenschweller, Heckspoiler, Heckflügel, ein Sportfahrwerk und einen Sportauspuff spendierten.

Von der Rennpiste auf die Straße – der Koenig C 62

Im Jahr 1984 hatte Porsche das Rennmodell 962 eingeführt, um an den US-amerikanischen IMSA-Meisterschaften teilnehmen zu können. Porsche hatte zwei Versionen dieses Rennwagens gebaut, den 962 IMSA und den 962 C. Der Letztere besaß einen 2,65-Liter-Vierventilmotor mit zwei Turboladern und wassergekühltem Zylinderkopf. Er erwies sich beim Beschleunigen und im Kurvenfahren der anderen Variante überlegen. Porsche hatte mit ihm einen extrem erfolgreichen Rennwagen geschaffen, der allein 41 Siege in der Sportwagen-WM und weitere 6 Siege in Le Mans einfuhr. Diesen Renner nahm Koenig Specials Ende der 80er Jahre in die Mangel, genau zu dem Zeitpunkt, als sich die erfolgreiche Rennkarriere des 962 C dem Ende zuneigte.

Willy König schuf mit seiner Version des Porsche-Rennwagens, dem Modell »Koenig C 62«, den ersten Rennsportwagen mit Straßenzulassung und errang so automatisch weltweit Aufmerksamkeit. Das 20-köpfige Team der Münchner Firma kreierte mit diesem Modell quasi eine komplette Neuentwicklung. Die Karosserie wurde aus einer ultraleichten Kombination aus Kohlefaser und Kevlar gebaut. Für einen sehr starken Abtrieb beim Kurvenfahren sorgten die aerodynamisch sorgfältig abgestimmte Form des Sportwagens, seine Heckflügel und der spezielle Unterboden.

Das Fahrwerk des C 62 sollte auf jeden Kunden individuell abgestimmt werden, sein Motor leistete 800 PS, seine Spitzengeschwindigkeit lag bei 380 km/h. Von 0 auf 100 km/h beschleunigte er in 3,5 Sekunden. Als Getriebe kam eine Fünfgang-Sportschaltung zum Einsatz.

Ursprünglich war geplant, vom C 62 eine auf 30 Fahrzeugen limitierte Serie herzustellen. Außerdem sollten die Käufer von ihrem Sportwagen ein Modell im Maßstab 1:4 und der gewählten Farbe erhalten. Tatsächlich gebaut wurden dann aber nur vier Exemplare.

Koenig Specials ist nach wie vor erfolgreich im Geschäft. Im Angebot der Münchner Tuner und Autobauer stehen vor allem Sportwagen von Ferrari, Lamborghini, Mercedes und BMW sowie Bausätze und Fahrzeug-Komponenten.

Der Koenig C 62 war der erste Rennsportwagen mit Straßenzulassung. Zu einer Serienherstellung hat es für ihn jedoch nicht gereicht. (Foto: © Koenig Specials)

KTM

Motorräder und Rennsport – jahrzehntelang verband man die Marke KTM mit dieser Kombination. Doch nach mehr als 50 Jahren im Motorradbau fanden es die Österreicher aus Mattighofen an der Zeit, dieses Rennsportgerät neu zu interpretieren: Als eine Art Motorrad auf vier Rädern wollte KTM sein erstes Auto verstanden wissen, den extrem puristischen Sportwagen »X-Bow«. Und wie die zweirädrigen Verwandten sollte sich auch dieses Gefährt im Motorsport beweisen.

Der X-Bow, hier ein Modell aus dem Jahr 2009, war ein offener Hochleistungs-Sportwagen, der auf alles verzichtete, was nicht unbedingt zum Fahren benötigt wurde. (Foto: © KTM)

Wechselvolle Geschichte: Von der Schlosserei zur Motorradschmiede

Reparaturen von Motorrädern und Automobilen gehörten von Anfang an zum Aufgabenbereich der damals noch wenige Mitarbeiter umfassenden Schlosserwerkstatt von Hans Trunkenpolz, die dieser 1934 im oberösterreichischen Mattighofen gegründet hatte. Während des Zweiten Weltkrieges musste der Betrieb sich um reparaturbedürftige Lastwagen und Motoren der Wehrmacht kümmern.

Die Instandsetzung von Lastwagen blieb auch nach dem Krieg noch für ein paar Jahre das Hauptbetätigungsfeld der sich rasch vergrößernden Firma. Als die Auftragslage für Reparaturen mit Beginn der 50er Jahre schwieriger wurde, stieg Trunkenpolz in die Fertigung von Ersatzteilen ein und fand schließlich 1954 in der Herstellung von Motorrädern – dem in den frühen Nachkriegsjahren wichtigsten Fortbewegungsmittel – ein weiteres Standbein. Nach dem Einstieg von Ernst Kronreif nannte sich das Unternehmen nun »KTM Motorfahrzeugbau KG« – »Kronreif & Trunkenpolz, Mattighofen«.

In den folgenden Jahrzehnten machte sich KTM vor allem im Bereich geländegängiger Motorräder sowie mit zahlreichen Rennsporterfolgen einen Namen. Weniger erfolgreich hingegen waren die Modellversionen für die Straße. Die Umsatzeinbrüche im Bereich der Klein- und Leichtkrafträder in der zweiten Hälfte der 80er Jahre führten die mittlerweile zur AG gewandelte Firma zunächst in neue Hände und schließlich 1992 in die Insolvenz.

Aus der Insolvenzmasse entstanden vier neue Unternehmen, darunter die »KTM Sportmotorcycle AG« mit anfangs 100 Mitarbeitern, welche die Motorradproduktion, vor allem im Bereich Geländesport, erfolgreich fortsetzte. Seit

1994 stellte KTM auch wieder Modelle für die Straße her. Die Erkenntnisse aus dem Motorsportbereich flossen dabei in die Serienfertigung mit ein.

Neuland: Eine »Armbrust« auf vier Rädern

Im Jahr 2006 entstand bei KTM die Idee, die Motorrad-Philosophie der Firma auf ein nicht minder kompromissloses, sportliches Gefährt mit vier Rädern zu übertragen, nachdem das Verkaufsprogramm bereits um All Terrain Vehicles und Quads erweitert worden war. Es blieb nicht bei der bloßen Idee, bereits ein Jahr später präsentierte KTM auf dem Genfer Autosalon den Prototyp des ersten Automobils in seiner Unternehmensgeschichte – den KTM X-Bow (gesprochen: »Crossbow«, engl. für Armbrust).

Der X-Bow war ein offener Hochleistungs-Sportwagen, der auf alles verzichtete, was nicht unbedingt zum Fahren benötigt wurde. Kein Dach, keine Windschutzscheibe oder gar Seitenfenster, keinerlei elektronische Fahrhilfen oder sonstiger Komfort – all dies hätte nur das Gewicht unnötig erhöht, welches mit 790 kg sehr niedrig ausfiel, und damit Rennsporterfolge gefährdet. Statt eines konventionellen Armaturenbretts gab es ein Multifunktionsdisplay zum Ablesen aller wichtigen Informationen, das Lenkrad beherbergte die meisten Bedienelemente. Letzteres war ebenso individuell verstellbar wie die Pedalerie.

Der überraschend leise Zwei-Liter-Turbo-Motor von Audi leistete 240 PS und bescherte der »fahrenden Armbrust« eine Höchstgeschwindigkeit von 220 km/h. In lediglich 3,9 Sekunden beschleunigte sie von 0 auf 100 km/h. Die Bremsen stammten von Brembo.

KTM bot für diesen Rennsportwagen sowohl spezielle Kleidung als auch einen Helm an, denn ohne einen solchen durfte dieses Auto nicht gefahren werden. Weitere Bedingungen für den Kauf des X-Bow waren ein Mindestalter von 24 Jahren sowie ein zu absolvierendes Fahrtraining. Auf den ersten Blick skurril mutet das Verkaufsverbot in die USA an, was jedoch verständlich wird, wenn man sich die rechtlichen Bedingungen aufgrund der dortigen Produkthaftungsgesetze vor Augen führt, die die Gefahr von millionenschweren Klagen nach sich ziehen können.

Der KTM X-Bow kam in seinen speziellen Motorsportausführungen (jüngste Version: »RR«) nicht nur bei GT4-Rennen erfolgreich zum Einsatz, sondern ab 2009 zusätzlich in einem eigenen Rennwettbewerb speziell für den X-Bow (»KTM X-Bow Battle«).

Nach der erfolgreichen Markteinführung und den ebenso erfolgreichen Rennsporteinsätzen folgten weitere Modelle nach, darunter die »Street«-Version. 2011 ersetzte der X-Bow R seinen Vorgänger und übertraf diesen mit einer Leistung von 300 PS und einer Spitzengeschwindigkeit von 231 km/h.

Mehr Komfort statt Purismus: Der X-Bow GT

Der 2013 auf dem Genfer Autosalon vorgestellte X-Bow GT, der auf der »R«-Version aufbaute, ist zum ersten Mal seit Einführung dieses Supersportlers eine leichte Abkehr von der »reinen Lehre«, vermutlich, um neue Käuferschichten zu gewinnen, für die die bisherigen »Crossbows« ein Stück zu spartanisch gehalten waren. Dieses Modell verfügt nicht nur über eine Windschutzscheibe (nebst Seitenscheiben), die zudem beheizbar ist und den Fahrer von der Helmpflicht befreit, sondern das bislang stets offene Gefährt kann sogar mit einem Stoffverdeck aufwarten.

Zum weiteren Komfort des neuen KTM X-Bow GT gehören ein Gepäcksystem, neue Bedienelemente an der Mittelkonsole, ein neues Lüftungs-/Heizungssystem, ein Windschott zwischen den beiden Sitzen sowie Sonnenblenden. Die äußere Erscheinungsform des Sportwagens wurde darüber hinaus einer Überarbeitung unterzogen und ist auf Wunsch auch in anderen als den bisher lieferbaren Farben zu haben. Aerodynamisch vorteilhaft gestaltet ist der flache, dreiteilige Unterboden im Zusammenspiel mit Frontsplitter und Heckdiffusor, die gemeinsam für einen hohen Anpressdruck sorgen. Das Pushrod-Fahrwerk stammt aus dem Formel-Rennsport.

Der Reihen-Vierzylinder-TFSI-Motor von Audi versorgt den GT mit 285 PS und ermöglicht ihm eine Höchstgeschwindigkeit von 231 km/h. Ein manuelles Sechsgang-Getriebe bringt diese Leistung auf die Straße. Zur Beschleunigung von 0 auf 100 km/h benötigt der GT mit 4,1 Sekunden etwas mehr als seine Vorgänger; kein Wunder, denn das Gewicht ist mit immerhin 847 kg etwas gestiegen, ein Umstand, der zweifelsohne dem größeren Komfort geschuldet ist.

Der anvisierte Preis für den wie seine Vorgänger in Handarbeit gefertigten X-Bow GT soll bei 72.500 Euro liegen.

2011 ersetzte der X-Bow R seinen Vorgänger, den er selbstredend auch in den Leistungswerten übertraf. (Foto: © KTM)

Ab 2013 bot KTM den X-Bow auch in einer GT-Version mit Windschutz- und Seitenscheiben an. Nicht mehr hundertprozentig puristisch, gestattete der GT seinen Insassen doch immerhin, auf einen Helm zu verzichten. (Foto: © KTM)

KUREK

Auf den langen Pendelfahrten zwischen seiner neuen Wahlheimat München und der alten im nordrhein-westfälischen Münster soll die Idee von Heinz Kurek in den 60er Jahren geboren worden sein: einen maßgeschneiderten, hochwertigen und zugleich energieeffizienten Sportwagen für den Eigenbedarf zu bauen.

Im Vordergrund der gelbe Kurek GT 6, dahinter sein blauer Nachfolger GT 7. (Foto: © Kurek)

Der Sportwagen aus der Manufaktur

Heinz Kurek hatte Elektrotechnik studiert und arbeitete in der Computerbranche, hatte also beruflich nicht direkt mit Automobilen zu tun. Doch seine Begeisterung für Sportwagen und sein Interesse an technischen Neuerungen ließen in ihm den Plan reifen, ein Fahrzeug ganz nach eigenen Grundsätzen zu konzipieren, zu entwickeln und schließlich zur Straßenzulassung zu führen. Das dazu erforderliche Know-how eignete sich Kurek in unzähligen Entwicklungsprojekten mit zahlreichen Patenten an.

Bereits in den frühen 70er Jahren realisierte er seine ersten eigenen Gesamtfahrzeugprojekte. Kurek orientierte sich bezüglich des Designs an den Sportwagenklassikern der 60er Jahre – allen voran am Porsche 904 –, die er mit zeitgemäßer Technik zu Fahrhöchstleistungen bei gleichzeitig möglichst geringem Energieverbrauch führen wollte. Dabei dachte er nie an eine Serienfertigung seiner Sportprototypen, sondern vielmehr an qualitativ hochwertige Machbarkeitsstudien, auch als Impuls- und Ideengeber für die Automobilindustrie. Darüber hinaus vermittelt Kurek seine Leichtbauphilosophie regelmäßig an Universitäten und anderen Hochschulen.

Die beiden letzten Prototypen aus Kureks Manufaktur sind der GT6 und GT7, beide mit einer Fertigungstiefe von mehr als 80%.

Nach vier Jahren Entwicklungszeit, in denen viele Probleme auch bezüglich der Werkstoff- und Bauteilbeschaffung gelöst werden mussten – viele Automobilzulieferer waren nicht auf so geringe Teilestückzahlen oder gar Einzelanfertigungen eingerichtet, wie sie für dieses Projekt benötigt wurden –, war es dann 1998 so weit: Kurek stellte den vollständig eigenfinanzierten und von Anbeginn an in enger Zusammenarbeit mit dem TÜV Süd entstandenen »Kurek GT 6« vor. Dieser war – analog zu seinen Vorgängern – konsequent in Leichtbauweise gehalten, weil Kurek hierin einen Schlüsselfaktor für geringen Treibstoffverbrauch sah. Deshalb bestand die Karosserie im Kern aus Verbundwerkstoffen und war mit einem eigenen Rahmen inklusive Überrollkäfig verbunden, der die notwendige Steifigkeit gewährleisten sollte. Als Antrieb fungierte ein zum Mittelmotor umgebauter 3,2-Liter-Sechszylinder von Porsche. Dieser ermöglichte eine Spitzengeschwindigkeit von 270 km/h. Dank der raffinierten Leichtbauweise verbrauchte der Sportwagen lediglich acht Liter auf 100 km. Das Innere des GT 6 war spartanisch gehalten, die Sitzschalen waren fest mit dem Fahrzeug verbunden, dafür ließen sich die Pedale, die Lenksäule und die Instrumententafel verstellen.

Die Philosophie eines Gesamtfahrzeugkonzepts

Kaum war der cadmiumgelbe GT 6 einer breiteren Öffentlichkeit vorgestellt worden, machte sich Heinz Kurek mit seinem eingespielten Team an die Arbeit für ein äußerst ambitioniertes Nachfolgemodell. Wiederum entwickelten die Autobauer 80 Prozent des neuen, diesmal in Blau gehaltenen »Kurek GT 7« selbst, erneut stand im Mittelpunkt die Philosophie, ein ganzheitliches Fahrzeug zu entwickeln, bei dem alle Komponenten aufeinander und auf das oberste Ziel abgestimmt waren, einen Niedrigenergie- bzw. Niedrigemissions-Sportwagen mit höchsten Fahrleistungen zu konstruieren.

Erneut begleitete der TÜV Süd jede einzelne Planungs- und Bauphase bis hin zur Straßenzulassung. Die Konstruktion aus ultraleichten Fahrwerksteilen schuf einmal mehr die Voraussetzung für einen ebenso verbrauchs- wie abgasarmen Sportwagen mit hervorragenden Fahrleistungen. Kurek baute auch in den GT 7 nur ein, was seiner Meinung nach in einen Sportwagen gehörte – mehr nicht. Der 790 kg leichte GT 7 beschleunigte in vier Sekunden von 0 auf 100 km/h, fuhr bis zu 270 km schnell und verbrauchte auf 100 km weniger als sieben Liter Kraftstoff. Zu den zukunftsweisenden Technologien des Sportwagens zählten sein verwindungssteifer Hybrid-Rahmen aus Stahl und glasfaserverstärkten Verbundwerkstoffen, seine ultraleichten Fahrwerkskomponenten, eine Onboard-Diagnose oder Scheiben aus Polycarbonat.

Vorgestellt wurde der Kurek GT 7 im Herbst 2004 am Chiemsee. Es soll nicht der letzte bleiben, denn Kurek nahm bereits die Arbeit für den Nachfolger GT 8 auf, der noch leichter und energieeffizienter werden soll als seine beiden Vorgänger.

Der Kurek GT 6 auf einer Theaterbühne. (Foto: © AMC GmbH)

Der Kurek GT 6 orientierte sich am Design des Porsche 904. Während seiner Testphase brachte er mehr als 70.000 km störungsfrei hinter sich. (Foto: © Kurek)

Auch der Kurek GT 7 blieb ein Einzelstück. Er verkörperte eine Weiterentwicklung des homogenen Gesamtkonzepts seiner Erbauer. (Foto: © Kurek)

LORENZ & RANKEL

Am Anfang war der Ruhestand: Friedrich Peter Lorenz hatte sich ein Leben lang mit Autos beschäftigt – und immer noch nicht genug. Gleich nach dem Krieg hatte er eigene Autos gebaut, alte Wehrmachtskübelwagen bildeten die Basis für seine Rennwagen. Sogar Huschke von Hanstein war damit unterwegs.

Der Silver Falcon war laut Lorenz so gebaut, dass er den Kunden »überlebte«: Sämtliche Bauteile waren von höchster Qualität, es war an nichts gespart worden. (Fotos: © Lorenz & Rankl)

Unternehmensziel: der Bau von Supersportwagen

Besonders zukunftsträchtig schien das aber nicht, deshalb studierte Lorenz Maschinen- und Fahrzeugbau in München und Dortmund. 1955 heuerte er bei Ford in Köln an, wurde Leiter der Entwicklungsabteilung und wechselte 1970 zum Bremsenhersteller Teves. Nach sieben Jahren als General Operation Manager kehrte er der Industrie den Rücken und widmete sich dem Bau von Cobra-Replikas. Ebenfalls in der Lieferliste: Ferrari Vollcabriolets (308/328, 400/412, Testarossa) und das viertürige Mercedes-SEL-Cabriolet – ein Modell mit Folgen.

Heiner Rankl, durch den Verkauf seiner Firma Etienne Aigner gerade im Besitz des notwendigen Kleingelds, hatte Lorenz den Auftrag erteilt, das Flaggschiff aus Untertürkheim vom lästigen Blechdach zu befreien. Die saubere Arbeit überzeugte ihn so sehr, dass er Teilhaber wurde. Die beiden Autonarren schlossen sich zur Firma Lorenz & Rankl zusammen und bereicherten die automobile Welt um ein Highlight: den Silver Falcon.

Ein Silberfalke in Kleinstserie

Ein Hauch Ferrari California, ein kräftiger Schuss Mercedes 300 SLR und der schönste Lufteinlass seit dem seligen E-Type: Der Silver Falcon, 1987 vorgestellt, war ein Bilderbuch-Klassiker aus den fünfziger Jahren mit der vollendeten Technik der späten achtziger Jahre. Der Meister zu seinem Werk: »Ich habe mein Auto im Stil der fünfziger Jahre konstruiert, damals wurden die schönsten Autos gebaut«. Schon allein deshalb kam keine schnöde selbsttragende Karosserie in Frage. Die harmonisch gezeichnete Karosserie – nach Wahl aus Kevlar oder Aluminium – saß nach alter Väter Sitte auf einem stabilen Gitterrohrrahmen aus rostfreiem Edelstahl, dessen Dimensionen ahnen ließen, dass hier für die Ewigkeit gebaut wurde. In den armdicken Streben verliefen die Brems- und Kraftstoffleitungen, unangreifbar für die unheilige Dreieinigkeit aus Schmutz, Rost und Alter. Lorenz: »Das Auto ist so gebaut, dass es den Kunden überlebt«.

Auch bei der Technik hatten die Falkner aus Wolfratshausen an nichts gespart: Motor, Kraftübertragung und Radaufhängung stammten aus dem Mercedes-Baukasten für die S-Klasse, Federung und Dämpfung übernahm ein rennerprobtes Koni-Fahrwerk. Serienmäßig war der Silver Falcon mit dem Mercedes-Fünfliter-V8-Motor und einem Getrag-Fünfgang-Getriebe ausgerüstet. Wer mehr Leistung und weniger Schaltarbeit wünschte, ließ den größeren Achtzylinder mit 5,6 Litern Hubraum und Automatikgetriebe installieren, der eine Höchstgeschwindigkeit von bis zu 260 km/h ermöglichte.

Entwicklungspartner der Autoindustrie

Ob es nun am exorbitanten Preis von zirka 342.000 DM oder doch eher an der manchem zu bieder erscheinenden Mercedes-Technik lag – Lorenz & Rankl konnten jedenfalls in den Jahren zwischen 1987 und 1991 von den geplanten 25 Exemplaren nur 15 in Handarbeit gefertigte Silberfalken an den Mann bzw. die Frau bringen. Lorenz & Rankl gab deshalb die Produktion eigener Modelle auf.

Das SEL-Cabriolet von Friedrich Peter Lorenz gab letztlich den Anstoß zur Gründung der Firma Lorenz & Rankl. (Foto: © Lorenz & Rankl)

Die Firma hatte jedoch von Anfang an weitere Geschäftsfelder beackert, darunter die Entwicklung von Fahrzeugkomponenten für die Automobilindustrie, das Umbauen von geschlossenen Wagen in Cabriolets und das Verlängern von Limousinen. Die Arbeit in diesen Aufgabengebieten wurden in den kommenden Jahren fortgesetzt und ausgebaut.

Peter Lorenz übergab Anfang 2000 die Unternehmensführung in jüngere Hände und zog sich aus der Firma zurück. Sein Partner Rankl hatte ohnehin lediglich die Rolle des stillen Financiers innegehabt. Das Unternehmen konzentriert sich seither auf zwei Betätigungsbereiche: auf die Entwicklung von Fahrzeug-Prototypen zu Demonstrationszwecken und für Ausstellungen sowie das Anfertigen von maßgeschneiderten Blechteilen für die Autoindustrie.

LOTEC

Kurt Lotterschmid, Kfz-Meister aus dem bayrischen Kolbermoor, war schon immer von schnellen Sportwagen fasziniert. Kein Wunder, dass er es nicht beim bloßen Tunen und Optimieren beließ, sondern selber Rennwagen entwickelte und sogar Rennen fuhr. Höhepunkte dieser Tätigkeiten waren zweifelsohne seine beiden Supersportwagen »Lotec C1000« und »Lotec Sirius«.

Erst nach Auftragseingang wird der Lotec Sirius als Einzelanfertigung gebaut. (Foto: Lotec GmbH)

Tuner, Rennwagenbauer und Rennfahrer

Zu Beginn der 60er Jahre gründete der frischgebackene Kfz-Meister Kurt Lotterschmid seine eigene Auto-Werkstatt. Gegen Ende des Jahrzehnts begann er zusätzlich mit dem Bau von Rennwagen, nachdem er bereits zuvor eine zweite Karriere als Rennfahrer begonnen hatte. Neben erfolgreichen Einsätzen z. B. bei Bergrennen gipfelte dieses Engagement im Gesamtsieg bei der Interserie 1979 und 1980 sowie dem Titelgewinn der Deutschen Rennsportmeisterschaft C2 im Jahr 1983.

Mitte der 70er Jahre begann Lotterschmid mit Karosserie-Umbauten von Porsche-Sportwagen. Zu Beginn der 80er Jahre kamen Karosserie-Umbauten an Mercedes-Benz-Fahrzeugen hinzu, 1984 konnte sich die zwischenzeitlich gegründete Lotec GmbH ein Verfahren zur Produktion von SEC-Motorhauben patentrechtlich schützen lassen. Später erweiterte die Herstellung von Turbomotoren für Mercedes- und Ferrari-Sportwagen das Programm des Betriebes. Im Auftrag stellte Lotec zudem weiterhin Rennfahrzeuge her. Bis heute stehen Entwicklung, Optimierung und der Umbau von Autos auf der Angebotsliste der Firma aus Kolbermoor, darunter Motortuning, Motorhauben-Umbauten und Flügeltüreneinbau für Mercedes-Fahrzeuge.

Die Supersportwagen Lotec C1000 und Lotec Sirius

Der Lotec C1000 verdankte seine Entstehung dem Wunsch eines arabischen Ölscheichs, das schnellste Auto der Welt zu besitzen. Der Scheich wandte sich mit diesem Begehr an Mercedes, Mercedes wiederum zog Lotec hinzu. 1990 begann die Entwicklung des C1000. »C« stand hierbei für Carbon, denn das Chassis fertigte Lotec aus Vollkohlefaser, was zum geringen Gewicht von 1480 kg beitrug. »1000« bezog sich auf die annähernd 1000 Nm Drehmoment.

In diesem Unikat wurde Sicherheit groß geschrieben: So gehörten zur Ausstattung dieses Wagens doppelte automatische Dreipunktgurte, eine Feuerlöschanlage, die den ganzen Wagen einbezog, ein adaptives Dämpfersystem und ein Überrollkäfig. Fürs Bremsen zuständig war die 4-Kolben-AP-IMSA-Renn-Bremsanlage.

Den 5,6-Liter-V8-Motor lieferte Mercedes. In Zusammenarbeit mit der Lenz Motortechnik leistete das Aggregat bis zu 850 stufenlos regelbare Pferdestärken. Damit erreichte der Lotec C1000 eine Höchstgeschwindigkeit von 374 km/h und beschleunigte in nur 4,2 Sekunden von 0 auf 100 km/h. Eine Klimaanlage und ein Stereo-Musiksystem vervollständigten den Super-Flitzer.

Zu mehr als einem Exemplar kam es allerdings nicht, und dieses verblieb auch nicht bei seinem Erstkäufer, dem arabischen Ölscheich, sondern wechselte im Laufe der Jahre mehrfach den Besitzer.

Den Plan für seinen zweiten Supersportwagen fasste Kurt

Lotterschmid bereits 1992. Im selben Jahr fertigte er ein Holzmodell an. Lotterschmid zog für den Entwurf keinen Grafiker hinzu, denn er hatte sehr genaue Vorstellungen davon, wie der Lotec Sirius auszusehen hatte. Sein Ziel: den schnellsten Zweisitzer mit Straßenzulassung zu schaffen.

Wieder wählte er für die Karosserie Kohlefaser und andere Leichtbaumaterialien über einem Rahmen aus Stahlrohr-Kohlefaserverbund, wodurch ein niedriges Leergewicht von 1280 kg erzielt werden konnte. Lotterschmid überarbeitete einen 6-Liter-V12-Motor aus dem Mercedes W 140 der S-Klasse, fügte zwei KKK-Turbolader mit zwei Ladeluftkühler hinzu. Statt der ursprünglichen 408 PS leistet der Motor nun je nach Ladedruck 1000 bis 1200 PS, die dem Sirius eine Höchstgeschwindigkeit von 400 km/h sowie eine Beschleunigung von 0 auf 100 km/h in 3,8 Sekunden ermöglichen. Der Spritverbrauch hat es in sich: auf 100 km genehmigt sich der Lotec Sirius bei forscher Fahrweise durchaus 25 bis 30 Liter!

Zur weiteren Ausstattung gehören eine synchronisierte Cima-Sechsgangschaltung, eine Brembo-Bremsanlage, eine Sportausstattung im Innenraum, ABS, Servolenkung und eine Klimaanlage. Auf Letztere kann der Sirius auch kaum verzichten, denn seine Scheiben sind nicht versenkbar.

Der erste Supersportwagen von Lotec war der C1000, den ein arabischer Ölscheich in Auftrag gegeben hatte und der ein Unikat blieb. (Foto: Lamboshane, © CC-BY-SA 2.5)

Nachdem der Prototyp des Wagens 1999 fertig geworden war, steht der Lotec Sirius seit dem Jahr 2000 zum Verkauf. Den Entwicklungskosten von rund sieben Millionen Mark stand bei Markteinführung ein Verkaufspreis von ungefähr 1,2 Millionen Mark gegenüber. Die geplante Kleinserienauflage wurde jedoch bislang nicht verwirklicht. Stattdessen geht jedes Modell erst nach Auftragseingang in Produktion.

Die Gestaltung des zweiten Sportwagens namens Lotec Sirius besorgte Kurt Lotterschmid wieder völlig allein. (Fotos: © Lotec Gmbh)

Von Anfang an hatte Lotterschmid eine genaue Vorstellung davon, wie der Lotec Sirius aussehen sollte. (Foto: © Lotec Gmbh)

Der V12-Motor des Lotec Sirius leistet bis zu 1200 PS. (Foto: © Lotec GmbH)

MAGNA STEYR

Der österreichische Automobilhersteller Magna Steyr präsentierte seit 2005 eine ganze Serie von innovativen Fahrzeugstudien unter dem Namen Mila (Magna Innovative Lightweight Automobile). Ihnen allen gemeinsam ist der modulare Aufbau und ein umweltschonender Antrieb auf der Basis von komprimiertem Erdgas (CNG). Den Anfang machten die orange lackierten, leichtgewichtigen Sportwagen Mila 1 und 2.

Der Mila 1 von Magna Steyr, wie er 2005 auf der IAA vorgestellt wurde. (Foto: © Magna Steyr)

Die Idee mit dem CNG-Antrieb und dem modularen Aufbau

Um seine innovativen Ideen und seine Kompetenz im Fahrzeugbau einer breiteren Öffentlichkeit vorstellen zu können, präsentierte Magna Steyr im Jahr 2005 auf der IAA in Frankfurt die erste Autostudie auf Basis des Mila-Konzepts, den in auffälligem Orange lackierten Sportwagen Mila 1. Von Anfang an war nicht daran gedacht, selbst als Hersteller von Automobilen in Erscheinung zu treten, denn traditionell produziert das österreichische Unternehmen Autos nur im Auftrag anderer Hersteller. Doch das neuartige Mila-Konzept und dessen Zurschaustellung in Frankfurt war eine wichtige Werbung für die Kompetenzen des Autobauers.

Magna Steyr setzte mit der Entscheidung für einen CNG-Antrieb auf Studien, die eine Zunahme dieses Antriebkonzepts und der dazugehörigen Tankstellen in der Zukunft voraussagten sowie auf schon bestehende hohe Nutzungen vor allem in Südamerika und Indien. Die Vorteile des CNG-Antriebs bestehen z. B. in der Möglichkeit, auf normale Benzinmotoren zurückgreifen zu können, statt teure Spezialentwicklungen tätigen zu müssen, im hohen Energiewert von Erdgas, in dessen Motorfreundlichkeit (hohe Klopffestigkeit) und natürlich seinem geringen Schadstoffausstoß. Magna Steyr entwickelte hierfür spezielle Leichtbauspeicherbehälter als Tanks.

Das modulare Konzept der Mila-Reihe sollte es ermöglichen, kosten- und zeitsparend möglichst viele bereits entwickelte Komponenten für weitere Fahrzeuge zu übernehmen. So lassen sich z. B. die Anzahl der Sitze, die Dachkonstruktion oder die Art des Motors (Normal- oder Hochleistungsmotor) verändern. Seit der Vorstellung der Mila-Sportwagen sind weitere Fahrzeugstudien präsentiert worden, darunter 2008 der Geländewagen Mila Alpina oder 2012 der Mila Coupic, der drei Fahrzeuge in einem vereint.

Echte Leichtgewichte: die Sportwagen Mila 1 und 2

Die erste Inkarnation des Mila-Konzepts war der einsitzige Mila 1. Entwickelt wurde er größtenteils virtuell mit Hilfe spezieller Simulationsverfahren, um so Kosten und Entwicklungszeit einzusparen. Dies gelang auch; bei der Präsentation in Frankfurt 2005 hatte das Fahrzeug gerade einmal eine Entwicklungszeit von einem halben Jahr hinter sich.

Die Herstellung der Außenhaut aus glasfaserverstärktem Polyester, die Verwendung eines extra leichten und dabei trotzdem sehr steifen Gitterrohrrahmens aus einer Aluminium-Legierung und die leichtgewichtige Konstruktion des Chassis aus hochfestem Stahl halfen mit, das Gewicht des Wagens auf sage und schreibe 850 kg zu senken.

Als Antrieb des Mila 1 fungierte ein normaler, aufgeladener 1,6-Liter-Vierzylinder-Reihenmotor, der auf den Betrieb mit CNG umgerüstet wurde (in diesem Fall der Motor eines Mini-Coopers S). Dieses hinten liegende, dennoch als Mittelmotor operierende Aggregat leistete 150 PS, beschleunigte in 6,3 Sekunden von 0 auf 100 km/h und ermöglichte dem kleinen hinterradgetriebenen Gefährt eine Höchstgeschwindigkeit von zirka 200 km/h. Als Getriebe kam eine Sechsgang-Handschaltung zur Anwendung.

Der Treibstofftank in Form eines Sicherheitsdruckzylinders fasste 76 Liter und saß aus Sicherheitsgründen direkt hinter dem Fahrer. Der Verbrauch des Mila 1 lag bei 5,6 kg pro 100 km. Dies verhalf ihm zu einer Reichweite von immerhin um die 200 km.

Auffällig an dem kleinen Sportflitzer war nicht nur seine Mehrschichten-Speziallackierung in Orange. Ins Auge fielen ebenso die freistehenden Räder und die durchsichtige Haube, die über dem Piloten saß, ihm eine Rundum-Freisicht gewährte und zum Ein- und Aussteigen nach oben aufgeklappt werden musste. Obwohl der Mila 1 nur als Unikat existierte, besaß er dennoch eine Straßenzulassung und war vollständig fahr- und verkehrstauglich.

Es blieb jedoch nicht bei diesem einen Sportwagen. Für den Mila 2 konnten die Ingenieure von Magna Steyr viele Komponenten des Vorgängermodells übernehmen. Dabei war von Anfang an klar, dass es diesmal ein Zweisitzer werden sollte, was den Sportwagen zwangsläufig breiter und einem konventionellen Fahrzeug im Aussehen ähnlicher werden ließ.

Anstelle der Glaskuppel des ersten Mila besaß dieser Wagen ein variables Dachsystem. Das Leichtbauspeichersystem für Erdgas wurde überarbeitet und verbessert. Der aufgeladene Vierzylinder-Motor leistete diesmal 170 PS und war wiederum extra für den Betrieb mit CNG umgerüstet worden. Seine Höchstgeschwindigkeit lag mit rund 220 km/h ebenfalls höher als beim Vorgängermodell. Die Verbesserungen erstreckten sich – besonders wichtig – auch auf die Reichweite des Sportwagens. Mit 500 km fiel diese mehr als doppelt so hoch aus wie beim Mila 1 – ein wichtiges Argument, wenn sich Käufer auf ein Auto mit alternativem Antrieb einlassen sollen. Das Leergewicht des wiederum konsequent in Leichtbauweise gehaltenen Mila 2 war mit 950 kg nur unwesentlich höher als bei seinem einsitzigen Vorgänger.

Der 1,6-Liter-Vierzylinder lief mit Erdgas und leistete 150 PS. (Foto: © Magna Steyr)

Konzept-Studie für den Mila 1. (Foto: © Magna Steyr)

MAYBACH EXELERO

Es gibt sicherlich weniger spektakuläre Methoden, einen neuen Reifen bis zur Belastungsgrenze zu testen, als um ihn herum einen teuren Sportwagen der Extraklasse bauen zu lassen, doch für den Reifenhersteller Fulda war das Beste gerade gut genug. Und so kam es, dass Fulda zweimal in seiner Unternehmensgeschichte eine Kooperation mit der Luxusmarke Maybach einging.

Dem historischen Vorbild des Maybach SW 38 (hier im Bild) sollte die Neuentwicklung Exelero verbunden bleiben. (Foto: © Daimler AG)

Hochleistungsreifen sucht herausfordernden Sportwagen

In den 1930er Jahren hatte Fulda einen Reifen entwickelt, der von keinem damals existierenden Wagen an seine Belastungsgrenze gebracht werden konnte. Aus diesem Grund sollte ein Auto gebaut werden, das dieses Vorhaben werbewirksam in die Tat umsetzen konnte. In der Automarke Maybach fand der Reifenhersteller einen adäquaten Partner, um einen Sportwagen zu realisieren, der groß, schwer und schnell sein sollte – mindestens 200 km/h schnell.

Die Basis für diesen Wagen stellte damals der Maybach SW 38. Seine modifizierte Version – die Karosserie stammte von der Firma Dörr & Schreck, der Motor war ein Sechszylinder mit 140 PS – erfüllte die Anforderungen mit Bravour. Anschließend ging das Gefährt jedoch in den Wirren des Krieges verloren und blieb bis zum heutigen Tag verschollen.

Zu Beginn der 2000er Jahre erinnerte sich Fulda an diese erfolgreiche Kooperation und knüpfte die entsprechenden Kontakte zu DaimlerChrysler, um für den Test und die Präsentation seines damals neu entwickelten »Ultra High Performance«-Reifens einmal mehr auf einen Hochleistungswagen der seinerzeit gerade erst wiederbelebten Luxusmarke Maybach zugreifen zu können. Die Anforderungen an das zu bauende Gefährt hatten sich natürlich erhöht: anvisiert war eine Spitzengeschwindigkeit von um die 350 km/h, denn bis zu dieser sollte der neue Fulda-Reifen zugelassen werden.

Der Exelero nimmt Gestalt an

Ein mehrköpfiges Entwicklerteam nahm sich nun der anspruchsvollen Aufgabe an und entschied sich, aus einem Maybach 57 S ein entsprechend leistungsfähiges Sportcoupé hervorzubringen. Das Design des neuen Supersportwagens entstand in Zusammenarbeit mit der Fachhochschule Pforzheim. Vier Studenten des Studiengangs »Transportation Design« entwickelten das ansprechende Äußere während eines Praxissemesters bei DaimlerChrysler in Zusammenarbeit mit Chefdesigner Harald Leschke. Dabei sollte zwar keine Neuauflage des Testwagens von 1938 entstehen, trotzdem aber die verwandtschaftliche Linie zu diesem gewahrt bleiben.

Das Design entstand jedoch nicht losgelöst von den Entwicklungen der Aerodynamik und des Antriebs, sondern band diese mit ein. Der vorgesehene Zwölfzylinder-Biturbo-Motor von Maybach war allerdings von Haus aus nicht in der Lage, die zum Erreichen der Spitzengeschwindigkeit nötigen 700 PS zu erbringen. Erst seine Überarbeitung – Erhöhung des Hubraums und des Drehmoments – bescherte ihm die dafür notwendigen Voraussetzungen. Für die Herstellung des Wagenaufbaus konnte die Karosserieschmiede Stola in Turin gewonnen werden.

2005, nach zwei Jahren Entwicklungsarbeit, war es dann so weit: Schwer, groß, sehr schnell und ganz in Schwarz stand es da, das (gemäß dem Reifen, mit dem er ausgestattet werden sollte) auf den Namen »Exelero« getaufte Luxus-Sportcoupé der Marke Maybach.

Der Exelero war gebaut worden, um auf einer Teststrecke Hochgeschwindigkeitsreifen zu testen. (Foto: © Daimler AG)

Ein Unikat bewährt sich

Auf der Hochgeschwindigkeitsstrecke von Nardo in Süditalien sollte der Maybach Exelero den Zweck seines Daseins erfüllen – nämlich mit seiner eigenen Leistungsfähigkeit diejenige der neuen Fuldareifenmarke Exelero unter Beweis stellen. Für diese nicht ungefährliche Testfahrt konnte der ehemalige Rennfahrer Klaus Ludwig gewonnen werden. Doch auch dieser erfahrene Profi benötigte zwei Anläufe, erst dann war es geschafft: Der Maybach Exelero riss die beabsichtigte Geschwindigkeitsmarke von 350 km/h. Mit genau 351,40 km/h erzielte der Testwagen einen neuen Weltrekord – und die Reifen hielten das aus.

Der Verbleib des Maybach Exelero

Nach der zur vollen Zufriedenheit aller Beteiligten erfüllten Mission war der Supersportwagen einige Zeit lang auf vielen Ausstellungen zu bewundern, bis die Öffentlichkeit ihn schließlich aus den Augen verlor. Wo war er hingekommen? Gerüchte dichteten dem US-Rapper Birdman den Kauf des acht Millionen Dollar teuren Gefährts an. In Wirklichkeit aber blieb der Exelero in Deutschland, und zwar im Besitz von Frank Rickert, des in der Nähe von Ludwigsburg beheimateten Chefs von Mechatronic, eines Spezialisten für die Restauration von Mercedes-Benz-Oldtimern. Rickert dachte auch schon einmal die Auflage einer Kleinserie des Luxussportwagens an, doch bislang blieb es beim Traum.

Der Exelero besaß einen 5,9-Liter-V8-Motor, der ihm sagenhafte 700 PS verlieh. (Foto: © Daimler AG)

Zwar konnte er auf diversen Ausstellungen bewundert werden, doch in die Serie schaffte er es bislang nicht: der Maybach-Sportwagen Exelero. (Fotos: © Daimler AG)

Der Exelero befindet sich heute in Deutschland in Privatbesitz. (Foto: © Daimler AG)

n Rad des Exelero. (Foto: © Daimler AG)

Das Interieur in Rot und Schwarz. (Foto: © Daimler AG)

MELKUS

Melkus RS 1000 – ein Wagen, den es so im Arbeiter- und Bauernstaat eigentlich gar nicht hätte geben dürfen. Obwohl aus geradezu bodenständigen Einzelteilen zusammengebaut, versprühte der schicke Rennsportwagen – der einzige, der in der DDR in Serie gebaut wurde – zu viel elitären, westlichen Glamour, als dass er deutlich über die Zahl von 101 gebauten Modellen hätte hinauskommen können.

Ausgestattet mit der Technik des Wartburg 353, war der RS 1000 der einzige echte Rennsportwagen der ehemaligen DDR. Sein Dreizylinder-Reihenmotor leistete 70 PS und ermöglichte eine Höchstgeschwindigkeit von 165 km/h, in der Rennversion mit 100 PS bis zu 210 km/h. (Foto: © Ralf Weinreich)

Der private Rennwagenbauer

Verantwortlich dafür, dass ein solcher Wagen in der DDR überhaupt in (Klein-)Serie hergestellt werden konnte, war Heinz Melkus. In den Nachkriegsjahren hatte er das Rennfahren begonnen und galt als hoffnungsvolles Nachwuchstalent. Diese Einschätzung bestätigte er durch zahlreiche Rennpreise, die er einheimste. Seine Haupteinnahmequelle war jedoch seit Beginn der 50er Jahre eine private Fahrschule, die er gegründet hatte.

Seine Unabhängigkeit von staatlichen Organisationen bewahrte er sich auch bei der Realisierung seiner Rennleidenschaft, denn weil er nicht in die Staatspartei eintreten wollte, musste er ohne staatliche Förderung auskommen und sich seine Rennfahrzeuge selber bauen und finanzieren. Gebaut wurde nicht nur allein, sondern auch in einem Dresdener Rennwagenbau-Kollektiv. Dieses entwickelte sich bald zu einem Zentrum des DDR-Rennwagenbaus und belieferte zunächst einheimische Fahrer mit den begehrten Autos. Aufgrund der Nachfrage wurden diese schließlich sogar in die Ostblockstaaten exportiert; besonderes Interesse zeigte dabei auch die UdSSR.

So war aus der Feierabendbeschäftigung ab 1959 ein eigener Betrieb geworden, der bis Ende der 80er Jahre bestehen sollte. Versorgt wurden die kleinen Formeln, beispielsweise die Formel Junior (später C9), mit Rennwagen (Monopostos) auf Wartburg-Basis.

Mit Improvisationstalent zum DDR-Rennsportwagen

Weil die Zweitakter-Wagen aus Ostdeutschland im Laufe der Zeit ihre Konkurrenzfähigkeit bei Autorennen verloren, verabschiedete sich die DDR gegen Ende der 60er Jahre aus dem

Der RS 1000 durfte nicht einfach an irgendwelche (betuchten) Privatleute verkauft werden. (Foto: © Ralf Weinreich)

internationalen Rennsport und beteiligte sich nur noch an Wettbewerben innerhalb des sozialistischen Lagers. Um diesem Zustand entgegenzuwirken, bekam Heinz Melkus Unterstützung von offizieller Seite bei seinem Vorhaben, einen Rennsportwagen vollständig in der DDR zu bauen. Trotzdem bedurfte es von Seiten Melkus vieler Überredungskünste und enormer Überzeugungsarbeit, um als nicht-staatlicher Betrieb den Behörden die notwendigen Materialzuwendungen abzuluchsen.

Eine Voraussetzung für die Realisierung des geplanten Projekts war die Straßenzulassung des Autos, von der man sich Einspareffekte erhoffte. Auch durfte der Sportwagen nicht einfach an irgendwelche (betuchte) Privatleute verkauft werden, notwendig waren vielmehr die Mitgliedschaft im DDR-Motorsportverband ADMV, eine Fahrerlizenz sowie eine vom Verband ausgestellte Freigabebescheinigung. Außerdem musste sich der Käufer zur Teilnahme an Autorennen verpflichten. So überrascht es auch nicht, dass der »RS 1000« (RS für Rennsportwagen), wie das Fahrzeug schließlich getauft wurde, nur direkt vom Werk gekauft werden konnte.

Um den Wagen bauen zu können, wurden Kooperationsabkommen mit verschiedenen Industriepartnern geschlossen. Das Design des Sportautos beispielsweise stammte von der Hochschule für bildende Künste, die Karosserie aus glasfaserverstärktem Kunststoff steuerten die Robur-Werke in Zittau bei, das Getriebe lieferte die Dresdner Firma Manfred König, der Rahmen sowie der Zweitaktmotor stammten vom Wartburg 335 aus Eisenach. Chassisbau und Endmontage übernahm Melkus selbst. Auch die übrigen Teile (Scheinwerfer, Entlüftungsgitter, Bremsen, Instrumente u. a.) mussten aufgrund der Materialknappheit in der DDR von eigenen sowie von Ostblock-Pkw und aus Nutzfahrzeugen beschafft werden. Jeder Wagen wurde so zwangsläufig zum Unikat, weil die Verwendung sämtlicher Materialien von ihrer augenblicklichen Verfügbarkeit abhing.

Ende der 60er Jahre war es dann so weit: Nach dreijähriger Entwicklungszeit präsentierte Melkus den RS 1000. Sein

Drei Jahre Entwicklungszeit steckten in dem für DDR Verhältnisse unglaublich gut aussehenden Sportwagen. (Foto: © Ralf Weinreich)

Aufgelegt im Jahr 2008, stellte der RS 1600 lediglich ein Übergangsmodell zum nachfolgenden RS 2000 dar. Sein Vierzylinder-Reihenmotor verfügt über 1600 ccm Hubraum und eine Leistung von 102 PS. (Foto: © Stanislav Kozlovskiy)

Wie seine Vorgänger ist auch der RS 2000 mit Flügeltüren versehen. (Fotos: © Melkus Pressebild)

Preis betrug stolze 28.600 Ostmark, seinen ersten Renneinsatz hatte er beim Dresdner Autobahnspinne-Rennen im Jahr 1969. Der RS 1000 bestach durch sein elegantes Design und seine spektakulären Flügeltüren. Sein leistungsgesteigerter Zweitakt-Motor (70 PS, 110 km/h) vom Wartburg 335 saß direkt vor der Hinterachse, was das Steuern des Fahrzeuges zu einer anspruchsvolleren Aufgabe werden ließ. Der kleine Kofferraum befand sich unter der Vorderhaube.

Genehmigt war der Bau von genau 101 Rennwagen. Das Haupteinsatzgebiet des Zweisitzers waren Berg- und Straßenrennen. Die Wartezeit betrug erfreulicherweise nur zwei Jahre. Mitte der 70er Jahre, als ungefähr die Hälfte davon produziert war, konnte der RS 1000 aufgrund von Reglementänderungen mit der internationalen Konkurrenz nicht mehr mithalten. Deshalb fanden die Fahrzeuge ab 1974 nur noch im normalen Straßenverkehr Verwendung. Im Jahr 1979 wurden die letzten Vertreter des RS 1000 hergestellt.

Heinz Melkus hatte über die Jahre hinweg noch weitere Rennwagen gebaut, einige davon lediglich als Prototyp, die letzten in Kooperation mit BMW, bevor er sich Ende der 80er Jahre vom Rennwagenbau zurückzog.

Die Rückkehr des Melkus-Traumsportwagens

Nach der Wende hatte Heinz Melkus den ersten BMW-Händlerbetrieb in Ostdeutschland aufgezogen. Im Jahr 2005 verstarb er. Seine Söhne jedoch wollten die Tradition der Melkus-Rennsportwagen wieder aufleben lassen und gründeten 2006 die Melkus Sportwagen KG. In den nächsten beiden Jahren entstanden so fünfzehn originalgetreue Nachbauten des RS 1000.

Doch dabei wollten es die Brüder nicht bewenden lassen. Ein neuer RS schwebte ihnen vor, einer mit moderner Technik – natürlich auch mit Viertakt-Motor –, doch wie ehedem in kleiner Serie handgefertigt. Aus diesen Überlegungen heraus entstand der RS 2000 mit einem Motor von Toyota. Vorgestellt wurde der Flügeltürer 2009 auf der IAA. Seine Spitzengeschwindigkeit betrug 260 km/h, seine Leistung 270 PS. Ihm vorausgegangen war mit nur fünf produzierten Autos der RS 1600 als Übergangsmodell.

Weiterentwicklung mit moderner Technik: Der RS 2000 führt seit 2010 die Geschichte des legendären Rennsportwagens fort. (Foto: © Melkus GmbH)

Auch hinter der Black Edition steckt ein RS 2000, allerdings vollständig in Schwarz gehalten. (Fotos: © Melkus Pressebild)

Zu kaufen gab es den neuen RS 2000 ab 2010 direkt bei der Melkus Sportwagen KG für rund 100.000 Euro. Gebaut wurde allerdings nur nach Vorbestellung. Mehr als 20 Wagen pro Jahr sollten bei Melkus nicht den Betrieb verlassen, so sah es die Philosophie des Unternehmens vor, das mit gerade einmal fünfzehn Mitarbeitern in acht Wochen ein Unikat herzustellen versprach.

Scheitern des Projekts?

Im Jahr 2012 erschien vom RS 2000 die sogenannte Black Edition, eine edle, ganz in Schwarz gehaltene Modell-Serie. Das aufwendige Klavierlackverfahren, das hier zur Anwendung kam, erforderte nicht weniger als sechs Lackierdurchgänge. Passend zur äußeren Erscheinung widmete sich auch das Interieur dieses Melkus vollständig der Farbe Schwarz. Die Black Edition verfügte außerdem über eine erweiterte Serienausstattung mit Carbon-Bodykit, Infotainmentsystem, Hochleistungs-Bremsanlage und eine gesteigerte Performance. Die Leistung des Zweiliter-Turbomotors betrug in der Black Edition 325 PS, die Höchstgeschwindigkeit des Wagens lag bei 270 km/h. Den Grundpreis der neuen Modell-Reihe setzte Melkus auf 149.900 Euro fest.

Melkus hatte aber mit denselben Problemen zu kämpfen wie viele kleine Autohersteller – hohe Investitionen bei einem Mangel an Käufern. Zumal die Ost-Marke zwar in der DDR eine Legende war, diesen Bekanntheitsstatus aber nicht unbedingt im westlichen In- und Ausland für sich beanspruchen konnte. Dass die letzte Modellreihe überhaupt noch zum Verkauf kommen konnte, war ab März 2012 u. a. einem neuen Hauptinvestor zu verdanken, der PVS Fullfilment Service GmbH aus Neckarsulm. Dennoch stellte Melkus bereits im August 2012 einen Insolvenzantrag. Noch gab

man sich zuversichtlich, abermals einen neuen, zusätzlichen Investor oder, wenn es nicht anders ging, Käufer für die kleine Manufaktur zu finden. Eine Zeitlang schien alles in trockenen Tüchern zu sein, da wurde zu Beginn des Jahres 2013 bekannt, dass die Verhandlungen über einen Verkauf der Firma gescheitert waren. Die Insolvenzverwaltung war schließlich in der Lage, die Betriebsausstattung der Melkus Sportwagen GmbH, die den RS 2000 produziert hatte, zu veräußern.

Weil andere Melkus-Unternehmen sowie die Markenrechte davon nicht betroffen sind, kümmert sich in Zukunft die »Melkus Motorsport« um die Herstellung des RS 1000 sowie den Einsatz von RS-2000-GTR-Rennfahrzeugen im Motorsport.

Dennoch bleibt der Melkus-RS vermutlich auch nach der Wende das, was er vorher schon war: eines der am seltensten auf den Straßen zu sehenden Automobile weltweit.

Technisch und leistungsmäßig ließ der RS 2000 in seiner Black-Edition-Ausgabe seine Vorgänger hinter sich. (Fotos: © Melkus Pressebild)

Trotz überzeugender Technik und aufwendigem Herstellungsverfahren wird er wohl eine Rarität bleiben, der Melkus RS 2000 Black Edition. (Fotos: © Melkus Pressebild)

Auffallendes Merkmal am Black Edition RS 2000 waren einmal mehr seine Flügeltüren.(Fotos: © Melkus Pressebild)

MERCEDES

Die Marke mit dem Stern gibt es in dieser Konstellation seit 1926, und bis zum Beginn des Kriegs war Mercedes-Benz nicht nur für qualitativ hochwertige, sondern auch für außerordentlich sportliche Fahrzeuge bekannt – die »weißen Elefanten«, die Kompressor-Sportwagen, mit denen etwa ein Caracciola zum Sportheroen aufstieg , sind bis heute unvergessen. Nach dem Krieg präsentierte das Unternehmen mit dem 300 SL den ersten deutschen Supersportwagen. Zwar sollte in den folgenden Jahrzehnten der Motorsport in den Hintergrund treten – Fahrzeuge wie die SL-Klasse waren weniger sportlich als vielmehr luxuriös –, doch die Verbindung zum Motorsport in all seinen Facetten riss nie ab. Den Performance-Part innerhalb des Konzern spielt heute die ehemalige Tuningfirma AMG.

Der Rennwagen »Blitzen-Benz« wurde von Benz & Cie. in den Jahren 1909 bis 1911 hergestellt und war bereits sage und schreibe 200 PS stark. (Foto: © Daimler AG)

Vorkriegs-Sportwagen

Aus der Fülle der von der Daimler Motoren Gesellschaft DMG, der Firma Benz & Cie. und der 1926 daraus hervorgegangen Firma Daimler-Benz gebauten Fahrzeuge gibt es einige wenige, die schon damals als echte Supersportwagen galten. Die DMG zum Beispiel hatte sich schon kurz nach Ende des Ersten Weltkriegs mit der Leistungssteigerung von Automotoren mittels Kompressoraufladung beschäftigt und entlockte dem neuen 2,6-Liter-Vierzylinder mit V-förmig hängenden Ventilen und obenliegender, via Königswelle betätigter Nockenwelle per Roots-Gebläse respektable 65 PS. Der so motorisierte Wagen hieß Mercedes 10/40/65 PS Sportwagen, wurde 1923/24 insgesamt 360-mal gebaut und lief stramme 120 km/h. Dem 1400 kg schweren Zweisitzer gebührt damit die Ehre, der erste Serien-Pkw mit Kompressoraufladung gewesen zu sein.

Auch Benz & Cie. beschäftigte sich mit dem Bau von Sportwagen, noch in allerbester Erinnerung ist der »Blitzen-Benz« von 1909–1911. Besonders bemerkenswert war der Benz RH Tropfenwagen von 1922, ein Lizenzbau des Rumpler-Tropfenwagens. Die Mannheimer entwickelten daraus einen offenen Rennwagen mit 80 PS starkem Zweiliter-Sechszylinder im Heck, der bis 1923 vier Mal gebaut wurde. Davon abgeleitet entstanden Ende 1924 auch einige zivile Sportversionen mit vier Sitzplätzen.

Zu den berühmtesten Modellen der Vorkriegszeit avancierten die nach der Fusion gebauten Kompressor-Sportwagen S, SS und SSK. Diese waren gleichermaßen Renn- als auch zivile Sportwagen für ambitionierte Herrenfahrer. »S« stand für »Sport« und bescherte dem zivileren 630 K ein neues Fahrgestell mit tieferem Schwerpunkt und eine günstigere Motor-Einbaulage. Dadurch verbesserte sich die Gewichtsverteilung. Erster S-Typ war der wegen seines Hubraums auch 680 S genannte Mercedes S von 1927 mit 6,8-Liter-Sechszylinder und Doppelzündung mit zwei Zündkerzen pro Zylinder, gefolgt vom 1928 erschienenen 710 SS mit auf 7,1 Liter aufgebohrtem Motor. »SS« stand für Super-Sport, und dieser Name war Programm. Dank höherer Verdichtung und anderer motorischer Maßnahmen (bis hin zur besseren Schwingungsdämpfung der Kurbelwelle) waren zwischen 140 und 160 PS im Normalfahrbetrieb drin. Schaltete man per Fußkick den Kompressor zu – was aber nur für einige Sekunden empfohlen wurde, um den Motor nicht zu überlasten –, waren 200 PS erreichbar. Auf besonderen Wunsch bekam man den SS mit einem leistungsgesteigerten, höher verdichteten Motor. 225 PS waren kurzzeitig abrufbar, die Bremsleistung indes stand nicht annähernd im Verhältnis zum ungestümen Vorwärtsdrang.

Vollends zur Legende wurden die Sportcabriolets durch den vom 710 SS abgeleiteten (und nur 29 Mal ausgelieferten) 720 SSK – das »K« wiederum stand für den »kurzen« Radstand von 2950 m statt der üblichen 3400 mm. Damit war der SSK nicht nur kürzer, sondern auch um gut 100 kg leichter. Die Motoren stammten im Wesentlichen vom 710 SS – sie leisteten maximal 200, 225 oder gar 250 PS. Ausschließlich für den Motorsport gebaut wurden 1931 vier gewichtsreduzierte SSKL-Rennwagen, die bis zu 300 PS leisteten.

Ohne rennsportliche Ambitionen, aber ungemein sportlich wirkten die atemberaubend schönen Spezial-Roadster auf Basis des 500 K und 540 K. Von den bis 1936 geschaffenen 343 Exemplaren der Baureihe 500 K waren ganze 25 derart gezeichnete Roadster, geschaffen im hauseigenen Karosseriewerk Sindelfingen. »K« stand nun nicht mehr für »Kurz«, sondern für »Kompressor«. Der 500 K brachte bis zu 160 PS, seine Nachfolge traten die 540-K-Modelle an, deren spektakulärster Vertreter der nur ein halbes Dutzend Mal gebaute Autobahn-Kurier war, der bis Februar 1937 gebaut wurde.

Mercedes-Benz Typ S (oder 680 S) mit Saoutchik-Karosserie, Baujahr 1928. Dieses Fahrzeug gewann beim Pebble Beach Concours d'Elegance 2012 den Titel »Best of Show« (Foto: © Daimler AG).

Wahrhaft ein Traumwagen: Mercedes-Benz 500 K Spezial-Roadster aus dem Jahr 1936. (Foto: © Daimler AG)

Mercedes SSK und 710 SS Rennsport bei den Mercedes-Benz Classic Days 2008 in Großbritannien. (Foto: © Daimler AG)

Dieser Kompressor-SSK kam 2012 beim Großglockner-Grand-Prix zum Einsatz. (Foto: © Daimler AG)

Die SL-Familien
Baureihe W 198

Die Entscheidung für den Serienbau des 300 SL fiel nach einer Anregung des US-Importeurs Maxie Hoffman: Er, der BMW wie auch Porsche vertrieb, forderte die Stuttgarter auf, endlich einen Supersportwagen anzubieten. Dieser debütierte 1954 zu einem Preis von 29.000 Mark – und verkaufte sich vor allem in den USA unter dem Spitznamen »Gullwing« (Mövenflügel) wesentlich besser als der BMW 507. Zum Markenzeichen des rund 1400-mal gebauten Sportcoupés wurden die nach oben öffnenden Türen, die kein Designgag, sondern technische Notwendigkeit waren: Die von Karl Wilfert und Friedrich Geiger geformte Stahlblech-Karosserie – es gab auch einige wenige Alu-Ausführungen – war eine Weiterentwicklung des nur für Rennzwecke gebauten 300 SL (W 194) von 1952 und basierte auf einem rund 50 Kilo leichten Gitterrohrrahmen. Das kniehohe Rohrgeflecht ließ keinen Platz, um konventionell öffnende Türen anzuschlagen, daher wurden die Scharniere ins Dach verlegt. Das Fahrwerk selbst stammt im Wesentlichen von der 300er-Limousine. Für Vortrieb sorgte ein Sechszylinder-Reihenmotor, die Kraftstoffversorgung übernahm eine Benzin-Direkteinspritzung von Bosch. 215 PS waren ein atemberaubender Wert angesichts des niedrigen Gewichts, bei entsprechender Hinterachsübersetzung waren 250 km/h und mehr möglich. Gebaut zwischen 1954 und 1957, folgte dann 1958 die schwäbische Antwort auf den atemberaubenden BMW 507, auch der ein Wunsch des rührigen US-Importeurs (der inzwischen nicht mehr über Hoffman, sondern über das Studebaker-Netz erfolgte). Der Umbau vom Flügeltürer zum Roadster erforderte weit mehr als den klugen Einsatz einer Trennscheibe, der 300 SL Roadster (Baureihe W 198 II) war nicht bloß ein »Gull« ohne »wing«: Der geänderte Aufbau mit konventionell öffnenden Türen erforderte ein neues Karosseriegerüst, wiewohl es bei dem separaten Rahmen blieb. Beibehalten wurde auch der Sechszylinder-Motor mit Benzin-Direkteinspritzer und Trockensumpfschmierung, die Leistungsausbeute fiel allerdings etwas geringer aus als beim geschlossenen Bruder. Am Ende der 300-SL-Laufzeit kam noch kurzfristig eine Leichtmetallausführung des Motors zum Einsatz. Novitäten waren die neue Eingelenk-Pendelachse sowie die ab 1961 verfügbaren Dunlop-Scheibenbremsen. Der Roadster kostete 32.500 Mark und wurde in insgesamt 1858 Exemplaren verkauft. Nach seinem Produktionsende hatte Daimler-Benz für Jahrzehnte keinen Supersportwagen mehr im Angebot.

Das 300-SL-Coupé der Baureihe W 198 wurde von 1954 bis 1957 gebaut und unter dem Namen »Gullwing« weltberühmt. Hier ein solcher Wagen bei der Mille Miglia 2013. (Foto: © Daimler AG)

Der 300 S der Baureihe W 198 (links im Bild) basierte auf dem 300 SL Rennsportwagen W 194 von 1952, von dem hier rechts zwei Exemplare zu sehen sind. Das Bild entstand bei der Le Mans Classic 2012, 60 Jahre, nachdem Mercedes mit zwei 300-SL-Rennsportwagen in Le Mans einen Doppelsieg eingefahren hatte. (Foto: © Daimler AG)

Die Flügeltüren des Mercedes-Benz 300 SL sind ein einzigartiger Blickfang. (Foto: © Daimler AG)

Der zum Roadster umgebaute 300 SL der Baureihe W 198 II: ohne Flügeltüren, gebaut von 1957 bis 1963. (Foto: © Daimler AG)

Der 300 SL Roadster wurde insgesamt 1858 Mal verkauft. Foto: © Daimler AG)

Baureihe W 113

Der »Pagoden-SL« war trotz der magischen beiden Buchstaben kein Nachfolger für den 300 SL: Mainstreamtauglich und nicht zu teuer, ersetzte er in erster Linie den kleinen 190 SL. Den Spitznamen »Pagode« verdankte der W 113 dem Schnitt seines Hardtops. Dieses Leichtmetall-Dach gehörte allerdings nicht zum serienmäßigen Lieferumfang des Roadsters, für Wind- und Wetterschutz gab es ein leichtes Klappverdeck. Fahrwerk und Bodenanlage stammten von der Limousinenbaureihe, der »Heckflosse« ab, allerdings waren hier 14-Zoll-Räder statt der bis dahin üblichen 13-Zöller aufgezogen worden. Der Motor war eine hubraumgrößere Variante des M-127-Motors aus dem 220 SEb (W 111). Die Premiere erfolgte auf der IAA 1963, auf jener IAA, auf der auch Porsche seinen 911 präsentierte. Zunächst einziges Modell war der 230 SL mit einer Leistung von 150 PS und einer Höchstgeschwindigkeit von 200 km/h. Der 230 SL wurde bis 1967 gebaut, insgesamt entstanden 19.831 Stück. Die deutsche Preisliste begann bei 22.200 Mark.

Die erste Modellreihe des »Pagoden-SL« hörte auf die Bezeichnung 230 SL und erschien 1963. (Fotos: © Daimler AG)

Mit gleicher Karosserie folgten der nur zwischen Ende 1966 und Anfang 1968 in 5196 Exemplaren gebaute 250 SL mit dem 2,5-Liter-Sechszylinder aus dem W 108 / W 111, der sich weder optisch noch in der Leistung vom 230er unterschied. Auf dieses Zwischenmodell folgte dann der bis 1971 gebaute 280 SL mit dem in der Leistung auf 170 PS gesteigerten 2,8-Liter-Motor aus dem 280 SE. Über drei Viertel der insgesamt 23.885 gebauten Exemplare gingen in den Export.

Unabhängig von der Motorausstattung wurde der Zweisitzer serienmäßig immer mit Viergang-Handschaltung angeboten, Fünfgang-Handschaltung und Viergang-Automatik blieben bis zum Auslaufen der Modellreihe im Februar 1971 auf der Liste der aufpreispflichtigen Wunschausstattungen.

Rallye Lüttich–Sofia–Lüttich, 1963. Die späteren Sieger Eugen Böhringer und Klaus Kaiser mit ihrem 230 SL. Allerdings war der W 113 kein Wagen, der besonders oft in Wettbewerben eingesetzt wurde. (Foto: © Daimler AG)

Blick auf Lenkrad und Armaturen im 280 SL. (Foto: © Daimler AG)

Als 250 SL wurde der W 113 nur gut ein Jahr lang gebaut. (Foto: © Daimler AG)

Über drei Viertel der insgesamt 23.885 gebauten Exemplare des 280 SL gingen in den Export. (Foto: © Daimler AG)

Béla Barényi vor einem Mercedes-Benz 280 SL. (Foto: © Daimler AG)

Baureihe R/C 107

18 Jahre sollte dieses Auto im Programm bleiben – und wurde völlig zu Recht nie als Sportwagen vermarktet, eher als leistungsstarker Luxus-Zweisitzer. Doppelquerlenker-Vorderachse, Schräglenker-Pendelhinterachse, 70er-Reifen, Vierspeichen-Sicherheitslenkrad, profilierte Rückleuchten – all das teilte sich der neue SL mit der seinerzeit aktuellen S-Klasse (W 116).

Zunächst debütierte 1971 der 350 SL mit 3,5-Liter-Achtzylinder und 200 PS. Das auch in den Limousinen der Baureihen W 108, W 109 und W 111 verwendete Aggregat beschleunigte den immerhin 1600 Kilogramm schweren Zweisitzer von null auf 100 km/h in 9 Sekunden, die Höchstgeschwindigkeit lag bei 210 km/h. 1973 folgte der bislang nur in den USA angebotene 450 SL in der Europa-Ausführung mit 225 PS und einer Spitze von 215 km/h. Er absolvierte den Standardsprint von null auf 100 km/h in 8,8 Sekunden. Im Juli 1974 schließlich folgte als Einstiegsmotorisierung der 280 SL mit dem 2,8-Liter-Sechszylinder der »Strich-Acht«-Baureihe W 114/115 mit 185 PS. Die Höchstgeschwindigkeit betrug 205 km/h, der Standardsprint war in 10,1 Sekunden abgehakt.

Im Jahr 1980 ersetzte der 380 SL (218 PS, 215 km/h) den bisherigen 350er, gleichzeitig wich der 450er dem neuen 500 SL mit Fünfliter-Leichtmetall-V8 und 241 PS. Das neue Spitzenmodell beschleunigte in 7,8 Sekunden und lief 225 km/h. Beim 500er serienmäßig war eine Vierstufenautomatik. Der Verkaufspreis des 500ers in Deutschland startete bei 61.900 Mark und lag damit um fast 17.000 Mark über dem Basis-280er. Außerdem gab es Feinarbeit an Technik und Interieur, wobei die Technik wo immer möglich der S-Klasse (W 126) angeglichen wurde. In dieser Form liefen die Autos dann zunächst bis zum Facelift von 1985 – äußerlich kaum voneinander zu unterscheiden, nur der 500er hatte eine kleine, dezente Spoilerlippe am Heck.

Mercedes-Benz 350 SL der ersten Serie. (Foto: © Daimler AG)

Nach der umfassenden Modellpflege zur IAA 1985 umfasste die Modellreihe die Typen 300 SL, 420 SL, 500 SL sowie 560 SL, jeweils in zwei Leistungsstufen mit Abgaskatalysator und etwas geringerer Leistung sowie als sogenannte RÜF-Version (Rückrüstfahrzeug) ohne Katalysator zu haben. Das Leistungsspektrum der Kat-Modelle reichte von 180 bis 231 PS, die RÜF-SL brachten zwischen 190 und 245 PS auf die Straße. Die Produktion der Baureihe R 107 endet im August 1989 nach insgesamt 237.287 Stück.

Längst nicht so erfolgreich agierte die Coupé-Baureihe mit dem Kürzel »C 107«. Der SL mit vier Sitzen und 36 cm längerem Radstand erschien ein halbes Jahr nach dem Debüt des 350 SL und war bis zur A-Säule mit dem Roadster identisch, auch die Technik entsprach der des Zweisitzers. Bis 1980 wurde den jeweiligen offenen SL eine entsprechende SLC-Variante zur Seite gestellt, nach der Modellpflege 1980 wurden aber nur noch der 380er mit dem Leichtmetall-Triebwerk als Nachfolger des bisherigen 350 und der 500 SLC weitergebaut. Allerdings endete auch deren Fertigung bereits im Jahr darauf. Es waren 62.888 Exemplare entstanden – darunter knapp 3000 Einheiten des Spitzenmodells 450 SLC 5.0 (241 PS, 225 km/h), der im September 1977 vorgestellt worden war. Motor- und Kofferraumhaube diese Flaggschiffs der Modellreihe bestanden aus Aluminium, zudem hatte es serienmäßig Leichtmetallfelgen und einen Spoiler am Heck. Damit bestritten die Stuttgarter zwischen 1978 und 1980 einige Rallye-Veranstaltungen, wobei die Langstreckenwettbewerbe den schweren Coupés besonders lagen.

Der 3,5-Liter-Achtzylinder des 350 SL werkelte auch in den Limousinen der Baureihen W 108, W 109 und W 111. (Foto: © Daimler AG)

Der Mercedes-Benz 380 SL (R 107) löste 1980 seinen Vorgänger, den 350 SL, ab. (Foto: © Foto: Daimler AG)

Mercedes-Benz 450 SLC der Baureihe C 107 auf der Einfahrbahn in Untertürkheim. (Foto: © Daimler AG)

1980 ersetzte der neue 500 SL den bis dahin angebotenen 450 SL. (Foto: © Daimler AG)

Das Spitzenmodell Mercedes-Benz 560 SL nach der umfassenden Modellpflege von 1985. (Foto: © Daimler AG)

Baureihe R 129

Nach der extrem langen Laufzeit des Vorgängers waren die Erwartungen an den Nachfolger außerordentlich hoch, immerhin galt es, eine veritable Legende zu ersetzen. War schon der R 107 kein beinharter Sportwagen gewesen, so war der von Bruno Sacco gezeichnete R 129 erst recht keiner: Der SL war ein eleganter Gleiter, ein Grand Turismo alter Schule, der seine Passagiere entspannt und vor allem sicher ans Ziel brachte. Stichwort Sicherheit: gerade in diesem Punkt hatten die Erfinder des Automobils kräftig zugelegt. Hinter den mit Integralgurten versehenen Sitzen verbarg sich ein im Notfall innerhalb von 0,3 Sekunden hochschnellender Überrollbügel. Außerdem feierte in diesem Auto das Windschott Weltpremiere. Ein adaptives Dämpfungs-System ADS stand auf der Aufpreisliste, die Festsattel-Scheibenbremsen gab es bei allen serienmäßig. Absolutes Highlight war das elektrohydraulisch öffnende Verdeck, das unüberhörbar surrend und schnarrend binnen 30 Sekunden den Himmel frei machte. Hintere Notsitze gab es – anders als in den Vorgängern – auch gegen Aufpreis nicht mehr. Das Fahrwerk war eine Mischung aus den Komponenten der kleineren (W 201) und mittleren (W 124) Baureihe, auch die Reihensechszylinder-Motoren kannte man in Prinzip vom W 124. Einstiegsmodell war der 102.200 Mark teure 300-SL-Zweiventiler mit jetzt 190 PS, gefolgt vom 240 km/h schnellen 300 SL-24 mit vier Ventilen pro Zylinder und 231 PS. Die Nachfolger beider Modelle, gebaut von 1993 bis 1998, hießen dann SL 280 (2,8 Liter Hubraum, 193 PS) und SL 320 (231 PS). Nach der Modellpflege 1998 wurden sie auf Dreiventil-V6-Motoren umgestellt, verbunden mit einem moderaten Leistungszuwachs.

Am oberen Ende der Modellpalette angesiedelt zeigte sich der 500 SL, beflügelt von einem 326 PS starken 5,0-Liter-V8-Vierventilmotor aus Leichtmetall, einer Weiterentwicklung des bisherigen Fünfliter-Motors. Aus dem Stand beschleunigte das Topmodell in 6,2 Sekunden von null auf 100 km/h, die Höchstgeschwindigkeit lag, elektronisch abgeriegelt, bei 250 km/h. 1992 wurde am oberen Ende noch einmal angebaut, zum neuen Flaggschiff avancierte der 600 SL mit dem Vierventil-V12 aus der zunächst arg gescholtenen S-Klasse der Baureihe W 140. Alle nur denkbaren Technikfeatures waren an Bord – beispielsweise Automatikgetriebe, Tempomat, Antischlupfregelung, Sperrdifferenzial, ABS und 16-Zoll-Räder. Das Spitzenmodell war rund eine Viertelmillion Mark teuer und hieß ab 1993 SL 600 – wie bei allen anderen Baureihen auch war die Folge aus Ziffern und Buchstaben umgestellt worden. Innovationen wie das ESP-System von 1995, das ADS mit Niveau-Regulierung an Vorder- und Hinterachse und Goodies wie Tempomat, automatisch abblendende Innenspiegel, Scheinwerfer-Reinigungsanlage, Klimatisierungsautomatik, Lederausstattung und Sitzheizung gehörten zum Lieferumfang, ebenso die beiden verchromten »V12«-Embleme, die ihn vom 500er unterschieden. Dafür wurde ein stolzer Aufpreis fällig, der 600er war mehr als 60.000 DM teurer als der Typ 500 SL. Grundsätzlich gehörte ein Hardtop zum Serienumfang des noblen Roadsters. Das 34 Kilo schwere Dach bestand aus Alu. Es war so perfekt abgedichtet, dass die Windgeräusche aufs Niveau einer Limousine reduziert wurden – viele Coupé-Liebhaber nutzten darum den SL mit stets aufgesetztem Hardtop. Ständig im Detail verfeinert – wesentliche Modellpflegemaßnahmen erfolgten 1995 und 1998 – lief die Produktion der R-129-Reihe dann 2001 aus. Insgesamt waren 204.940 Exemplare entstanden.

Die neue Baureihe R 129 erschien 1989 auf dem Markt. Im Bild das Einstiegsmodell Mercedes-Benz 300 SL. (Fotos: © Daimler AG)

Blick auf Lenkrad und Armaturen der SL-Klasse der Baureihe R 129 nach der zweiten großen Modellpflege im Jahr 1998. (Foto: © Daimler AG)

SL 500 der zweiten Generation, also nach der 1995 durchgeführten Modellpflege. (Fotos: © Daimler AG)

SL 280 der dritten Generation der Baureihe R 129. (Foto: © Daimler AG)

Baureihe R 230

Mit dem R 230 erfand Mercedes den SL neu: Fast ein wenig zu behäbig war er geworden, der R 129, der R 230 wurde deutlich muskulöser. Seine Premiere hatte er im Juli 2001 bei den Deichtorhallen in Hamburg mit dem SL 500, der schon im Vorgänger meistverkauften Motorvariante. Unter der Haube säuselte der bekannte Aluminium-V8 mit 306 PS. Im Herbst 2001 gesellte sich der Typ SL 55 AMG mit einem neuen V8-Kompressormotor dazu. Der damals stärkste Mercedes-Benz-Personenwagen entwickelte 476 PS und kam 2001 und 2002 als offizieller Safety Car der Formel 1 zum Einsatz. Doch selbst der SL 55 AMG hatte noch Luft nach oben: Im Laufe der Bauzeit erstarkte er auf 500, später dann sogar auf 517 PS. Was sich nicht änderte, waren das überragende Fahrgefühl, die Sicherheit und der Fahrkomfort, zu dem auch die geschmeidige Fünfgang-Automatik mit Lenkradschaltung per Tastendruck beitrug.

Zumindest im Vergleich mit dem SL 55 AMG war der 79.982 Euro teure SL 350 mit 245 PS und 3,7-Liter-V6-Motor von 2002 geradezu volkstümlich ausgepreist. Ihm folgten später Varianten mit 272 PS und – 2008 – 316 PS. Serienmäßig war ein Sechsganggetriebe mit Lenkradbedienung über zwei Schaltwippen; die elektronisch gesteuerte Fünfgangautomatik mit Tippschaltung stand auch für diesen Typ auf der Aufpreisliste.

Im Januar 2003 schließlich krönte der SL 600 mit 5,5-Liter-V12-Biturbomotor und 500 PS die Baureihe, und dass sich auch das noch toppen ließ, bewies die AMG-Ausführung vom April 2004: Der Biturbo im SL 65 AMG leistete 612 PS und wuchtete unglaubliche 1000 Nm Drehmoment auf die Kurbelwelle. Offiziell wurde der SL 65 bei 250 km/h abgeregelt, bei Testfahrten in Nardo ohne elektronische Drossel wurden 338 km/h gemessen. Der High-End-SL kostete über 220.000 Euro und unterschied sich in vielen Details (Fünfstufen-Speedshift-Automatik, ABC-Fahrwerk, Hochleistungs-Bremsen, Lamellen-Sperrdifferenzial, Zusatz-Motorölkühler) von den günstigeren SL-Versionen.

Abseits der antriebsseitigen Highlights gab es auch noch jede Menge weiterer technischer Besonderheiten zu entdecken, beispielsweise das bei allen Ausführungen vorhandene dreiteilige Vario-Blechdach, das innerhalb von 16 Sekunden im Heck verschwand. Notsitze gab es nicht, wohl aber eine kleine Heckablage.

Trotz der geballten Ladung neuer Features hielt der mit reichlich Aluteilen aufgebaute Zweitürer das Gewichtsniveau des Vorgängers R 129. Als erstes Auto der Welt ließ sich der SL serienmäßig und computergesteuert via SBC-Bremse elektrohydraulisch verzögern. Das Fahrwerk (vorn Vierlenkerachse, hinten Raumlenkerkonstruktion, Zahnstangenlenkung und wahlweise ABC-System) war eine komplette Neuschöpfung.

Die Modellgeschichte verzeichnet zwei große Modellüberarbeitungen. Im Jahre 2006 wurden vor allem Motoren, Antrieb – u.a. Einführung einer Siebengang-Automatik, SL 500 mit 5,5- Liter-V8 und 388 PS – und Fahrwerk sportlicher abgestimmt, beim zweiten Facelift Anfang 2008 fiel nicht nur der SL 55 AMG zugunsten des SL 63 AMG mit 525 PS starkem V8-Saugmotor aus dem Programm, sondern auch das bis dato Mercedes-typische Vieraugen-Gesicht, das die Frontansicht prägte. Zur aktuellen Frontoptik mit Bi-Xenon-Scheinwerfern im neuen Familienstil gesellten sich neue Motoren und zusätzliche Ausstattungen wie das Telematiksystem oder die Nackenheizung (Air-Scarf). Außerdem baute Mercedes-Benz am unteren Ende der Modellpalette weiter,

Ein Mercedes-Benz SL 500 der Baureihe 230 aus der ersten Generation von 2001. Er kam mit dem schon beim SLK bewährten Variodach. (Foto: © Daimler AG)

der SL 280 als Modell für Einsteiger war mit einem 231 PS starken Dreiliter-V6-Motor ausgestattet. Selbstverständlich blieb es beim elektrisch bedienbaren Klappdach. Insgesamt entschieden sich rund 170.000 Käufer für einen der Sportwagen aus dem Werk in Bremen. Der von 2001 bis 2007 produzierte SL 55 AMG mit V8-Kompressormotor wurde über 21.500 mal verkauft, vom SL 63 AMG mit 6,3-Liter-V8-Saugmotor waren es rund 5000 Exemplare.

Mercedes-Benz SL 500 nach der zweiten, größeren Modellpflege im Jahr 2008. (Fotos: © Daimler AG)

Ab 2008 erhältlich: Das neue Einsteiger-Modell Mercedes-Benz SL 280 mit 231 PS starkem Dreiliter-V6. (Foto: © Daimler AG)

Baureihe R 231

Zurück zu den Wurzeln: Die Buchstaben »SL« standen ursprünglich für »super-leicht«, aber superleicht waren die offenen Luxusliner im Grunde ihrer Ölwanne genommen schon lange nicht mehr. In der nunmehr sechsten SL-Generation erinnerte man sich der alten Tugenden und setzte den R 231 auf Diät: Der neue SL war zum ersten Mal fast vollständig aus Aluminium gefertigt und wog bis zu 140 Kilogramm weniger als der Vorgänger. Den hochsteifen Vollaluminium-Rohbau ergänzten einige wenige Teile aus anderen Materialien: Für die Abdeckung hinter dem Tank verwendeten die Konstrukteure teilweise Magnesium, und in die A-Säulen waren aus Sicherheitsgründen hochfeste Stahlrohre eingezogen.

Zeitgemäß sauber und sparsam präsentierte sich auch die revidierte Motorenpalette. Der neue 4,7-Liter-V8 im SL 500 leistete 435 PS, schob mit 700 Nm den Asphalt nach hinten und verbrauchte doch um bis zu 22 Prozent weniger als der Vorgänger. Im SL 350 werkelte ein neuer 3,5-Liter, das V6-Aggregat leistete 306 PS und lag im Normverbrauch bei 6,8 Litern auf 100 km. Das wurde zwar nach völlig realitätsfernen Normen gemessen, machte sich aber im Prospekt ausgesprochen gut und freute des Käufers Herz, der mindestens 93.534 Euronen ausgeben musste. Beide Motorvarianten waren serienmäßig mit Start-Stopp-Funktion und Siebengang-Automatikgetriebe ausgerüstet, aber alles andere als träge: Der SL 350 spurtete in 5,9 Sekunden von null auf 100 km/h und war damit um drei Zehntel schneller als sein Vorgänger, der 500er unterbot mit 4,6 Sekunden den Vorgänger gar um acht Zehntel. Als Folge daraus sank das Volumen des Kraftstoffbehälters von 80 Litern auf 65 Liter. Das elektrische Variodach, bekannt aus dem Vorgänger, aber mit verfeinerter Mimik, war gesetzt, neu war die Variantenvielfalt: Der Käufer bekam es lackiert, als Glasdach oder als Panoramadach mit änderbarer Transparenz. Das vollständige Öffnen oder Schließen der Blechmütze erfolgte in weniger als 20 Sekunden.

Die Neuauflage des SL 63 AMG mit dem 5,5-Liter-V8 erschien dann im Mai 2013, erstmals in zwei Leistungsstufen zu haben. 537 beziehungsweise 564 PS (mit optionalem AMG Performance Package) trafen hier auf ein Leergewicht von 1845 Kilogramm. Selbstverständlich waren alle denkbaren Fahrdynamik- und Assistenzsysteme vollzählig angetreten, zu den AMG-Besonderheiten gehörten das Sportfahrwerk, die neue Sport-Parameterlenkung, die Verbundbremsanlage, das Siebengang-Sportgetriebe und die besondere Frontpartie mit dem neuen »Twin blade«-Kühlergrill. Wer sich diesen Traumwagen leisten wollte, musste mindestens 157.675 Euro anlegen, für das Performance-Package waren weitere 14.280 Euro fällig.

Der Mercedes-Benz SL 500 der aktuellen Baureihe R 231, die seit 2012 auf dem Markt ist. (Foto: © Daimler AG)

Mercedes-Benz SL 350 (R 231) mit neuem V6-Motor. (Fotos: © Daimler AG)

Das Variodach im SL war auch in einer Panorama-Ausführung mit veränderbarer Transparenz erhältlich. (Foto: © Daimler AG)

SLR McLaren

Eine Studie des rassigen SLR war bereits im Januar 1999 in Detroit zu sehen. Die Weltpremiere des Coupés erfolgte auf der IAA 2003, gebaut wurde es beim Mercedes-Formel-1-Partner McLaren in England. Chassis und Karosserie des Boliden bestanden aus Kohlefaser. Der vorn platzierte 5,4-Liter-Dreiventil-V8 stammte von Mercedes-AMG. Er leistete hier dank Aufladung via Schraubenkompressor (zwischen den Zylinderbänken) und wassergekühlten Ladeluftkühlern 626 PS. Das maximale Drehmoment betrug 780 Nm, eine Fünfstufen-Automatik übertrug die Kraft zur Hinterachse. Der mit allen Komfortfeatures ausgestattete, 435.000 Euro teure Zweisitzer schaffte den Spurt von null auf hundert in 3,8 Sekunden, die gleiche Übung bis 200 km/h dauerte 10,6 und bis 300 km/h genau 28,8 Sekunden. Ende 2007 lief die Fertigung des Coupés nach 1400 Einheiten aus, darunter 150 Exemplare der attraktiven »722«-Sonderserie. In den Jahren 2006 und 2007 wurde der SLR McLaren auch in einer Roadster-Variante gebaut, deren Anschaffung das Konto mit knapp einer halben Million Euro belastete.

Auch der SLR McLaren Roadster entstand im englischen Woking in der Fabrik des damaligen Formel-1-Partners McLaren unter reichlicher Verwendung von Carbonteilen. Die Kompressormotoren – hinter der Vorderachse installiert – baute AMG auf, verzögert wurde über Keramikbremsen und eine sich automatisch aufstellende Luftbremse am Heck.

Nach dem Ende der F1-Partnerschaft führt McLaren das Supersportwagenprojekt in Eigenregie weiter, Mercedes bietet dagegen den SLS AMG an.

Der Motor des SLR war sehr tief und weit nach hinten versetzt eingebaut (Front-Mittelmotor). Der V8 mit 5,4 Litern Hubraum leistete 626 PS. (Foto: © Daimler AG)

Der Supersportwagen SLR McLaren wurde von Mercedes und McLaren gemeinsam entwickelt und griff das Prinzip der »Schmetterlingstüren« auf. (Foto: © Daimler AG)

In der Roadster-Variante wurde der SLR McLaren 2006 und 2007 gebaut. (Fotos: © Daimler AG)

Der SLR Stirling Moss setzte den Schlusspunkt unter die gesamte SLR-Produktion. Diese Variante wurde 75 Mal gebaut. (Foto: © Daimler AG)

190 SL und SLK

Zeitgleich mit dem von Rudolf Uhlenhaut, dem damaligen Leiter der Pkw-Entwicklung, als Rennsportwagen konzipierten 300 SL entstand auf Anregung des amerikanischen Daimler-Benz-Generalvertreters Max Hoffmann in New York ein kleiner offener Sportwagen. Das Ergebnis war der 190 SL (Baureihe W 121), der im Februar 1954 gemeinsam mit dem 300 SL auf der Internationalen Motor Sports Show in New York debütierte. Während der 300 SL als Supersportwagen je nach Hinterachsübersetzung bis zu 260 km/h lief, eignete sich der 190 SL mit seinem vom Typ 180 abgeleiteten anspruchslosen Triebwerk eher als Boulevard-Gleiter. Ab Ende 1959 bekam man neben dem Klappverdeck optional ein Hardtop mit großem Heckfenster – damit versehen, ähnelte der Wagen dem 300 SL. Er kostete jedoch »nur« 16.500 Mark, für das Coupédach waren weitere 1150 Mark fällig. Gebaut zwischen Januar 1955 und Februar 1963, wurden von dem Soft-Sportler 190 SL insgesamt 25.881 Exemplare gebaut.

Erst drei Jahrzehnte später präsentierte Mercedes-Benz mit der SLK-Baureihe wieder einen unterhalb des SL angesiedelten offenen Zweisitzer. Der ab 1996 gebaute SLK (Schnell-Leicht-Kurz) war ein kleiner, feiner Roadster, der ab 1996 die Hallen im Bremer SL-Werk verließ, zunächst mit zwei Vierzylindern aus dem Pkw-Programm, als 136 PS starker Zweiliter (SLK 200) und als 2,3-Liter-Kompressor (SLK 230) mit 193 PS. Weitere Varianten folgten, so auch die AMG-Variante SLK 32 AMG. Die Preise begannen bei 52.900 Mark für die Einstiegsvariante. Eine Klasse für sich war das elektrisch betätigte, zweiteilige Blech-Variodach. Es faltete sich binnen 25 Sekunden zusammen und machte aus dem knapp geschnittenen Coupé einen offenen Zweisitzer (wenn auch der Kofferraum dann auf ein Minimum schrumpfte). ASR, Sidebags und Bremsassistent gehörten zur Serienausstattung, bald kam auch das ESP hinzu. Mitte 2004 folgte die zweite SLK-Generation, ihr Kennzeichen war die – nicht unumstrittene – Frontgeschaltung. Die technische Basis stellte wiederum die aktuelle C-Klasse (W 203). Gebaut wurde der SLK, genau wie sein Vorgänger, im Werk Bremen. Er behielt das versenkbare Blech-Klappdach und gewann die optionale Nackenheizung (Air-Scarf) hinzu. Von Anfang an angeboten wurden drei Versionen: Der SLK 200 Kompressor (163 PS), der SLK 350 (272 PS) und der SLK 55 AMG mit 360 PS starkem V8-Saugmotor, letzterer bekannt auch als F1-Pace-Car. Mitte 2006 schob Mercedes eine Sonderserie des um 45 kg gewichtsreduzierten SLK 55 AMG mit festverschraubtem Coupédach und 400 PS nach – Kostenpunkt: 107.300 Euro. Bei der Modellpflege Anfang 2008 (Frontstoßfänger mit größeren Lufteinlässen, Diffusoroptik am Heck, neue Außenspiegel) bekam der SLK auch einen neuen 3,5-Liter-Sechszylinder, bis zum Auslaufen der Modellreihe setzte sich die Modellfamilie zusammen aus dem 200 Kompressor (auf 184 PS erstarkt), dem SLK 280 (231 PS), dem SLK 350 (272 PS) und dem SLK 55 AMG (360 PS). Bis auf die AMG-Variante waren bei allen anderen SLK Sechsgang-Schaltgetriebe serienmäßig; für den 280 und den 350 stand optional eine Siebenstufen-Automatik bereit.

Am 26. März 2011 feierte dann die dritte SLK-Generation ihre Premiere im Handel, die neue Optik im SL-Stil ließ den Zweisitzer wesentlich harmonischer erscheinen. Die drei zunächst angebotenen Ausführungen SLK 200, 250 und 350

Erbte die Eleganz des berühmteren 300 SL, war aber wesentlicher preiswerter: der Mercedes-Benz 190 SL von 1955. (Foto: © Daimler AG).

deckten ein Leistungsspektrum von 184 bis 306 PS ab, die Preisspanne reichte von 38.675 bis 52.300,50 Euro. Zum Modelljahr 2012 wurde eine Diesel-Variante nachgeschoben (204 PS, 41.828,50 Euro) und der SLK 55 AMG mit neu entwickeltem 5,5-Liter-V8-Motor (422 PS) rundete das Angebot ab. In dieser Ausführung kostete der Zweisitzer mindestens 72.590 Euro, war aber, wenn man den Testberichten glauben mochte, jeden Cent davon wert.

1996 kam dann der SLK der Baureihe R 170 auf den Markt – als Roadster mit Variodach. (Foto: © Daimler AG)

Eine erste SLK-Studie entstand 1994. Ein Dach war zu diesem Zeitpunkt gar nicht vorgesehen. (Foto: © Daimler AG)

SLK 200 von 2004. Die zweite SLK-Generation lief intern als Baureihe R 171. (Fotos: © Daimler AG)

SLK 350 der dritten Generation, Baureihe R 172. (Foto: © Daimler AG)

Studienstücke und Prototypen

Der C 111, erstmals präsentiert auf der IAA im September 1969, war wirklich nur ein Versuchsträger für den Kreiskolbenantrieb. Dennoch wurden jede Menge Blankoschecks ausgestellt. Mercedes-Benz hatte damit schlicht und einfach den Geschmack jener Zeit getroffen, so ein Auto hätte die Kunden glücklich gemacht. Fahrwerk und Aufbau waren durchaus innovativ geraten: Der C 111 nutzte einen Stahl-Gitterrohrrahmen mit aufgeklebter Karosserie aus glasfaserverstärktem Kunststoff. Zwei Überrollbügel – einer im Rahmen der Frontscheibe, der andere hinter den Sitzen – bildeten zusammen mit einem Mittelsteg eine crashabsorbierende Fahrgastzelle. Und an der Längsstrebe hingen die nach oben öffnenden Flügeltüren. Vorn fand sich eine Doppelquerlenkerachse, hinten verwendete man eine Fünflenkerachse. Das Antriebsaggregat saß vor der Hinterachse – hier kam zunächst ein Dreischeiben-Wankelmotor zum Einsatz. Die überarbeitete Version des C 111 debütierte im März 1970. Während die Form behutsam optimiert worden war, befand sich nun ein Vierscheiben-Wankel vor der Hinterachse. Rechnerisch kam man auf einen Hubraum von 4,8 Liter, die Leistung lag bei 350 PS. 300 km/h waren damals ein irrer Wert, den Spurt von null auf hundert absolvierte der C 111 in 4,9 Sekunden. Die zwei 60-Liter-Tanks waren in den Seitenschwellern untergebracht. Dieses Auto hätte als Vorserienstudie durchgehen können. Bis zum Oktober 1970 wurden sechs nahezu identische Exemplare fertiggestellt, dann endete die Entwicklungsarbeit am Kreiskolben-Aggregat. Insgesamt wurden 17 Einheiten des C 111 gebaut, einige trugen Dieselmotoren mit bis zu 4,8 Liter Hubraum im Heck. Die stark überarbeiteten Autos wurden bis 1979 zu Höchstgeschwindigkeitstests im süditalienischen Nardo eingesetzt. Übernommen von den ersten Exemplaren hatte man nur die Bodengruppe, selbst der Radstand wuchs um zehn Zentimeter.

Gut ein Dutzend Jahre später knüpfte Mercedes mit dem C 112 dann an den legendären Wankel-Studien an: Der auf der IAA 1991 gezeigte silberne Zweisitzer mit nach oben öffnenden Türen galt als Versuchsträger für ein Rennwagen-Fahrwerk mit aktiver Radaufhängung, eine Idee, die später als Active Body Control in Serie ging. Die Basis des Autos bildeten ein Monocoque-Chassis aus Leichtmetall sowie ein Rohrrahmen; das Fahrwerk zitierte Gruppe-C-Technologie. Darüber saß eine Karosserie aus Kunststoff und Kevlar aus italienischer Produktion. Vor der Hinterachse saß der V12-Motor aus der S-Klasse. Auf der Heckklappe thronte ein flacher Spoiler, der sich beim Bremsen aufstellte. Eine Serienfertigung war nicht geplant gewesen, zwei Versuchsträger entstanden.

Ein reines Forschungsfahrzeug war auch der Mercedes F 400 Carving. Seinen Namen erhielt er in Anlehnung an den Begriff aus dem Skisport, und sein auffälligstes Merkmal war denn auch die Tatsache, dass sich die äußeren Räder in einer Kurve um bis zu 20 Grad neigten, was die Fahrstabilität deutlich erhöhte. Die Reifen an der Kurveninnenseite blieben dabei – ebenso wie die Karosserie – in Normalposition. Zu den technischen Highlights des Versuchsträgers gehörten neben einer aktiven Hydropneumatik mit neuartiger Active Body Control (ABC) auch eine aktive Sturzverstellung und ein elektronisches Lenksystem. Der F 400 Carving wurde auf der Tokyo Motor Show 2001 der Öffentlichkeit präsentiert.

C 111-II von 1970 mit Vierscheiben-Wankelmotor. (Foto: © Daimler AG)

Der C 111-II D war mit einem Dreiliter-Turbodiesel ausgestattet, der 190 PS leistete. Der Wagen brach 1976 in Nardo sämtliche Geschwindigkeitsrekorde für Dieselfahrzeuge. (Foto: © Daimler AG)

Der C 112 stand in der Tradition des C 111, griff zusätzlich die Flügeltüren des 300 SL auf, blieb aber lediglich ein Testträger zur Untersuchung des Strömungsverhaltens von Karosserie und Fahrwerk. (Foto: © Daimler AG)

Der F 400 Carving war ein reines Forschungssfahrzeug, zählte aber nichtsdestotrotz auf der Tokyo Motor Show 2001 zu den Attraktionen. (Foto: © Daimler AG)

OPEL

Motorsport und Opel – das passt seit den 70ern ganz gut zusammen. Erste Schritte hatte es 1968 mit der »Sportförderung« gegeben, wobei sich das Geschehen in erster Linie auf die Rallye-Kadetten stützte. Die Sportförderung erfolgte vor allem auf nationaler Ebene, erst mit dem Ascona A unter Walter Röhrl holte Opel dann zwischen 1974 und 1982 auch große internationale Trophäen. In den 90ern wurde Opel dann zu einer festen Größe im Rundstreckensport und bei den Tourenwagen, und um das sportliche Image im Breitensport zu festigen, gründete Opel 1997 die unternehmenseigene Tochter OPC (Opel Performance Center). Die sportlichen Spitzenmodelle des Hauses werden seitdem mit dem entsprechenden Kürzel versehen.

Opel Kadett B von 1965. (Foto: © GM Corp.)

Die Rallye-Kadetten

Der Rallye Kadett rollte im November 1966 in Bochum zum ersten Mal vom Band. Mit ihm hatte man beabsichtigt, »... für die Rallyefahrer ein einsatzbereites Wettbewerbsfahrzeug auf der Basis des Kadett Coupés und damit gleichzeitig für viele Fahrer einen Wagen mit ausgeprägten sportlichen Eigenschaften zu schaffen, der dank der Produktion in hohen Stückzahlen preisgünstig angeboten werden kann«, hieß es dazu in der Pressemitteilung. Der Rallye Kadett erreichte mit seinem 60 PS starken 1,1-Liter-SR-Antrieb (SR stand für Super-Rallye) bereits eine Höchstgeschwindigkeit von 148 Stundenkilometern; zu haben war er ab 7175 DM. Mit teilweise schwarz mattierter Motorhaube und Seitenstreifen außen sowie Dreispeichen-Sportlenkrad, Drehzahlmesser, Öldruckuhr und kurzem Sportschaltknauf innen unterstrich der »Rallye« seine Sonderstellung und seinen Anspruch, als veritabler Sportwagen wahrgenommen zu werden, und das natürlich erst recht ab Herbst 1967 mit dem 1,9-S-Motor aus dem Rekord mit 90 PS. Damit beschleunigte er von 0 auf 100 km/h in 13 Sekunden und trieb die Tachonadel bis auf 168 km/h. Größter Rennsporterfolg war der elfte Platz im Gesamtklassement 1970 bei der Rallye Monte Carlo für das Team Ragnotti/Thimonier auf dem Rallye Kadett 1900.

Die Produktion des Rallye Kadett B endete im Juli 1973 nach knapp über 100.000 Einheiten. Die Bezeichnung »Rallye« verschwand zunächst aus dem Modellprogramm, sportliche – und im Rennsport einsetzbare – Kadetten indes gab es weiterhin, sie hießen jetzt nur anders. Die leistungsstärkste Ausführung des zwischen 1973 und 1979 gebaute Kadett C hieß, der Opel-Nomenklatur der 70er Jahre folgend, »GT/E«. Die sportive Ausführung des GM-Weltautos debütierte im August 1975 und hatte einen 1,9-Liter-Einspritzer mit 105 PS unter der Haube, zwei Jahre später folgte

1966 erschien das sportlich aufgemachte Coupé »Opel Rallye Kadett«. (Foto: © GM Corp.)

der GT/E 2000 mit Zweiliter-Motor und 115 PS (dann gab es auch wieder einen Rallye, der war aber unterhalb des traditionell zweifarbig lackierten GT/E angesiedelt). Mit dem Kadett C GT/E waren beispielsweise 1976 Walter Röhrl und Claes Billstamm bei der Safari-Rallye am Start.

Nachdem Opel Ende der 70er auf Ascona und Manta als offizielle Motorsportgeräte setzte, blieb der komplett neu entwickelte D-Kadett mit Frontantrieb ohne größeren sportlichen Lorbeer; das Spitzenmodell war zunächst der bespoilerte und mit 185er-Reifen und Recaro-Sportsitzen versehene Kadett SR, dem dann ab 1983 der GTE – jetzt ohne den Trennstrich geschrieben – zur Seite gestellt wurde. Topmotorisierung bildete der 1,8-Liter mit 115 PS. Sein großer Gegner war in erster Linie der Golf GTi von Volkswagen und in zweiter der Escort XR3 von Ford. Die D-Baureihe lief bis Juli 1984, um dann von der E-Baureihe abgelöst zu werden. Das technische Konzept übernahm diese vom Vorgänger, komplett neu war dagegen das zeittypisch rundliche Blechkleid. Die Spitzenmotorisierung hieß jetzt nicht mehr GTE, sondern GSi, das Kürzel stand zunächst für einen 115 PS starken 1,8-Liter, später dann für Zweiliter-Ausführungen mit Vierventil-Zylinderkopf von Lotus und bis zu 150 PS. Auf dieser Basis präsentierte Opel dann zur IAA 1985 den Prototyp eines geplanten Werk-Rallyeautos mit permanentem Allradantrieb und variabler Kraftverteilung. Es kam aber zu keinem Werkseinsatz. Der Kadett-Nachfolger Astra kam dann in der zweiten, der G-Auflage, zu sportlichen Lorbeeren.

Auch ohne Rallye im Namen ersetzte ab 1973 der Opel Kadett C seinen Vorgänger im Motorsportbereich. (Foto: © GM Corp.)

Von 1983 bis 1984 brachte Opel den Kadett GTE aus der D-Baureihe als neues Rallyefahrzeug auf den Markt. (Foto: © GM Corp.)

Nachfolger des GTE war ab 1984 der Opel Kadett E GSi mit bis zu 150 PS Leistung. (Foto: GM Corp.)

Astra OPC

Seit 1997 ist für Sportliches die Opel Performance Center GmbH (OPC) zuständig, der erste Astra OPC von 1999 entpuppte sich bereits als Volltreffer. Um für den seriennahen Motorsport gemäß des Reglements des Deutschen Motorsportbunds DMSB homologiert werden zu können, entwickelten die Opelaner auf Basis des damaligen Astra ein konkurrenzfähiges Basisfahrzeug für den Rundstrecken- und Rallyesport. Der hier verwendete 160 PS starke Zweiliter-Sauger sorgte für beeindruckende Fahrleistungen (0–100 km/h in 8,2 s; 220 km/h) und einen großartigen Verkaufserfolg: Innerhalb von vier Monaten war die limitierte 3000er-Auflage ausverkauft. Ende 2002 kam der modifizierte Astra OPC II; das nunmehr 200 PS starke Turbo-Coupé hatte eine Spitzengeschwindigkeit von 230 km/h. Nicht in die Showrooms gelangte der Astra V8 Coupé, den Opel erstmals in der DTM-Saison 2000 an den Start brachte. Zählbares kam während der drei DTM-Jahre mit dem Astra nicht zustande, bestes Ergebnis waren ein zweiter und ein dritter Platz. Immerhin: Mit einem leicht modifizierten DTM-Renner des Vorjahres holte sich Opel einen souveränen Klassensieg bei den 24 Stunden am Nürburgring 2003.

Opel präsentierte auf der IAA 2001 auf Basis des 2000er DTM-Astras eine zulassungsfähige Variante namens »Opel Astra OPC X-treme«. Die Technik stammte aus der DTM-Renner, der V8 hatte eine Leistung von 444 PS und rollte auf 20 Zoll großen Rädern. Der luxuriös ausgestattete Spitzensportler ging aber nie in Serie.

Der Opel Astra V8 Coupé von Rennfahrer Manuel Reuter war extra für die DTM entwickelt worden. (Foto: © GM Corp.)

Opel Astra OPC X-treme, aus einem DTM-Rennfahrzeug für die Straße entwickelt, ging nie in Serie. (Foto: © GM Corp.)

Die Baureihe H des Astra OPC brachte Opel ab 2005 auf den Markt. Im Bild zu sehen ist die Rennversion aus dem Jahr 2008 beim 24-Stunden-Rennen auf dem Nürburgring. (Foto: © GM Corp.)

Nach Erscheinen der Astra-Baureihe J im Jahr 2012 rief Opel einen eigenen Markenpokal ins Leben, den »Astra OPC Cup«. (Foto: GM Corp.)

280 PS leistete der neue Astra OPC des Jahres 2013. (Foto: GM Corp.)

Opel GT

»Nur Fliegen ist schöner« – dieser Slogan ist in die Werbegeschichte eingegangen. Auch der Beworbene ist zu einem Klassiker geworden: Im November 1968 rollte der erste Opel GT vom Band. Begonnen hatte die Karriere des ungewöhnlichsten Opel seit den Tagen des Vorkriegs-Raketenwagens indes bereits 1965 auf der IAA in Frankfurt: Dort präsentierten die Rüsselsheimer, noch ein wenig verschämt, ihren »Experimental-GT«. Die Konzeptstudie eines Zweisitzers mit flachem Bug und Klappscheinwerfern, bauchigen Kotflügeln und scharfer Abrisskante am Heck erinnerte ein wenig an die amerikanische Sportwagen-Ikone, den Chevrolet Corvette, und kam so gut an, dass GM grünes Licht für die Umsetzung in die Großserie gab. Die technische Basis stellte der Kadett B, die Hinterachse an Schraubenfedern war neu.

Der Opel GT ging, obwohl ursprünglich angeblich nicht geplant, 1968 in Serie. (Foto: © GM Corp.)

Aus Kapazitätsgründen übernahmen die französischen Karosseriebauer Chausson und Brissoneau & Lotz die Press- und Schweißarbeiten der Blechteile sowie Lackierung und Innenausstattung; die Bochumer Belegschaft montierte Fahrwerk und Motor. Letztere stammten wiederum aus dem Kadett-Ersatzteilregal. Basis-Motorisierung bildete der 1,1-Liter-Vierzylinder mit 60 PS, darüber angesiedelt war das 90 PS starke 1,9-Liter-Aggregat, das der sportlichen Optik entsprechende Fahrleistungen versprach. Der GT 1900 hatte eine Höchstgeschwindigkeit von 185 km/h und beschleunigte von 0 auf 100 in 10,8 Sekunden. Serienmäßig gelangte die Motorkraft über ein manuelles Viergang-Getriebe zur Hinterachse. Die optionale Dreigang-Automatik war vor allem in Übersee beliebt, GM bot den GT auch in den USA an. Der Einstiegspreis für den überraschend kompromisslosen Opel lag bei 10.767 Mark, der GT war allerdings im Ausland weit beliebter als hierzulande. Noch nicht einmal ein Fünftel der 103.463 gebauten Fahrzeuge blieb in Deutschland. Die Produktion endete im Juli 1973. Zu diesem Zeitpunkt wurde auch der Organspender Opel Kadett B vom Band genommen.

Auf einem Bild versammelt: Verschiedene Ausführungen des Opel GT. (Foto: © GM Corp.)

Die Werbeanzeige mit dem bekannten Slogan zu Beginn der 70er Jahre. Der Opel GT wurde bis 1973 hergestellt. (Foto: © GM Corp.)

Der Opel GT/J erschien im Jahr 1971. J stand für Junior. Die einzigen Unterschiede zum normalen GT bestanden in einer matt-schwarzen Ausführung aller ursprünglich verchromten Teile. (Bild: © GM Corp.)

Manta A / Ascona A

Der 25. September 1970 war »Der Tag, an dem der Manta kommt«: Vor dem Hotel Maritim in Timmendorfer Strand gab der neue Opel sein Presse-Debüt. Das sportliche Coupé, dessen Flügelrochen-Emblem nach Fotos des Meeresforschers Jacques Costeau entworfen wurde, verstand sich als Alternative für Individualisten, als Auto im Stil der populären Pony Cars aus den USA, Was nicht ganz so laut verkündet wurde: Opel, als seinerzeit erfolgreichste Marke auf dem deutschen Markt, hatte anders als Erzrivale Ford mit dem Capri kein familientaugliches Coupé auf Basis der Großserie im Angebot. Während aber der Capri auf einer eigenständigen Plattform aufbaute, teilte sich der Manta Technik und Bodengruppe mit der einen Monat später vorgestellten Ascona-Reihe. Hier wie da kamen viele bewährte Komponenten aus Opels Technik-Baukasten zum Einsatz, insbesondere solche von Kadett und Rekord.

Damals noch durchaus üblich war die Kombination aus Einzelradaufhängung und Schraubenfedern vorn und starrer Hinterachse an Längslenkern mit Panhardstab. Das Topmodell der Baureihe, der Manta GT/E, feierte im Herbst 1973 seine Premiere auf der IAA in Frankfurt. Sein Vierzylinder-1,9-Liter-Einspritzmotor mit Bosch LE-Jetronic leistete 105 PS. Damit war der GT/E 15 PS stärker als der Manta mit dem 1,9-Liter-S-Motor. Typisch für jene Zeit war der Verzicht auf jedweden Chromzierrat. Bis zur Ablösung durch den Manta B wurden 498.553 Manta A gebaut., vom Ascona A waren es 691.438 Einheiten.

Jener galt – zumindest laut der damaligen Pressemappe – als das »Auto der technischen Vernunft«, positionierte sich zwischen Kadett und Rekord und war die familientauglichere Ausführung des Manta A. Angeboten wurde der Ascona als zwei- und viertürige Limousine in Normal- und Luxus-Ausführung mit zuerst nur einem 1,6-Liter-Vierzylinder und zunächst maximal 80 PS – mit seitlich angeordneter Nockenwelle keine topmoderne, aber durch und durch unverwüstliche Konstruktion. Zur sportlichsten Serienausführung avancierte der zum Genfer Salon 1971 gezeigte Ascona SR mit 1,9-Liter-Aggregat und 90 PS, der dem Ascona frühen Rallye-Ruhm einbrachte: Aufgebohrt auf zwei Liter Hubraum und umgebaut auf einen Aluminium-Crossflow-Zylinderkopf, brachte der Ascona A des Opel-Euro-Händler-Teams über 200 PS bei 6700 U/min. Damit siegten Walter Röhrl und Jochen Berger 1974 bei sechs von acht Läufen und gewannen überlegen die Rallye-Europameisterschaft und 1975 mit der Rallye Akropolis den ersten Rallye-WM-Lauf für Opel überhaupt.

Diesen 74er Manta A fuhren 1975 Walter Röhrl und Rauno Altonen in Spa Francorchamps. (Foto: Gryffindor ©, PD)

War ab Herbst 1973 zu haben: Die GT/E-Version des Opel Manta A. (Foto: © GM Corp.)

Der Ascona A wird 1974 für Opel zum Europameisterschaftswagen. (Foto: © GM Corp.)

Mit dem Opel Ascona A besaß Opel ein erfolgreiches Rallye-Fahrzeug. (Foto: © GM Corp.)

Manta B / Ascona B

Zum Modelljahr 1976 ersetzte Opel sein Erfolgsgespann Manta/Ascona durch eine neue Modellreihe, die sich mit Ausnahme der Vorderachse, die jetzt vom Kadett C stammte, technisch kaum, optisch aber umso mehr von den Vorgängern (die sich damit den Nachnamen »A« verdienten) unterschieden. Die Motorenpalette barg ebenfalls keine großen Überraschungen, sie reichte zunächst vom überforderten 1,2-Liter mit 60 PS bis zum Zweiliter-Einspritzer mit 110 PS.

Sowohl vom Manta B als auch vom Ascona B gab es allerdings überaus heiße Ausführungen für den Motorsport, die ohne Zweifel das Prädikat »Sportwagen« verdienten: 1979 gewann ein Gruppe-2-Ascona des Opel-Euro-Händler-Teams (OEHT) die Rallye-Europameisterschaft. Während der 186 PS starke B-Ascona, aufgebaut nach dem Spezial-Tourenwagen-Reglement, ein Einzelstück blieb, war das beim Ascona 400 nicht der Fall: Um an der Rallye-Weltmeisterschaft teilnehmen zu können (und genau das tat Opel zusammen mit Sponsor Rothmans), mussten laut Bestimmungen der Gruppe B innerhalb eines Jahres 5000 Einheiten produziert werden. Das war die Geburtsstunde für den Ascona i2000, der seinerseits von der zweitürigen Serienversion Ascona B 2.0/SR abgeleitet war und bei Irmscher Automobilbau gefertigt wurde, ausschließlich in den Opel-Farben Gelb und Weiß lackiert. Mit dem Ascona B 400 gewannen dann Walter Röhrl und Jochen Berger 1982 erstmals die Rallye-WM für die Marke mit dem Blitz.

Irmscher war auch maßgeblich beteiligt am Manta 400, der auf dem Genfer Automobilsalon 1981 präsentiert wurde. Um in der Gruppe 4 mitfahren zu können, mussten mindestens 400 Fahrzeuge gefertigt worden sein, das neue Reglement der Gruppe B für 1982 verlangte dann nur noch 200 Fahrzeuge. Bis 1984 baute Opel 245 Einheiten des Manta 400.

Das Herzstück bildete ein 2,4-Liter-Motor mit Querstromzylinderkopf mit 16 Ventilen und zwei obenliegenden Nockenwellen; die Kurbelwelle verfügte über acht Ausgleichsgewichte. Der mit einer Bosch-LE-Jetronic-Einspritzanlage ausgerüstete Vierzylinder leistete 144 PS. Den Sprint von 0 auf 100 absolvierte der Manta 400 in 7,5 Sekunden, die Höchstgeschwindigkeit lag bei 210 km/h. Serienmäßig war ein Fünfganggetriebe, zwei Hinterachsübersetzungen standen ab Werk zur Wahl. Für den Einsatz im Rennsport waren verschiedene Ausbaustufen erhältlich. Die Basis bildete das von Irmscher in Winnenden entwickelte (und über Opel vertriebene) Tuning-Paket, das Stoßfänger aus Kunststoff (vorne mit integriertem Frontspoiler), verbreiterte Kotflügel, Seitenschweller, Leichtmetallräder im Format 8 J x 15 mit Reifen der Größe 225/50 VR 15 sowie einen dreiteiligen Heckspoiler umfasste. Mit einem Tuningsatz aus dem optionalen Opel-Sportteile-Programm stieg die Leistung auf rund 250 PS. Spätere »Phase-II«- und »Phase-III«-Triebwerke brachten sogar bis zu 280 PS. Die Fahrleistungen waren in diesem Fall dann mehr als beeindruckend, der Standardsprint war in 5,5 Sekunden abgehakt. 1983 gab der Manta 400 sein Motorsport-Debüt bei der Korsika-Rallye. Erwin Weber und Copilot Gunter Wanger wurden auf Anhieb Deutscher Meister in der Gruppe A für seriennahe Fahrzeuge, in der über 250 PS starken Wettbewerbsvariante gewannen die Belgier Guy Colsoul und Alain Lopes 1984 bei der Rallye Paris–Dakar die Wertung der nicht allradgetriebenen Fahrzeuge und erreichen den vierten Platz im Gesamtklassement. Bei seinem letzten Werkseinsatz, der Rallye Hongkong–Peking 1985, erzielte der Manta 400 nochmals einen Podiumsplatz.

Ascona B 400, hergestellt von 1979 bis 1981. (Foto: © GM Corp.)

Walter Röhrl und Christian Geistdörfer gewannen mit dem Ascona B 400 im Jahr 1982 die Rallye-Weltmeisterschaft. (Foto: © GM Corp.)

Von 1981 bis 1984 baute Opel unter Beteiligung von Irmscher den Manta B 400. (Foto: © GM Corp.)

Bis heute noch ist der Manta B 400, wie hier bei Bernhard Schmittner und Peter Hass, im Renneinsatz. (Foto: © GM Corp.)

Vectra und Omega

Im Oktober 1995 kam der Ascona-Nachfolger Vectra schon in zweiter Auflage auf den Markt. Zunächst lieferbar als Stufen- und als Schrägheck, folgte ein knappes Jahr später eine Kombi-Ausführung. Mit dieser Mittelklasse-Limousine startete Opel auch in der zwischen 1994 und 1999 ausgetragenen STC/STW, dem Deutschen Supertourenwagen-Cup (bzw. der Super-Tourenwagen-Meisterschaft). Diese Rennserie war für Fahrzeuge bis zwei Liter nach Gruppe-2-Reglement ausgeschrieben und lockte zahlreiche Hersteller. Auch wenn Opel da nur wenig Erfolg hatte: Die STW färbte auf das Modellprogramm ab, wie der Vectra i500 beweist. Dieser erhielt bei Irmscher ein Sportfahrwerk, 17-Zoll-BBS-Alus, eine feinere Innenausstattung und Aerodynamik-Teile des STW-Vectras. Zum Einsatz kam hier der um 25 auf 195 PS erstarkte 2,5-Liter-V6 aus dem zivilen Vectra-Programm, die Spitze lag bei 236 km/h. Er war erhältlich als Limousine oder Caravan und wurde zwischen 1998 und 2000 angeboten. Der stärkste (und seltenste) Vectra B stammte ebenfalls von Irmscher, der Vectra i30 sah aus wie ein i500 Caravan, hatte aber den 220 PS starken Dreiliter-Sechszylinder aus dem Omega unter der Haube. Gut und gerne 90.000 Mark waren dafür fällig.

Oberhalb des Vectras hatte Opel den Rekord-Nachfolger Omega angesiedelt. Dieser erschien zum Modelljahr 1987, war anfangs nur als Stufenheck erhältlich und bot Zeittypisches sowohl vom Design als auch der Technik her. Immerhin: Ihm spendierte Opel ein neu konstruiertes Fahrwerk mit McPherson-Federbeinen und Schräglenkerachse hinten sowie Scheibenbremsen rundum, behielt aber die Standardauslegung – Motor vorn, Antrieb hinten – bei. Das Motorenangebot war ebenfalls kein Aufreger, doch in jeder Familie gibt es schwarze Schafe, so auch bei den Omegas: Die wilden Opel-Hunde verdienten mit Fug und Recht das Label »Sportwagen«.

Spitzenmodell war der ab der zweiten Jahreshälfte 1987 angebotene Omega 3000 mit dem Dreiliter-Reihensechszylinder aus dem Senator und 177, als 24V dann ab 1989 strammen 204 PS. Das war schon einmal ein Ansage, die aber der Ende 1990 von Irmscher aufgebaute Omega Evolution 500 3,0 24V mit 230 PS noch einmal toppte. Die 500 Exemplare der limitierten Sonderserie galten als Homologationsmodelle für einen dann doch nicht realisierten Renneinsatz.

Noch bunter trieb es die englische Verwandtschaft: Bei der Opel-Schwester Vauxhall wurde die mit 272 km/h schnellste Großserienlimousine der Welt gebaut. Das Geschoss hieß Lotus Omega und hatte den 3,6-Liter-Biturbo aus der Chevrolet Corvette ZR1 unter der Haube. Davon wurden 902 Exemplare gebaut.

280 PS Leistung bringt der 2,8-Liter-V6-Motor im Opel Vectra OPC und verschafft ihm eine Höchstgeschwindigkeit von 250 km/h (abgeriegelt). (Foto: © GM Corp.)

Opel Vectra i500 vom Opel-Haustuner Irmscher. (Foto: Michael Jahodinsky, © PD)

Diesen Opel Vectra DTM fuhr Heinz Harald Frentzen im Jahr 2005.
(Foto: UserV12-Power, © CC-BY-SA-2.5)

Der 204 PS starke Opel Omega 3000 wurde von 1987 bis 1993 hergestellt.
(Foto: © GM Corp.)

Calibra

Im Juni 1990 brachte Opel mit dem Calibra endlich einen Manta-Nachfolger, abgeleitet vom Vectra A. Der ausgewogene Zweipluszwei überzeugte durch eine glatte, schnörkellose Karosserie und ein günstiges Preis-Leistungs-Verhältnis. Gebaut wurde das keilförmige Coupé in Rüsselsheim und bei GM-Tochter Saab in Finnland, am Ende seiner Laufzeit bei Valmet in Uusikaupunki.

Die Linienführung des Coupés mit der großen Heckklappe (Rücksitzlehne teilbar) und den schmalen Ellipsoid-Scheinwerfern wies eine sensationelle Aerodynamik auf, mit einem cw-Wert von 0,26 war der in Rüsselsheim geformte Calibra zeitweise das windschlüpfrigste Großserienauto der Welt. Anders als der Manta wurde der Calibra nicht im Rallyesport eingesetzt, seine Domäne war die Rundstrecke, wo er mit einem V6 im Bug 1997 die ITC-Tourenwagenmeisterschaft gewann.

Die Serienversionen erhielten zunächst den 2,0-Liter-Vierzylinder mit Zwei- oder Vierventiltechnik (115 oder 150 PS), wahlweise bereits ab 1990 mit Allradantrieb. Servolenkung und ABS gehörten zur Serienausstattung, ab 1993 auch Airbags. Die Spitze des Programms markierte der Calibra Turbo 4-4 mit dem 2,0-Liter-Turbo vom März 1992, der stolze 204 PS lockermachte und ausschließlich mit Sechsgang-Schaltgetriebe und Allradantrieb offeriert wurde. Laut Werk ging er 245 km/h und beschleunigte von 0 auf 100 km/h in 6,8 Sekunden. Mitte 1993 kam der 2,5-Liter-V6 (170 PS) aus dem Omega-Programm hinzu. Zur Ausstattung des Vierventil-V6 gehörten serienmäßig Klimaanlage und elektrische Fensterheber, die Höchstgeschwindigkeit lag bei 237 km/h. Anfang 1994 verschwand der 150 PS starke Zweiliter aus dem Programm, in Kombination mit Allrad hatte es ihn nur bis März 1992 gegeben. Seine Nachfolge trat im März 1994 ein gleichgroßer Vierzylinder mit 136 PS an.

Im Herbst 1994 erfuhr das Coupé eine Auffrischung: die Instrumente wurden weiß unterlegt, Zusatzuhren kamen in die Mittelkonsole, selbst die Basismodelle erhielten Gasdruckdämpfer. Dazu gesellten sich neue Leichtmetall-Räder. Bis 1997 lief der Calibra unverändert weiter, zuletzt nur noch in Form von Sondermodellen mit dem 2,0-Liter (136 PS) und dem 170-PS-V6.

Zwischen 1990 und 1997 entstanden insgesamt 238.647 Exemplare des Calibra, davon 3385 allradgetrieben mit 115 und 150 PS sowie 12.015 mit V6-Motor. 102.200 Käufer in Deutschland entschieden sich für das Coupé. Der Calibra brachte es damit zum meistverkauften Auto seiner Klasse.

Der Manta-Nachfolger Opel Calibra wurde von 1990 bis 1997 produziert. (Foto: © GM Corp.)

Opel Calibra wird im Windkanal getestet. (Foto: © GM Corp.)

1992 stellte Opel den Calibra Turbo 4x4 mit Allradantrieb und 204 PS Leistung vor. (Bild: Aka, © CC-BY-SA-2.5)

DTC Calibra. (Foto: © GM Corp.)

Der Opel Calibra V6 wurde für die Rennserien DTM bzw. ITC entwickelt. (Foto: Moritz21, © CC-BY-SA-3.0)

POLLMANN

Gert Pollmann, Jahrgang 1952, gehört zu den vielseitigsten deutschen Designern. In erster Linie für die Automobil- und Automobilzulieferindustrie tätig, gründete er 1981 ein eigenes Designstudio in der Nähe von Ingolstadt. Dort entstanden über die Jahre hinweg eine ganze Reihe von teilweise sogar voll fahrfähigen Designstudien und Prototypen– und genau diese Prototypen gaben dann den Anstoß zur Gründung der ProtoChampSeries.

Der Silver von 1973, Pollmanns erster eigener Entwurf. (Foto: © Pollmann)

Eine Rennserie für die eigenen Prototypen

Viele dieser Studien waren ihrer Zeit voraus, »aber fünf oder zehn Jahre zu früh ist auch unpünktlich«, wie Gert Pollmann es immer formuliert. Nach und nach reifte dann die Idee, diese Studien im Reigen mit anderen beeindruckenden Fahrzeugen fahren zu lassen – und so kam es schließlich zu den ProtoChampSeries, in deren Rahmen diese Einzelstücke (die oftmals gar keine Straßenzulassung aufwiesen) doch noch auf die Straße kommen: Pollmann will sie »fahraktiv« halten, nach seiner Vorstellung sollen sie »nicht im Stillstand in irgendwelchen Showrooms sich 'nen Platten stehen«.

Seit 2008 veranstaltet seine Firma – er verkaufte daraus sein Designstudio 2011 an die Indus Holding AG – die ProtoChampSeries. Diese kleine Rennserie mit vier Läufen im Rahmen der »Historic Challenge« bringt ein möglichst breites und sehr unterschiedliches Teilnehmerfeld von historischen, aber auch aktuellen Prototypen an den Start. Die Veranstaltungen (die eigentlich eher den Charakter von Gleichmäßigkeitsfahrten haben) sind ein Schaulaufen automobiler Raritäten, finden auf abgesperrten Naturstrecken und Flugplätzen statt und machen allen Beteiligten sehr viel Spaß, allen voran ihrem Initiator Pollmann, der bei dieser Gelegenheit gerne seine eigenen Prototypen an den Start bringt. Und davon gibt es nicht wenige.

Einige davon sollen hier vorgestellt werden. Sein erster eigener Entwurf war der Silver von 1973, an dem Pollmann schon als Schüler ab 1968 gearbeitet hatte. Vorder- und Hinterachse sowie Motor und Getriebe entstammten einem NSU 1200 TT, die Leistung war nur leicht gesteigert, das Fahrzeug hatte etwa 70 PS und wog 580 kg. Die Höchstgeschwindigkeit betrug etwa 170 km/h.

Mit dem Borbet B1 – präsentiert auf der IAA 1991 auf dem Messestand der Firma Borbet – entstand sogar ein Fahrzeug, mit dem eine eigene Rennserie ausgetragen werden sollte, der Borbet Cup. Der Mittelmotor-Roadster, der 92.000 Mark hätte kosten sollen und dessen Höchstgeschwindigkeit mit 290 km/h angegeben wurde, blieb aber ein Einzelstück und ist heute, inzwischen versehen mit einem Fünfzylinder-Audi-Motor und 136 PS, noch bei diversen Messen die Attraktion auf dem Messestand des Räder-Spezialisten.

Der Fish 2002, ein zweisitziger Rennsportwagen mit Kunstleder-Außenhaut und Voll-LED-Scheinwerfern – damals ein Novum – schmückte als Dunlop SuperSportsRoadster den Messestand der Reifenbäcker bei der Messe in Essen; der Fish rollte auf Dunlop-SP-9000-Walzen der Dimension 255/35 ZR20 vorn und 295/40 ZR20 hinten. Der 780 kg schwere Zweisitzer hatte einen Opel-2,2-l-Vierventil-Motor mit rund 180 PS unter der Haube. Da sich das Fahrzeug heute oft im Rennsporteinsatz befindet, bekam es 2011 eine neue, etwas herkömmlichere silberne GFK-Karosserie mit einem in die Karosserie integrierten Heckflügel, welcher das Fahrverhalten erheblich verbesserte. Dem Fish-Thema blieb Pollmann über die nächsten Jahre treu, so 2009 mit dem CLASSIC FISH im 50er-Jahre-Look und Zweiliter-Ford-Motor oder dem BLUEFISH 2013, einem Rennzweisitzer auf Basis einer Zeichnung Pollmanns von 1968, der seit Mai 2013 rollt – mit einem 150-PS-Opel-Motor, der seine 730 kg nach vorn bringt: »Macht Spaß beim Fahren«, so Pollmann, und mehr sollten die »Fische« auch nie: An eine Serienproduktion war zu keinem Zeitpunkt gedacht.

Der Pollmann Borbet B1 von 1991 stand Pate für eine eigene Rennserie. (Foto: © Pollmann)

Der Zweisitzer Pollmann Super Sports Fish 2003 besaß einen 150 PS starken Front-Motor. Seine Besonderheit bestand jedoch in den formgebenden Karosserieteilen aus PU-Hartschaum. (Foto: © Pollmann)

Pollmann Classic Fish aus dem Jahr 2009. (Foto: © Pollmann)

Pollmann Super Sports Fish 2011. (Foto: © Pollmann)

Der BLUEFISH basierte auf einer jahrzehntealten Zeichnung und wurde schließlich 2013 doch noch realisiert. (Foto: © Pollmann)

PORSCHE

Die Marke Porsche ist die deutsche Sportwagenmarke schlechthin. Kein anderes Serienauto war von Anfang an so konsequent auf den Motorsport ausgelegt worden, und wenn der Hersteller davon spricht, im Laufe seiner seit 1948 währenden Geschichte mehrere tausend Sporterfolge weltweit eingefahren zu haben, akzeptiert man dies gerne, ohne nachzuzählen. In den ersten beiden Jahrzehnten waren es der Porsche 356 und der Porsche 911, die das Markenimage trugen, heute ist die Volkswagen-Tochter sehr viel breiter aufgestellt und hat auch Fahrzeuge im Angebot, die auf den ersten Blick nichts mit einem Sportwagen gemeinsam haben. Doch wer wollte schon daran zweifeln, dass auch ein Panamera oder ein Cayenne waschechte Porsche ist?

Porsche 356 Cabriolet der ersten Generation.
(Foto: © Dr. Ing. h.c. F. Porsche AG)

356, 356 A

Der erste Porsche wurde im österreichischen Gmünd fertiggestellt. Es handelte sich um einen zweisitzigen Roadster mit Mittelmotor, der Vierzylinder Boxer war vor der Hinterachse eingebaut und leistete 35 PS. Er stammte wie das Getriebe und einige Fahrwerkskomponenten von Volkswagen, war jedoch in der Leistung um 10,5 PS gesteigert. Die Karosserie war aus Aluminium gefertigt und wurde von einem Gitterrohrrahmen getragen. Der 356/1 blieb ein Einzelstück, nach ihm wurden in Gmünd noch 52 Fahrzeuge des Typs 356/2 gebaut. Der 356/2 war ein Coupé mit Heckmotor und leistete bereits 40 PS, seine Karosserie war wiederum aus Aluminium, der Kastenrahmen aus Stahlblech. Acht Exemplare des 356/2 wurden als Cabriolet gefertigt.

Am Gründonnerstag 1950 verließ der erste in Deutschland gefertigte Porsche das Werk in Zuffenhausen. Porsches Ur-Modell, zu haben als Coupé oder auch als Cabriolet, wurde praktisch permanent weiterentwickelt und bis 1955 gebaut. Für Vortrieb sorgten, je nach Baujahr, luftgekühlte Boxer-Motoren auf Basis des Volkswagen-Triebwerks mit 1,1, 1,3 und 1,5 Litern Hubraum. Die Motorleistung betrug je nach Ausführung zwischen 40 und 70 PS, die Höchstgeschwindigkeit 140 bis 170 km/h, zeitweilig war der Porsche damit der schnellste Serienwagen aus deutscher Fertigung.

Wem das nicht exklusiv genug war: Bereits 1952 war der nur 605 Kilogramm schwere 356 America Roadster mit Alu-Karosserie und einer Spitze von 180 km/h erschienen, von ihm gab es lediglich 15 Stück. Deutlich mehr gebaut wurden von dem zwei Jahre später aufgelegten Speedster, als 1500 und 1500 S ins Programm aufgenommen. Hauptabsatzmarkt bildete die USA. Die Ausstattung war spartanisch und das Verdeck ein Witz, aber die Beschleunigungswerte waren besser als bei den anderen Porsche. Der spartanische Roadster – jawohl, ein echter Roadster, denn er hatte keine Kurbelfenster, sondern Steckscheiben – kostete über 12.000 Mark.

Die umfassende Modellpflege zum Modelljahr 1956 führte dann zum Typ 356 A. Sein Kennzeichen war die einteilige, gewölbte Windschutzscheibe. Die Modellfamilie umfasste die bereits bekannten Karosserievarianten Coupé, Cabriolet und Speedster (ab 1958 dann durch das Convertible D ersetzt) sowie die bekannten Motoren. Die Serie lief bis September 1959, in den Produktionsprozess flossen permanent Veränderungen ein. Das Spitzenmodell bildete zunächst der 1500 GS »Carrera« mit 100 PS, später kamen der 356 A 1600 GS Carrera de Luxe (105 PS) und der Carrera 1600 GT, letzterer mit 115 PS.

Porsche 356 A Carrera Coupé. (Foto: © Dr. Ing. h.c. F. Porsche AG)

Der Porsche 356 in der Speedster-Variante. (Foto: © Dr. Ing. h.c. F. Porsche AG)

356 A 1600 GS Carrera de Luxe. (Foto: © Dr. Ing. h.c. F. Porsche AG)

356 B, 356 C

Zu Beginn des Modelljahrs 1960 wurde im Herbst 1959 der 356 B auf der IAA in Frankfurt vorgestellt. Die Karosserien für die Coupé- und die Cabriolet-Version des völlig überarbeiteten und intern als T 5 (Technisches Programm V) bezeichneten 356 wurden bei Reutter in Stuttgart gefertigt. Alle B-Modelle unterschieden sich von ihren Vorgängern unter anderem durch höher positionierte Stoßfänger und Scheinwerfer. Als Motoren standen zunächst die 1,6-Liter-Varianten mit 60 PS und der 1600 S mit 75 PS zur Verfügung. Spitzenmodell war der 1600 GS Carrera GT mit 115 PS, damit erreichte der Porsche die magische 200-km/h-Marke. Außerdem war der Carrera der erste 356 mit 12-Volt-Elektrik, und wer mochte, konnte ihn auch mit Scheibenbremsen haben. Um Gewicht zu sparen, bestanden Türen und Hauben aus Leichtmetall, für Heck- und Seitenscheiben wurde Plexiglas verwendet, und die Stoßstangenhörner schenkte man sich gleich ganz. Noch leichter war die 21-mal gebaute GTL-Variante (L für Leicht) für das Modelljahr 1960: Das Wettbewerbsmodell mit Aluminium-Karosserie von Abarth erreichte bereits ohne weitere Tuningmaßnahmen erstaunliche Fahrleistungen. Mit Sportauspuff leistete der Motor 128, mit Sebring-Auspuff sogar 135 PS. In der stärksten Variante war der GTL dann über 220 km/h schnell, für den Spurt von 0 auf 100 km/h brauchte er lediglich 8,8 Sekunden.

Im Frühjahr 1962 erschien der Carrera in Neuauflage mit auf 1996 cm^3 vergrößertem Hubraum und 130 PS auf dem Markt, was zur Modellbezeichnung »Carrera 2« führte; Fahrwerk, Karosserie und Ausstattung waren ansonsten gleich geblieben. Auch die Leichtbau-Variante GS-GT kam in den Genuss des Zweiliter-Motors, es gab ihn mit 140 oder, bestückt mit einer Sport-Auspuffanlage, 155 PS. Von den anderen 356ern unterscheiden ließ sich der Carrera 2 vor allem durch das Fehlen der Stoßstangehörner und eine Motorhaube mit zwei Lüftungsgittern. Nur die allerersten Carrera 2 wurden noch mit Trommelbremsen ausgeliefert, ab April 1962 wurden Scheibenbremsen eingebaut.

Der 356 C vom Herbst 1963 – nur noch als Coupé und Cabriolet angeboten – unterschied sich von der B-Version durch das neue Rad-Design mit flacheren Radkappen. Und auch die Typenbezeichnungen auf der Motorhaube waren neu: Hier stand das schlichte C jetzt für den noch elastischer gewordenen 75-PS-Motor mit 1,6 Liter, das SC für den in der Leistung nochmals um 5 auf 95 PS angehobenen Motor. Das Fahrwerk der C-Modelle war neu abgestimmt worden, wie schon vom Carrera 2 wurden auch von den C-Modellen nur die allerersten noch mit Trommelbremsen ausgeliefert, schon kurz nach der Markteinführung wurden Scheibenbremsen von ATE verbaut. Dem 356 C Carrera 2 war im Porsche-Modellprogramm nur eine kurze Lebensdauer beschieden. Schon im Modelljahr 1965 wurde der Platz, den der Carrera 2 leistungsmäßig hier ausgefüllt hatte, vom neuen (und zudem preiswerteren) Modell 901 eingenommen, das dann bald 911 heißen sollte.

Porsche 356 B Super 90 Cabriolet. (Foto: Rundvald, © PD)

Beim Porsche 356 B 1600 Hardtop-Cabrio von 1960 war das Hardtop fest mit der Karosserie verschweißt. (Foto © Dr. Ing. h.c. F. Porsche AG)

21 Exemplare entstanden vom 356 B 1600 Carrera GTL, dessen Karosserie aus dem Turiner Haus Abarth stammte. (Foto: © Dr. Ing. h.c. F. Porsche AG)

Porsche 356 C Coupé von 1964. (Foto: © Dr. Ing. h.c. F. Porsche AG)

914/6

Als Ergebnis einer Gemeinschaftsentwicklung von Porsche und VW war der als »VW-Porsche« bekannte 914 erstmals 1969 auf der IAA zu sehen. Während die VW-Ausführung den 1,7-Liter-Motor des VW 412 erhielt, war die Porsche-Ausgabe 914/6 mit dem Sechszylinder-Aggregat des 911 T die stärker motorisierte und besser ausgestattete Variante dieses deutschlandweit ersten in Serie produzierten Mittelmotor-Sportwagens. Mit dem Mittelmotor-Konzept war hier ein handliches und kurvenschnelles Fahrzeug entwickelt worden, das in der Sechszylinder-Version allerdings kaum noch günstiger war als der 911. Dank der besonderen Anordnung des Motors verfügte der Wagen über zwei Kofferräume mit insgesamt 370 Litern Volumen, im hinteren konnte das herausnehmbare und nur 7,9 Kilogramm schwere Dach untergebracht werden. Äußerlich war der 914 nur an den Vierlochfelgen vom 914/6 mit seinen Fünflochfelgen zu unterscheiden.

Keinerlei Verwechslungsgefahr aber gab es beim Porsche 916, dem »Über-914«. Von den ursprünglich geplanten 50 Exemplaren wurden tatsächlich nur elf gebaut. Grund dafür war eine Kostenrechnung, die sich auf 40.000 Mark pro Exemplar belief und damit den angestrebten Verkaufspreis von 35.000 Mark deutlich übertraf. Der rare Spitzensportler war äußerlich leicht erkennbar an den in Wagenfarbe lackierten Stoßfängern und den verbreiterten Kotflügeln, die die Aufnahme von 7 Zoll breiten Rädern erlaubte. Das Fahrwerk des 916 stammte vom 914/6, die Bremsanlage vom 911 S. Den Antrieb sollte ursprünglich ein 2,6-Liter-Sechszylinder mit 210 PS übernehmen, zum Einsatz kam aber schließlich der 2,4-Liter-Motor mit 190 PS aus dem 911 S. Die Innenausstattung der Fahrzeuge richtete sich ganz nach den Wünschen des jeweiligen Käufers.

Porsche 914/6, auch bekannt als »VW-Porsche«.
(Foto: © Dr. Ing. h.c. F. Porsche AG)

Von VW ursprünglich gedacht als sportlicher Nachfolger des veralteten Karman Ghia: Porsche 914/6. (Foto © Dr. Ing. h.c. F. Porsche AG)

Der Porsche 914/6 verfügte dank Mittelmotor über zwei Kofferräume. (Fotos: © Dr. Ing. h.c. F. Porsche AG)

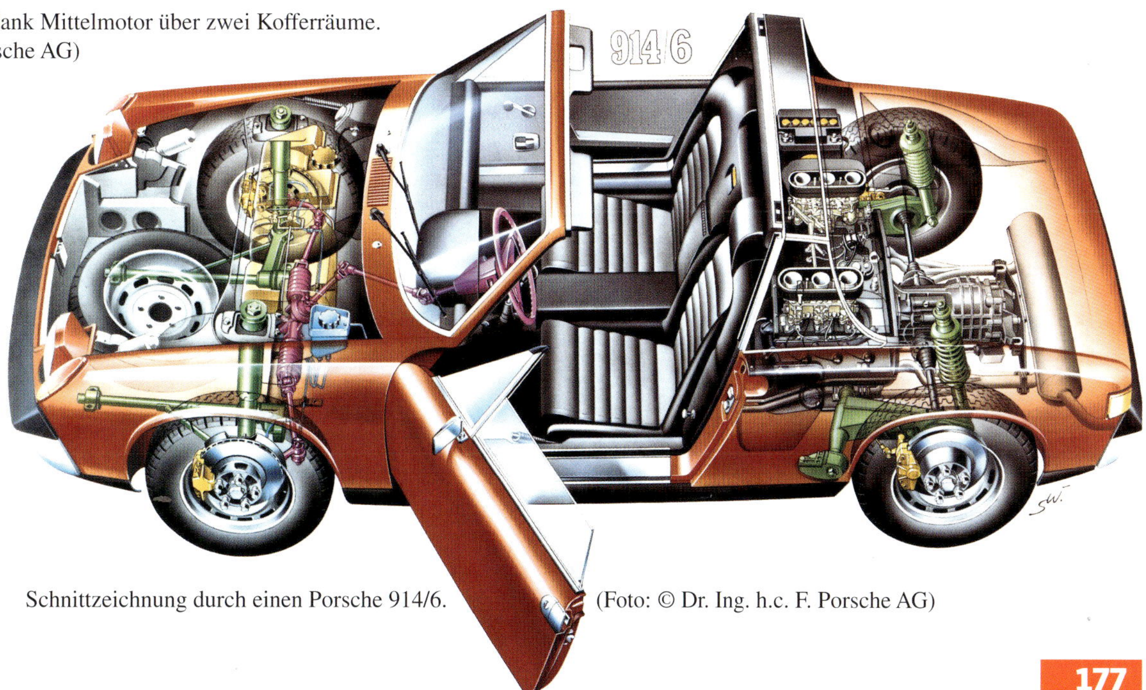

Schnittzeichnung durch einen Porsche 914/6. (Foto: © Dr. Ing. h.c. F. Porsche AG)

924

1970 hatte VW bei Porsche die Entwicklung eines Nachfolgers für den 914 in Auftrag gegeben. Ergebnis war der 924, den VW dann aber gar nicht mehr bauen wollte. So kaufte Porsche denn die eigene Konstruktion von VW wieder zurück und ließ den 924 bei Audi in Neckarsulm fertigen. Als zweite Baureihe unterhalb des Neunelfers angesiedelt, sollte er die Funktion des Einstiegsmodells im Hause Porsche übernehmen. Erstmals bei einem Porsche saß der Motor im 924 vorn. Der aus dem Audi 100 stammende Reihenvierzylinder war von Porsche gründlich überarbeitet und in der Leistung auf 125 PS gesteigert worden. Die Kraftübertragung vom mitsamt der Kupplung vorn liegenden Motor auf das an der Hinterachse montierte Viergang-Getriebe erfolgte mittels Transaxle-System: In einem starren Tragrohr lief eine vierfach gelagerte Antriebswelle.

Im Modelljahr 1979 präsentierte Porsche mit dem 924 Turbo ein Modell, das dank Abgasturbolader über stolze 170 PS verfügte und damit leistungsmäßig genau in die Lücke zwischen 924 und 911 passte. Äußerlich unterschied sich der Turbo vom Basis-924 vor allem durch die serienmäßige Zweifarben-Lackierung (sofern sie nicht auf Kundenwunsch entfallen war), durch einen kleinen Heckspoiler, andere Felgen und die zusätzlichen Luftschlitze in der Fahrzeugfront.

Mit dem 924 Carrera GT präsentierte Porsche schließlich einmal mehr ein Fahrzeug, das gleichermaßen für die Straße wie für den Rennsport (in der Gruppe 4) geeignet war. Der GT basierte auf dem Serienmodell des 924 Turbo, war aber durch die Verwendung von Leichtbauteilen und den Verzicht auf »überflüssige« Ausstattungsdetails um bis zu 150 Kilogramm leichter als dieser. So waren beispielsweise Motorhaube und Türen aus Aluminium, Frontschürze und Kotflügelverbreiterungen aus glasfaserverstärktem Kunststoff. Die Leistungssteigerung auf 210 PS wurde unter anderem durch eine höhere Verdichtung und eine modifizierte Zündanlage erzielt. In einer Miniserie von 50 Exemplaren wurde mit der Bezeichnung GTS eine noch stärkere Rennversion des GT gefertigt, die ebenfalls für den öffentlichen Straßenverkehr zugelassen werden konnte.

Porsche 924 aus dem Jahr 1976. (Foto: © Dr. Ing. h.c. F. Porsche AG)

1979 stellte Porsche das Modell 924 Turbo mit einer Leistung von 170 PS vor. (Foto: © Dr. Ing. h.c. F. Porsche AG)

Hatte neben der Straße auch den Rennsport im Auge: Porsche 924 Carrera GT. (Foto: © Dr. Ing. h.c. F. Porsche AG))

Der Porsche 924 Carrera GTS war in erster Linie für den Rennsport gedacht, aber auch er konnte für den Straßenverkehr zugelassen werden. (Foto: © Dr. Ing. h.c. F. Porsche AG)

Porsche 924 S aus dem Jahr 1987. (Foto: © Dr. Ing. h.c. F. Porsche AG)

944/968

Obwohl die Karosserie des ab dem Frühjahr 1982 erhältlichen 944 auf der des 924 basierte, konnte man beide nicht verwechseln: Preislich und im Leistungsniveau genau zwischen 924 und 911 angesiedelt, hob sich der 944 schon allein durch seine verbreiterten Kotflügel deutlich von seinem kleinen Bruder ab. Gebaut wurde auch der 944 bei Audi in Neckarsulm, aber anders als beim 924 war hier auch der Motor eine echte Porsche-Konstruktion. Der 2,5-Liter-Vierzylinder aus Leichtmetall war vom V8 aus dem 928 abgeleitet worden. Er verfügte über eine digitale Motorelektronik, eine elektronische Einspritzung und eine Schubabschaltung. Wichtige Stationen der Modellgeschichte waren die Einführung des 944 Turbo (1984), des zwischen dem 944 und 944 Turbo angesiedelten 944 S (1986) mit zusätzlicher Nockenwelle und Vierventil-Zylinderköpfen des 928 S4 und des 944 Turbo mit 250 PS (1987).

Im Modelljahr 1989 löste der 944 S2 den 944 S ab; erstmals gab es den Transaxle-Porsche jetzt auch als Cabriolet. Gekleidet in die Karosserie des 944 Turbo, verfügte der S2 jetzt über einen Dreiliter-Motor, den damals hubraumstärksten Vierzylinder weltweit. Sein bulliges Drehmoment sorgte für eine enorme Beschleunigung auch aus niedrigen Drehzahlen heraus, für den Spurt von 0 auf 100 brauchte der S2 gerade einmal 7,1 Sekunden. Das Modelljahr 1991 war für die gesamte 944-Reihe das letzte, den Schlusspunkt setzte das auf 528 Exemplare limitierte 944 Turbo Cabriolet, seinerzeit der schnellste offene Vierzylinder der Welt.

Die Cabrio-Ausführung des Porsche 944 S2 aus dem Jahr 1990. (Foto: © Dr. Ing. h.c. F. Porsche AG)

Im Juli 1991 liefen in Zuffenhausen die ersten Exemplare des 968 vom Band, der den 944 ablöste. Die neue Front-Optik erinnerte an den 928, unter der Haube arbeitete ein Dreiliter-Vierzylinder mit variabler Einlassnockenwellen-Steuerung. Der 968 war von Anfang an sowohl als Coupé als auch als Cabriolet erhältlich. Anfang 1993 folgte als Einstiegs-Modell die Clubsport-Variante 968 CS. Bei identischem Antriebsstrang waren die Fahrleistungen etwas besser als beim normalen 968, weil der CS durch den Verzicht auf Ausstattungsdetails wie Rücksitzbank, elektrische Fensterheber, Heckscheibenwischer oder Alarmanlage weniger auf die Waage brachte. Auch die Airbags für Fahrer und Beifahrer fielen der Gewichtsreduzierung zum Opfer. Flottester Vertreter der Familie war der 968 Turbo S auf C-Basis, die Straßenversion des in Rennen eingesetzten 968 Turbo RS. Als äußere Kennzeichen des Turbo S stachen vor allem die beiden zusätzlichen Lufteinlässe in der Motorhaube ins Auge. Das Fahrwerk allerdings war gegenüber dem CS nochmals um 20 mm (und um 40 mm gegenüber dem S2) tiefergelegt und straffer abgestimmt. Anders als seine beiden »kleinen Brüder« hatte der Turbo S einen Zweiventil-Zylinderkopf, doch dank der Aufladung leistete dieser 305 PS. Um diese bändigen zu können, erhielt der 968 Turbo S die Bremsanlage des 911 Turbo S. Produziert wurden vom 968 Turbo S gerade einmal 14 Stück.

Porsche 944, Baujahr 1982. (Foto: © Dr. Ing. h.c. F. Porsche AG)

Porsche 968 in der Cabrio-Version, Baujahr 1992. (Foto: © Dr. Ing. h.c. F. Porsche AG)

Der Porsche 968 CS, Modelljahr 1993, bot bessere Fahrleistungen als sein Vorgänger 968. (Foto: © Dr. Ing. h.c. F. Porsche AG)

Das schnellste 968-Modell war der Porsche 968 Turbo S, von dem auch eine Rennversion existierte. (Foto: © Dr. Ing. h.c. F. Porsche AG)

911

Das Auto, das einmal als »911« zum Inbegriff eines Sportwagens werden sollte, wurde erstmals 1963 als 901 auf der IAA präsentiert. Auf dem Papier waren die Unterschiede zum Vorgänger-Typ 356 gar nicht so groß, in der Realität dagegen gewaltig. Beim luftgekühlten Boxermotor im Heck handelte es sich um eine komplette Neukonstruktion mit nunmehr sechs Zylindern. Der 130 PS starke Motor besaß zwei obenliegende Nockenwellen und eine achtfach gelagerte Kurbelwelle. Ausgeliefert wurde der 911 zunächst ausschließlich mit einem Fünfgang-Getriebe, ab Modelljahr 1968 gab es den nunmehrigen 911 L optional auch mit Halbautomatik. Von Anfang an mit eingeplant war auch ein offene Variante, die dann zur IAA 1965 gezeigt wurde. Die Variante hieß 911 Targa, war ab dem Modelljahr 1967 zu haben und sollte mit ihrem Namen zum einen an die Targa Florio erinnern, zum anderen als italienische Bezeichnung für das deutsche Wort »Schild« die Schutzfunktion des Überrollbügels verdeutlichen. Das Dachmittelteil des Targa ließ sich herausnehmen und im Kofferraum verstauen, die Heckscheibe aus Kunststoff konnte weggeklappt werden. Im gleichen Modelljahr – 1967 – erschien der Porsche 911 S mit 160 PS und einer Höchstgeschwindigkeit von 225 km/h; er hatte innenbelüftete Scheibenbremsen rundum. Ein Jahr später folgte ein neues Basis-Modell namens 911 T mit 110 PS und Viergang-Handschaltung. Noch ein Jahr später erfolgte die Umstellung auf eine Bosch-Einspritzpumpe, außerdem wurde der Radstand um 57 mm verlängert, was das Fahrverhalten spürbar verbesserte. Für 1970 gab es größere Motoren mit 2,2 Litern Hubraum, das Leistungsspektrum reichte von 125 über 155 bis 180 PS im 911 S. 1972 erfolgte ein weitere Hubraumvergrößerung auf 2,4 Liter, für Furore indes sorgte der auf dem Pariser Automobilsalon als Basis-Fahrzeug für den Motorsport vorgestellte Porsche 911 Carrera RS 2.7. Der leistungsgesteigerte Sechszylinder-Boxer mit 210 PS beschleunigte den gewichtsreduzierten Hochleistungssportwagen in nur 6,3 Sekunden auf 100 km/h. Eine Höchstgeschwindigkeit von über 240 km/h machte ihn zum seinerzeit schnellsten deutschen Serienautomobil. Front- und Heckspoiler – letzterer »Entenbürzel« genannt – sorgten in Verbindung mit den hinteren Kotflügelverbreiterungen für die entsprechende Fahrstabilität. Der Carrera RS war der erste Porsche, der hinten breitere Felgen hatte als vorn. In der leichtesten Version für den Kundensport war sein Gewicht nochmals deutlich auf 960 kg reduziert worden, der Wert für die Beschleunigung auf 100 km/h lag dann bei stolzen 5,8 Sekunden. Im Modelljahr 1974 entstand in einer Kleinserie der 911 Carrera RS 3.0.

Geburt einer Legende: Porsche 901 von 1963. Unter der Bezeichnung 901 wurden gerade einmal 82 Fahrzeuge in Serie gebaut, bevor das Modell seinen endgültigen Namen erhielt: Porsche 911.
(Foto: © Dr. Ing. h.c. F. Porsche AG)

Der Porsche 911 S kam 1967 auf den Markt und verfügte über seinerzeit sagenhafte 160 PS. (Foto: © Dr. Ing. h.c. F. Porsche AG)

Porsche 911 S 2.0 Targa aus dem Jahr 1969.
(Foto: © Dr. Ing. h.c. F. Porsche AG)

Porsche 911 T 2.0, Modelljahr 1969. (Foto: © Dr. Ing. h.c. F. Porsche AG)

Der 911 S 2.4 des Modelljahrs 1972 war mit einem Frontspoiler ausgestattet, der bei schneller Fahrt den Auftrieb reduzierte.
(Foto: © Dr. Ing. h.c. F. Porsche AG)

Das seinerzeit schnellste deutsche Serienauto: Porsche 911 Carrera RS 2.7 mit »Entenbürzel« von 1973. (Foto: © Dr. Ing. h.c. F. Porsche AG)

911 (G-Serie)

Erstmals in der noch jungen Geschichte des Elfers war zum Modelljahr 1974 die Karosserie des Erfolgsmodells erheblich überarbeitet worden. Am auffälligsten waren wohl die Stoßfänger mit ihren Faltenbälgen, die einmal mehr neuen Bestimmungen in den USA zu verdanken waren. Zwischen den Rückleuchten fand sich jetzt eine rote Blende mit schwarzem Porsche-Schriftzug; das sogenannte G-Modell sollte sich zu der am längsten gebauten 911-Baureihe überhaupt entwickeln: Sie wurde 15 Jahre lang produziert und legte den Grundstock für die heutige Modellvielfalt. Nach und nach erweiterten die Zuffenhausener ihre Neunelfer-Modellpalette, zu den bekannten Ausführungen Coupé und Targa kamen das Cabriolet, der puristsiche Speedster und, vor allem, der Turbo. Das neugeordnete Modellprogramm zunächst die Typen 911, 911 S (jeweils als Coupé und Targa) sowie das 911 Carrera Coupé, allesamt mit 2,7-Liter-Motor und einem Leistungsspektrum von 150 bis 210 PS.

Die eigentliche Sensation aus dem Hause Porsche aber war der 911 Turbo 3.0, der auf dem Pariser Salon 1974 debütierte und dann im Modelljahr 1975 in den Handel gelangte. Intern als 930 bezeichnet, imponierte der Wagen schon rein äußerlich durch seine breiten Kotflügel, seine überbreiten Reifen und den wuchtigen Heckspoiler. 260 PS und ein maximales Drehmoment von 343 Nm reichten dem turbogeladenen Dreiliter-Motor, um den Wagen auf eine Höchstgeschwindigkeit von 250 km/h zu katapultieren, gegen Ende der Laufzeit war der Turbo auf 3,3 Liter und 360 PS erstarkt.

Der 911 Turbo war seinerzeit das schnellste Serienauto Deutschlands, noch schneller voran ging es aber mit dem 911 SC RS, den Porsche im Kalenderjahr 1984 in einer Kleinserie von 20 Exemplaren fertigte. Dieser war für den Motorsporteinsatz gedacht und in der Gruppe B homologiert. Sein Dreiliter-Triebwerk basierte auf dem Motor des 911 SC (»Super Carrera«), Karosserie, Fahrwerk, Bremsen und Räder stammten vom 911 Turbo. Die Leistung des Saugmotors war nur moderat angehoben worden auf 250 PS, unter anderem durch eine höhere Verdichtung und den Einsatz der Zylinderköpfe aus dem 935 mit höherem Ventilhub.

Als letzte Karosserievariante erschien dann für das Modelljahr 1989 der 911 Carrera als Speedster, in Deutschland in der Turbolook-Version, die schmalere »Normal«-Version ging ausschließlich in den Export. In diesem Jahr begann auch die Einführung der neuen 911-Generation der Baureihe 964.

Porsche 911 S 2.7 Targa aus dem Jahr 1975.
(Foto: © Dr. Ing. h.c. F. Porsche AG)

Äußerlich unterschied sich der Carrera vom 911 und vom 911 S unter anderem durch die etwas verbreiterten hinteren Kotflügel.
(Foto:©Dr. Ing. h.c. F. Porsche AG)

Ein weiteres bedeutendes Kapitel in der Erfolgsgeschichte des 911 schrieb Porsche mit dem 911 Turbo, der erstmals 1975 angeboten wurde (Foto: © Dr. Ing. h.c. F. Porsche AG)

Im Modelljahr 1976 wurde der 911 S aus dem Programm gestrichen und der hier abgebildete 911 Carrera erhielt einen 3-Liter-Motor, der 200 PS leistete. (Foto: © Dr. Ing. h.c. F. Porsche AG)

Kam 1989 als letzter Vertreter der G-Serie auf den Markt: der 911 Carrera 3.2 Speedster. (Foto: © Dr. Ing. h.c. F. Porsche AG)

1978 erstarkte der 911 Turbo mit auf 3,3 Liter vergrößertem Hubraum auf 300 PS. (Foto: © Dr. Ing. h.c. F. Porsche AG)

Für den Motorsport gedacht war der nur 20-mal gebaute 911 SC RS von 1984. (Foto: Dr. Ing. h.c. F. Porsche AG)

Ab dem Modelljahr 1983 gab es den 911 Turbo dann auch in einer sogenannten »Flachbau«-Version. (Foto: © Dr. Ing. h.c. F. Porsche AG)

911 (964)

Parallel zu den letztmals angebotenen alten 911-Modellen präsentierte Porsche im Modelljahr 1989 mit dem Carrera 4 Coupé das erste Modell der neuen Baureihe 964, die im Folgejahr dann um die Karosserievarianten Targa und Cabriolet erweitert wurde. Im Juli 1989 erschien auch der Carrera 2 mit Heckantrieb in allen drei Karosserieformen. Obwohl noch immer auch auf den ersten Blick als Elfer erkennbar, wies er eine wesentlich verbesserte Aerodynamik auf, nicht zuletzt durch einen völlig glatten Unterboden und den bei 80 km/h automatisch ausfahrenden Heckspoiler.

Eine komplette Neuentwicklung stellte der 3,6 Liter große Boxermotor mit Doppelzündung dar, die Leistung lag bei 250 PS. Anders als noch den Vorgänger gab es ihn grundsätzlich nur mit Katalysator, ebenso neu war das Fahrwerk mit Schraubenfedern und Servolenkung für alle Modelle. Der Allradantrieb im Carrera 4 war elektronisch gesteuert und stammte vom 959, bis auf die Schriftzüge waren Allradler und Hecktriebler nicht voneinander zu unterscheiden.

Im Modelljahr 1991 gab es dann – nach einem Jahr Pause – wieder einen 911 Turbo mit dem modifizierten 3,3-Liter-Motor des Vorgängers. Er war mit 320 PS schon üppig motorisiert, das Sondermodell Turbo S von 1992 kam dann auf gewaltige 381 PS. Wie zu erwarten, baute Porsche in den folgenden Jahren die Modellpalette zügig aus, etwa mit dem nur 1992 angebotenen 260 PS starken Carrera RS, dessen Bremsanlage vorne vom 911 Turbo und hinten der Cup-Version des Carrera entstammte. Neben der Basisversion gab es den RS auch in einer Touring-Variante, die unter anderem mit Sportsitzen und elektrischen Fensterhebern ein Mindestmaß an Komfort bot, sowie eine noch radikalere N/GT-Version, die zwar ebenfalls über eine Straßenzulassung verfügte, mit einem vollständig ausgeräumten Innenraum und eingebautem Überrollkäfig aber eindeutig für die Rennstrecke gedacht war.

Im Modelljahr 1993 folgten der RS 3.8 mit 300 PS für den Einsatz auf der Rennstrecke und der Speedster mit der schmalen Carrera-Karosserie. Im Januar 1993 kam dann der 911 Turbo mit dem 3,6-Liter-Motor, das war der erste Serienelfer, der die 200.000-Mark-Grenze überschritt. Der aufgeladene Boxer leistete hier 360 PS, sein maximales Drehmoment lag bei 520 Nm. Das Bremssystem des neuen Turbo war nochmals verbessert, das Fahrwerk im Vergleich zum Vorgänger um 20 Millimeter tiefergelegt und neu abgestimmt worden. An der Karosserie dagegen hatte sich bis auf die Verwendung des Heck-Mittelteils vom Carrera RS nichts verändert, weshalb der Turbo 3.6 sich denn auch am besten durch einen Blick auf die verchromte Typenbeschriftung identifizieren ließ oder durch einen Blick auf den Tachometer, dessen Skala jetzt bis 320 reichte. Die Fertigung der diversen 911-Varianten lief in der zweiten Hälfte des Jahres 1993 allmählich aus, auf den Bändern in Zuffenhausen war der Nachfolger im Werden.

Ab 1991 gab es den 911 der Baureihe 964 dann auch in der Turbo-Version. (Foto: © Dr. Ing. h.c. F. Porsche AG)

1989 erschien der 911 Carrera der Baureihe 964 mit völlig neuem 3,6-Liter-Motor. Als Carrera 4 verfügte er über Allrad-, als Carrera 2 über Hinterradantrieb. (Foto: © Dr. Ing. h.c. F. Porsche AG)

1992 kam aus der Baureihe 964 der Porsche 911 Carrera RS auf den Markt. Sein hartes, um 40 Millimeter tiefergelegtes Fahrwerk machte ihn zum Extremsportler. (Foto: © Dr. Ing. h.c. F. Porsche AG)

Im Modelljahr 1993 nahm Porsche vom aktuellen Carrera-Modell auch wieder eine Speedster-Variante ins Programm auf.
(Foto: © Dr. Ing. h.c. F. Porsche AG)

Auch der Motor des 911 Turbo wurde im Modelljahr 1993 noch auf 3,6 Liter vergrößert. Das Spitzenmodell leistete damit 360 PS.
(Foto: © Dr. Ing. h.c. F. Porsche AG)

Der 300 PS starke Porsche 911 Carrera RS 3.8 von 1993. (Foto: © Dr. Ing. h.c. F. Porsche AG)

911 (993)

Im Herbst 1993 präsentierte Porsche auf der IAA mit dem 911 des intern 993 genannten Typs einen Nachfolger für die Modelle der 964er-Baureihe. Die Veränderungen, die die Karosserieform des 993 aufwies, übertrafen in ihrem Umfang alle seitherigen Evolutionsschritte. Breitere Kotflügel vorn, ein breiteres Heck, flacher angeordnete Ellipsoid-Scheinwerfer und ein größerer, neu gestalteter ausfahrbarer Heckspoiler waren nur einige der zahlreichen Neuerungen. Gründlich überarbeitet wurde auch der 3,6-Liter-Motor, der jetzt 272 PS leistete. Der 993 verfügte als erster Elfer über ein Sechsgang-Getriebe, auf Wunsch war eine optimierte Viergang-Tiptronic lieferbar. Fahrwerk und Bremsen waren zum Teil erheblich verbessert worden. Der 993 war zunächst nur als Coupé erhältlich, das Cabrio folgte im Frühjahr 1994, der Carrera 4 als Coupé und als Cabrio im Herbst 1994. Nicht in der Modellpalette fehlen durfte natürlich auch der Carrera RS. Auf der neuen Basis ab dem Modelljahr 1995 angeboten, leistete der auf knapp 3,8 Liter Hubraum vergrößerte Motor 300 PS. Durch konsequenten Leichtbau sank das Fahrzeuggewicht gegenüber dem Carrera um 100 kg. Sein Fahrwerk war tiefergelegt und härter abgestimmt, die Bremsanlage war mit der des Turbo identisch. Den RS gab es auch in einer für die Rennstrecke optimierten Clubsport-Version, sie war erkennbar am durchgehenden Front- und dem Heckspoiler mit Doppelflügel.

Die Porsche 911 der Baureihe 993 waren die ersten, die serienmäßig über ein Sechsganggetriebe verfügten. (Foto: © Dr. Ing. h.c. F. Porsche AG)

Anfang 1995 präsentierte Porsche auf dem Genfer Automobilsalon den neuen 911 Turbo des Typs 993. Sein 3,6-Liter-Boxer leistete mit zwei Turboladern und zwei Ladeluftkühlern 408 PS, das maximale Drehmoment betrug 540 Nm. Serienmäßig hatte der Turbo den Allradantrieb aus dem Carrera 4, das Fahrwerk war tiefergelegt und straffer abgestimmt, die Bremsanlage den Fahrleistungen angepasst worden. Eine Rennsport-Ausführung des Turbo gab es auch, die hieß 911 GT2, wog 200 kg weniger als die Serienausführung, hatte aber 22 PS mehr. Das ließ sich noch toppen, der 1996 bis 1998 gebaute GT1 hatte als reinrassiger Rennwagen 544 PS – und eine Straßenzulassung. Die Spitze lag bei 310 km/h, der Biturbo kostete rund 1,5 Millionen Mark.

Nachgerade volkstümlich dagegen die Preise für die normalen Carrera-Modelle, die in das Modelljahr 1996 mit 285 PS rollten. Dazu war der Motor gründlich überarbeitet worden, unter anderem war er jetzt mit dem Varioram-Ansaugsystem aus dem Carrera RS bestückt. Neu kam in diesem Modelljahr auch die Targa-Version des Carrera auf den Markt, die jetzt nicht mehr über ein herausnehmbares Dachteil verfügte, sondern über ein Glasdach, dessen vorderer Teil sich unter die Heckscheibe schieben ließ. Der Targa war allerdings nur als Carrera und nicht in der Allradvariante Carrera 4 erhältlich.

Porsche Carrera 4 der Baureihe 993 mit Allradantrieb. (Foto: © Dr. Ing. h.c. F. Porsche AG)

Porsche 911 Turbo 3.6 aus dem Jahr 1995. Mit zwei Turboladern und zwei Ladeluftkühlern leistete der Motor jetzt 408 PS. (Foto: © Dr. Ing. h.c. F. Porsche AG)

Der im 911 Carrera RS Coupé auf knapp 3,8 Liter Hubraum vergrößerte Motor leistete 300 PS. (Foto: © Dr. Ing. h.c. F. Porsche AG)

Im Modelljahr 1996 wurde die Leistung der Carrera-Modelle auf 285 PS angehoben. (Foto: © Dr. Ing. h.c. F. Porsche AG)

Porsche Carrera RS 3.8 Clubsport von 1996. (Foto: © Dr. Ing. h.c. F. Porsche AG)

911 (996)

Im Modelljahr 1998 begann für den Elfer ein neues Zeitalter. Der 911 Carrera des Typs 996 war eine völlige Neuentwicklung, er war größer und dabei gleichzeitig leichter geworden, bot mehr Platz im Innenraum, war mit weniger Hubraum stärker, sparsamer und leiser als sein Vorgänger und verfügte über einen Porsche-Boxermotor, der vollständig wassergekühlt war. Um Produktionskosten zu sparen, waren rund 40 Prozent der Teile des neuen Elfers identisch mit denen des Boxsters. Den wichtigsten technischen Unterschied zum Vorgänger markierte die Umstellung des Boxermotors von Luft- auf Wasserkühlung, mit Vierventiltechnik und VarioCam entwickelte er jetzt 300 PS aus 3,4 Litern Hubraum. Wie bei Porsche üblich, erfolgte die Ablösung des Vormodells auf Raten, den Anfang machte der Carrera 2, der im Herbst 1997 ersetzt wurde. Ab April 1998 gab es ihn auch als Cabriolet, serienmäßig mit elektrisch betätigtem Stoffverdeck. Ein Hardtop gehörte beim Cabrio ebenfalls zur Serienausstattung. Im Oktober 1998 folgte schließlich die Allrad-Version Carrera 4, die es ebenfalls als Coupé und als Cabriolet gab. Mit dem zuerst 360, später 381 PS starken GT3 brachte Porsche im Frühjahr 1999 eine besonders sportliche Variante des 911 auf den Markt. Den GT3 gab es für den Einsatz im Motorsport ohne Aufpreis auch mit Clubsport-Paket.

Erst mit Beginn des Kalenderjahres 2000 gab es von Porsche wieder einen 911 Turbo. Der Neue vom Typ 996 schöpfte mit Bi-Turbo und dem neuen VarioCam Plus 420 PS aus seinen 3,6 Litern Hubraum. Serienmäßig verfügte er über Allradantrieb und eine Sechsgang-Schaltung, erstmals in einem Turbo war aber auch die Fünfgang-Automatik Tiptronic S lieferbar. Das Fahrwerk war der Motorleistung entsprechend straffer abgestimmt, in Grenzsituationen griff serienmäßig das Porsche Stability Management (PSM) regulierend ein. An der geänderten Bugpartie mit den großen Lufteinlässen war der Turbo leicht erkennbar, sie enthielt zudem unten abgerundete Bi-Xenon-Scheinwerfer. Aus dem Heckdeckel ragte eine Spoiler-Abrisskante, aus der wiederum ab Tempo 120 ein zusätzlicher Flügel ausfuhr. Die 911-GT2-Ausführung hatte dann 462 PS und die Keramikbremse PCCB. Auf Wunsch gab es sie ohne Aufpreis auch mit Clubsportpaket.

Mit Beginn des Modelljahrs 2002 brachte Porsche die zweite Generation der Elfer-Baureihe 996 auf den Markt, jetzt gab es auch wieder einen 911 Targa. Im nächsten Modelljahr wurde die Familie um das 4S Cabrio erweitert, für 2004 folgte das Turbo-Cabrio. Sportivste Variante war der 911 GT3 RS, ein auf 200 Exemplare limitiertes Homologationsmodell. Gebaut wurden dann aber wegen der großen Nachfrage 718 Exemplare (40 davon bereits im Modelljahr 2003). Es handelte sich um einen reinrassigen Rennwagen mit Straßenzulassung, der dem FIA-N/GT- und dem ACO-Reglement entsprach.

Der 911 Carrera des Typs 996, der 1998 auf den Markt kam, besaß einen vollständig wassergekühlten Boxermotor mit 3,4 Litern Hubraum.
(Foto: © Dr. Ing. h.c. F. Porsche AG)

Mit dem 911 GT3 kam 1999 ein besonders sportlicher 911 auf den Markt. (Foto: © Dr. Ing. h.c. F. Porsche AG)

Mit dem 911 GT2 präsentierte Porsche im Herbst des Jahres 2000 das 462 PS starke Top-Modell der 996-Baureihe. (Foto: © Dr. Ing. h.c. F. Porsche AG)

Die Rennmaschine Porsche 911 GT3 RS kam zum Modelljahr 2004 auf den Markt. (Foto: © Dr. Ing. h.c. F. Porsche AG)

Ab August 2004 wurde mit dem Turbo S weltweit ein stärkerer Bruder des ohnehin gewiss nicht schwächlichen 911 Turbo angeboten. Der S war sowohl als Coupé wie auch als Cabrio zu haben und leistete 450 PS. (Foto: © Dr. Ing. h.c. F. Porsche AG)

Ab Anfang 2000 war der neue 911 der Baureihe 996 auch wieder als Turbo zu haben. (Foto: © Dr. Ing. h.c. F. Porsche AG)

Zum Modelljahr 2002 präsentierte Porsche die zweite Generation der 911-Modelle der Baureihe 996, deren Motoren auf 3,6 Liter vergrößert worden waren. (Foto: © Dr. Ing. h.c. F. Porsche AG)

Mit Erscheinen der zweiten Generation der Baureihe 996 gab es den 911er ab Modelljahr 2002 auch wieder als Targa. (Foto: © Dr. Ing. h.c. F. Porsche AG)

911 (997)

Am 17. Juli 2004 brachte Porsche mit dem 911 Carrera und dem 911 Carrera S gleichzeitig zwei Elfer-Modelle einer neuen Baureihe (997) auf den Markt. Nicht zuletzt dank breiterer Spur und stärker betonter Taille wirkte der neue noch dynamischer als sein Vorgänger, ins Auge fielen vor allem auch die neuen Rundscheinwerfer, die wieder mehr an die klassische Form der 911-Scheinwerfer erinnerten. Eine aktive Dämpfung (PASM) gab es beim Carrera S serienmäßig, im Basis-Carrera auf Wunsch. Ein knappes Jahr später, am 2. April 2005, kamen die Neuen dann auch in der Cabriolet-Version zu den Händlern. Bis Tempo 50 ließ sich ihr Stoffverdeck auf Knopfdruck öffnen und schließen.

Ende Oktober 2005 schickte Porsche die neuen Allrad-Coupés 911 Carrera 4 und Carrera 4S ins Rennen um die Käufergunst. Sie waren mit den gleichen Motoren bestückt wie die hinterradgetriebenen Carrera, im Carrera 4 arbeitete der 3,6-Liter mit 325 PS, im Carrera 4S der 3,8-Liter mit 355 PS. Ihr Allradantrieb mit Visko-Lamellenkupplung brachte permanent je nach Untergrundbeschaffenheit 5 bis 40 Prozent der Kraft über die Vorderräder auf die Straße. 911 Targa 4 und 4S folgten im November 2006, ausschließlich mit Vierradantrieb und einer im Heckbereich verbreiterten Karosserie lieferbar. Targatypisches Merkmal war wie beim Vorgängermodell das große Glasdach.

Ein halbes Jahr zuvor war der GT3 erschienen, nach wie vor eine alltagstaugliche Rennmaschine mit 3,6-Liter-Sechszylinder und 415 PS, die Höchstdrehzahl lag bei 8400 U/min. Das Sechsgang-Getriebe bot sehr kurze Schaltwege. Noch sportlicher orientiert war der 911 GT3 RS – ein uneingeschränkt rundstreckentauglicher Zweisitzer.

Das Innovationskarussell indes drehte sich weiter, Ende Juni 2006 wurde das Turbo-Coupé (480 PS, 310 km/h) mit variabler Turbinengeometrie und neuem Allradantrieb mit Porsche Traction Management auf die Straße gebracht. Später folgte das rund 70 kg schwerere Turbo-Cabrio. Der Turbo für die Rundstrecke wurde Ende 2007 nachgeschoben: der 911 GT2 mit seinen großen Lufteinlässen im Bug und dem charakteristischen Heckflügel beschleunigte brachial und brachte 530 PS auf die Straße. Premiere in einem Porsche mit Straßenzulassung hatten darüber hinaus auch Endschalldämpfer und Endrohre aus Titan.

In der Mitte des Lebenszyklus wurde der 997 noch einmal kräftig aufgefrischt und mit komplett neu entwickelten Sechszylinder-Boxern mit 3,6 (345 PS) bzw. 3,8 Litern Hubraum (385 PS) bestückt. Dabei handelte sich um Motoren mit Benzin-Direkteinspritzung, das geniale Doppelkupplungsgetriebe PDK stand auf der Aufpreisliste. Sukzessive wurden die Änderungen auch auf die übrigen Mitglieder der Modellfamilie übertragen, zum Ende der Laufzeit hatte es über 20 verschiedene 997-Varianten gegeben.

Dieser Porsche 911 Carrera S gehörte zur brandneuen Baureihe 997 von 2004. Mit ihrer neuen Form erinnerten die Frontscheinwerfer wieder mehr an die klassischen Rundscheinwerfer früherer 911-Modelle.
(Foto: © Dr. Ing. h.c. F. Porsche AG)

Die allradgetriebenen Porsche 911 Carrera 4 und 4S, hier die Cabrios im direkten Vergleich nebeneinander stehend, kamen ein knappes Jahr nach den hinterradgetriebenen Coupés auf den Markt.
(Foto: © Dr. Ing. h.c. F. Porsche AG)

2006 erschien in der Baureihe 997 die Turbo-Version, hier als Cabrio-Ausführung zu sehen. (Foto: © Dr. Ing. h.c. F. Porsche AG)

Porsche 911 GT2 (997) mit charakteristischem Heckflügel aus dem Jahr 2007. (Foto: © Dr. Ing. h.c. F. Porsche AG)

Am 5. Juli 2008 präsentierten die Porsche-Händler die neue Generation des 911 Carrera der Baureihe 997. Noch stärker als ihre Vorgänger, waren sie äußerlich an den eingesetzten LED-Leuchten gut zu erkennen. (Foto: © Dr. Ing. h.c. F. Porsche AG)

Herausragendste Neuerung bei den Modellen der zweiten 997-Generation waren die komplett neu entwickelten Sechszylinder-Boxer mit 3,6 bzw. 3,8 Litern Hubraum, die erstmals über eine Benzindirekteinspritzung verfügten. (Foto: © Dr. Ing. h.c. F. Porsche AG)

Der neue 911 GT3 präsentierte sich im Mai 2009 mit 435 PS nochmals stärker und schneller als sein Vorgänger. (Foto: © Dr. Ing. h.c. F. Porsche AG)

Mit 500 PS wiederum deutlich stärker, gleichzeitig aber auch erheblich sparsamer und leichter startete der neue 911 Turbo am 21. November 2009 in den Verkauf. (Foto: © Dr. Ing. h.c. F. Porsche AG)

911 (991)

Die siebte Generation des Porsche 911 erhielt die Bezeichnung »991« und wurde am 25. September 2011 auf der IAA in Frankfurt vorgestellt. Im Vergleich zum Vorgängermodell der Baureihe 997 wies der 991 äußerlich nur geringfügige Veränderungen auf. Sein Radstand war um rund 100 Millimeter gewachsen, in der Gesamtlänge allerdings hatte der neue nur um 56 Millimeter zugelegt. Seine neu gestalteten LED-Rückleuchten fielen schmaler aus als beim Vorgänger, die Lufteinlässe in der überarbeiteten Frontschürze waren größer geworden. Und die beiden Außenspiegel waren jetzt wieder an den beiden Türen befestigt, nachdem sie in den beiden Vorgänger-Serien im Fensterdreieck angebracht gewesen waren.

Der 991 wurde zunächst nur als Coupé in zwei verschiedenen Modellversionen angeboten, als 911 Carrera mit 350 und als 911 Carrera S mit 400 PS. Die neuerlich erstarkten Sechszylinder-Boxer-Motoren mit einem Hubraum von 3,4 beziehungsweise 3,8 Litern sowie Benzindirekteinspritzung verbrauchten dank Start-Stopp-Technik und anderer Maßnahmen bis zu zwölf Prozent weniger Kraftstoff als die entsprechenden Modelle der 997-Generation.

Seit Beginn des Jahres 2012 ist der neue Neunelfer als Carrera und Carrera S dann auch wieder in zwei Cabrio-Versionen erhältlich, deren Motorleistungen mit denen der entsprechenden Coupés identisch sind. Mitte 2012 kommen mit Carrera 4 und Carrera 4S die Allrad- als weitere Modelle der Baureihe 991 auf den Markt, noch im gleichen Jahr folgt auch der 911 GT3 Cup. Äußerlich unterscheiden sich die Allradler durch eine 44 mm breitere Karosserie und ein durchgehendes schmales rotes Heckleuchtenband von den Fahrzeugen mit Heckantrieb.

Anfang 2013 präsentierte Porsche auf dem Genfer Automobilsalon den 911 GT3 der 991-Baureihe. Die fünfte GT3-Generation verfügte nunmehr über 475 PS, beschleunigte von 0 auf 100 in 3,5 Sekunden und schaffte eine Höchstgeschwindigkeit von 315 km/h. Noch im gleichen Frühjahr trat auch der neue, 460 PS starke Porsche 911 RSR zu seinen ersten Rennen und damit die Nachfolge des seit 2004 erfolgreich eingesetzten 911 GT3 RSR an.

Im Herbst 2013 erschienen dann schließlich und endlich auch die Targa-Varianten der 991-Elfer, und Ende September 2013 kamen mit dem 911 Turbo und dem 911 Turbo S die Spitzenmodelle der neuen Neunelfer-Baureihe auf den Markt. Neuer Allradantrieb, aktive Hinterachslenkung, adaptive Aerodynamik, Voll-LED-Scheinwerfer und der bis zu 560 PS starke Sechszylinder-Boxer mit doppelter Turboaufladung kennzeichneten die neue 911-Turbo-Generation. Zeitgleich mit den neuen Turbos kam auch noch ein Sondermodell Porsche 911 »50 Jahre 911« zu den Händlern – 50 Jahre einer schier unglaublichen automobilen Erfolgsgeschichte waren schließlich allemal ein Grund zum Feiern ...

Vertreter der jüngsten Porsche 911-Generation: Porsche Carrera S der Baureihe 991 von 2011. (Foto: © Dr. Ing. h.c. F. Porsche AG)

Allradvariante der Baureihe 991: Porsche Carrera 4S von 2012. (Foto: © Dr. Ing. h.c. F. Porsche AG)

Porsche 911 GT3 (991), Modelljahr 2013. (Foto: © Dr. Ing. h.c. F. Porsche AG)

Der 911 Turbo S erfuhr seine Neuauflage innerhalb der Baureihe 991 im Jahr 2013. (Foto: © Dr. Ing. h.c. F. Porsche AG)

Dieses Modell erschien zum 50-jährigen Jubiläum der 911er Erfolgsreihe. (Foto: © Dr. Ing. h.c. F. Porsche AG)

Boxster

Im Modelljahr 1997 brachte Porsche ein völlig neues Fahrzeug auf den Markt: Der Name Boxster war zusammengesetzt aus den Begriffen »Boxer« und »Roadster«, und der Mittelmotor des reinen Zweisitzers war denn auch als Sechszylinder-Boxer ein echtes Porsche-Aggregat, wenn auch wassergekühlt und mit 2,5 Litern Hubraum deutlich kleiner als in den Elfern. Dafür wurde dem Boxster aber eine erstaunlich hohe Alltagstauglichkeit bescheinigt, und als neues Einstiegsmodell erschloss er so erfolgreich neue Käuferschichten, dass Porsche zusätzliche Fertigungskapazitäten in Finnland kaufen musste. Dass er mit dem ein Jahr später erschienenen 911 vom Typ 996 hier und da eine gewisse Ähnlichkeit aufwies, lag am kostensparenden Gleichteilekonzept: Immerhin fast 40 Prozent der Teile für die beiden völlig verschiedenen Fahrzeuge waren identisch.

Drei Jahre nach seiner Markteinführung war der Boxster für das Modelljahr 2000 deutlich aufgewertet worden: Der Hubraum des Sechszylinder-Boxers war auf 2,7 Liter angehoben worden, die Leistung auf 220 PS und das maximale Drehmoment auf saftige 260 Nm gestiegen. Das sorgte vor allem im unteren Drehzahlbereich für mehr Durchzug. Als zweites Modell kam zu diesem Modelljahr der Boxster S mit 3,2-Liter-Motor und 252 PS in den Handel. Seine Bremsanlage stammte vom Elfer. Optisch waren die Unterschiede nicht groß. Bis zur Ablösung durch die zweite Generation (Typ 987) ergaben sich keine gravierenden Änderungen, abgesehen vom Modelljahr 2003.

Am 27. November 2004 kam der neue Boxster mit der Baureihen-Bezeichnung 987 zu den Händlern. Größere Räder und eine verbreiterte Spur unterstrichen seinen Anspruch auf eine Spitzenstellung unter den Roadstern. Die neue Front wies zwar gewisse Ähnlichkeiten mit dem 911 auf, war aber trotzdem als typisches Boxster-Gesicht auf Anhieb erkennbar. Neu war das Lichtkonzept mit der Trennung in Hauptscheinwerfer und Bugleuchte mit integriertem Nebelschweinwerfer. Die Leistung des im Hubraum unverändert gebliebenen 2,7-Liter-Boxers war von 228 auf 240, ab 2007 auf 245 PS angehoben worden, beim Boxster S lautete die neue Marschzahl 280 PS.

Es folgte das bei Porsche übliche Spiel mit Hubräumen, Leistungsvarianten und Ausstattungen, auch Sondermodelle wurden zum Thema: Der 303 PS starke Boxster RS 60 Spyder vom März 2008 sollte zum Beispiel an den Sieg beim 12-Stunden-Rennen in Sebring erinnern. Im Februar 2009 frischte Porsche die zweite Boxster-Generation kräftig auf, zur neuen Front kamen völlig neu entwickelte Boxermotoren – mit Benzin-Direkteinspritzung beim Boxster S –, hubraumstärker, leistungsfähiger und gleichzeitig sparsamer. Beide Modelle konnten zudem mit der neuen PDK geordert werden.

Im Februar 2010 kam mit dem Boxster Spyder das aktuell leichteste Modell der gesamten Porsche-Palette auf den Markt. Der puristische Mittelmotor-Roadster sollte als dritte Variante neben Boxster und Boxster S die Sportfreunde unter den Boxster-Fahrern ansprechen. Deutlich leichter und mit einem tieferen Schwerpunkt als ein Boxster S, verfügte der Spyder über ein komplett neues Sportfahrwerk; sein 3,4-Liter-Motor leistete mit 320 PS noch einmal zehn mehr als im Boxster S.

Der Nachfolger erschien dann im Frühjahr 2012. Zu den wichtigsten Fortschritten gehörten die neue, um 55 kg leichtere Karosseriestruktur und der um 60 mm gewachsene Radstand. Es blieb bei den bekannten Motoren, sie hatten jeweils zehn PS dazugewonnen. Eine Start-Stopp-Automatik war serienmäßig, die Lenkung funktionierte elektromechanisch, nicht mehr ölhydraulisch. Mindesten 50.000 Euro rief Porsche für einen neuen Boxster auf.

Mit dem Boxster der Baureihe 986 präsentierte Porsche 1997 ein weiteres Erfolgsmodell.
(Foto: © Dr. Ing. h.c. F. Porsche AG)

Dem ab Herbst 1999 erstarkten Boxster stellte Porsche im gleichen Modelljahr 2000 einen mit 252 PS noch stärkeren Bruder zu Seite: den Boxster S. (Foto: © Dr. Ing. h.c. F. Porsche AG)

Boxster und (hier abgebildet) Boxster S der neuen Baureihe 987 präsentierte Porsche im Modelljahr 2005. (Foto: © Dr. Ing. h.c. F. Porsche AG)

Reverenz an den im Rennsport erfolgreichen 718 RS 60 Spyder: Boxster S »RS 60 Spyder« von 2008. (Foto: © Dr. Ing. h.c. F. Porsche AG)

Der Boxster Spyder von 2010 war ein puristischer Mittelmotor-Roadster: leicht, stark, konsequent offen und dabei höchst effizient. (Foto: © Dr. Ing. h.c. F. Porsche AG)

Vertreter der seit 2012 auf dem Markt befindlichen dritten Boxster-Baureihe 981. (Foto: © Dr. Ing. h.c. F. Porsche AG)

Cayman

Eine Lücke im Modellprogramm hatte Porsche zwischen Boxster und 911 ausgemacht, und genau in diese Lücke zielte der Cayman – zuerst in S-Ausführung – Ende November 2005. Sein neu entwickelter Sechszylinder-Boxer hatte 3,4 Liter Hubraum und leistete 295 PS. Von vorn zu unterscheiden war das Boxster-Coupé namens Cayman vom Roadster beispielsweise an den in die Lamellen der äußeren Lufteinlässe integrierten Nebelscheinwerfern, von hinten dürfte es wohl kaum Schwierigkeiten bei der eindeutigen Identifizierung gegeben haben: Der Cayman verfügte über ein Heck mit praktischer Heckklappe, unter der sich ein zweiter, 260 Liter großer Kofferraum verbarg. Wie im Boxster, auf dem er ja auch basierte, gab es im Cayman bereits vorn 150 Liter Stauraum. Das Alu-Fahrwerk setzte zusammen mit dem Stabilitätsmanagement PSM neue Maßstäbe in Sachen Dynamik und Sicherheit. Die aktive Dämpfung PASM war als Option ebenfalls erhältlich. Die Grundversion – den Cayman ohne Namenszusatz – reichte Porsche Ende Juli 2006 nach, die Leistung lag hier bei 245 PS. Wie auch vom offen Zweisitzer gab es vom Cayman diverse Sonderserien, und wie bei jenem gab es auch 2009 auch hier neue, leistungsstärkere, aber sparsamere Motoren. Im Februar 2011 ergänzte dann der gegenüber dem S um 55 kg leichtere Cayman R mit 330 PS die Modellpalette; mit knapp 70.000 Euro war er um rund 20.000 Euro teurer als die Cayman-Basis.

In einer auf 777 Exemplare limitierten Sonderserie brachte Porsche im November 2007 den Cayman S Porsche Design Edition 1 auf den Markt. (Foto: © Dr. Ing. h.c. F. Porsche AG)

Für das Modelljahr 2013 vollzog sich dann wie beim Boxster auch beim Cayman ein Modellwechsel. Der Porsche mit der Typbezeichnung 981c war größer, leichter und leistungsfähiger als der Vorgänger, um ihn von seinen Roadster-Brüdern abzuheben (auch wenn Porsche den Cayman nicht als Boxster-Coupé bezeichnen mochte), die beiden Motoren leisteten fünf beziehungsweise zehn PS mehr. Der längere Radstand und die geschrumpften Überhänge verbesserten Platz- und Sichtverhältnisse, die Außenspiegel saßen jetzt an den Türen.

Sollte ab 2005 die Lücke zwischen Boxster und 911 füllen: der Porsche Cayman S. (Foto: © Dr. Ing. h.c. F. Porsche AG)

Die Sonderserie Cayman S Sport legte Porsche im Jahr 2009 auf, sie war auf 700 Exemplare limitiert. (Foto: © Dr. Ing. h.c. F. Porsche AG)

Im Februar 2009 präsentierte Porsche die Modelle Cayman und Cayman S mit komplett neu entwickelten Motoren. Sie leisteten in der Basis- jetzt 265, in der S-Version 320 PS. (Foto: © Dr. Ing. h.c. F. Porsche AG)

Porsche Cayman R aus dem Jahr 2011, mit höherer Leistung, aber geringerem Gewicht gegenüber den bisherigen Modellen. (Foto: © Dr. Ing. h.c. F. Porsche AG)

Porsche Cayman und Cayman S der neuen Baureihe 981c von 2013. (Foto: © Dr. Ing. h.c. F. Porsche AG)

959, Carrera GT und 918

Den 959 mit den Genen des 911 SC hatte Porsche zunächst für den Rallyesport entwickelt. Er entsprach weitgehend dem Gruppe-B-Reglement, hatte einen elektronisch gesteuerten variablen Allradantrieb und markierte die Spitze des seinerzeit technisch Machbaren. Diesen Supersportwagen bot Porsche in den Modelljahren 1987 und 1988 auch in einer straßenzulassungsfähigen Ausführung an. Seine Karosserie war nicht nur besonders leicht und windschlüpfrig, sondern erzeugte auch selbst bei hoher Geschwindigkeit kaum Auftrieb. Das Fahrwerk verfügte über eine einstellbare und geschwindigkeitsabhängige Stoßdämpferregelung. Serienmäßig hatte der 959 eine Niveauregulierung an Bord, ein spezielles ABS steuerte im Bedarfsfall jedes Rad einzeln an. Der Sechszylinder-Boxer im Heck besaß wassergekühlte Zylinderköpfe und war mit zwei Turboladern bestückt, aus knapp 2,9 Litern Hubraum schöpfte er so 450 PS, die den allradgetriebenen Supersportwagen in nur 3,7 Sekunden auf Tempo 100 katapultierten. Die Spitze lag bei rund 315 km/h. Der Technologieträger kostete 420.000 Mark und wurde 292 Mal gebaut, 1992 folgte noch einmal eine Sonderserie von acht Exemplaren.

In die Kategorie der Supersportwagen gehörte auch der Carrera GT, Porsches Antwort auf den von Mercedes-Benz angekündigten SLR. Zu sehen war er erstmals auf dem Pariser Autosalon des Jahres 2000, wobei schon damals die Produktion einer Kleinserie für das Jahr 2003 angekündigt wurde. So kam es dann auch, der offene Zweisitzer versuchte den Spagat zwischen reinrassigem Rennfahrzeug und größtmöglicher Alltagstauglichkeit – was erklärt, warum hier Extras wie Navi, Klima oder Soundanlage serienmäßig mit an Bord waren. Sein vor der Hinterachse installierter V10-Saugmotor war direkt von einem für Le Mans konstruierten Aggregat abgeleitet worden und schöpfte aus 5,7 Litern Hubraum 612 PS sowie ein maximales Drehmoment von 590 Nm. Dank konsequenter Leichtbauweise erwuchsen daraus überragende Fahrleistungen. Der Carrera GT war das weltweit erste Fahrzeug, das serienmäßig mit einer Keramik-Kupplung (PCCC) ausgestattet war. Ebenfalls aus Keramik waren die Scheiben der weiterentwickelten Bremsanlage PCCB. Ohne Abstriche auf Dynamik ausgelegt war auch das Fahrwerk, ein Rennchassis mit Pushrod-Feder-Dämpfer-Einheiten, die Fahrzeugabstimmung nahm Walter Röhrl vor. Der Carrera GT kostete neu in Deutschland 452.400 Euro; alles in allem entstanden bis zur Produktionseinstellung im Mai 2006 1282 Fahrzeuge.

Auf diese Stückzahl muss es der Porsche 918 erst noch bringen. Der Mittelmotor-Sportler mit Hybridantrieb stand als Spyder im März 2010 auf dem Genfer Automobilsalon, die Markteinführung erfolgte Ende 2013. Der Grundpreis lag bei 768.026 Euro. Davon abgeleitet wurde der 918 RSR, ein Rennwagen mit Antriebstechnik aus dem Porsche 997 GT3 R Hybrid. Die Studie wurde 2011 in Nordamerika gezeigt.

Der Porsche Carrera GT wagte den Spagat zwischen Renn- und Straßenfahrzeug. (Foto: © Dr. Ing. h.c. F. Porsche AG)

War ursprünglich für den Rennsport gedacht: Porsche 959. (Foto: © Dr. Ing. h.c. F. Porsche AG)

Zwei Elektromotoren sowie ein 612 PS starker V8-Motor treiben den Porsche 918 Spyder an. (Foto: © Dr. Ing. h.c. F. Porsche AG)

Ganz auf Rennsport eingestellt: Porsche 918 RSR, eine ebenfalls mit Hybridantrieb ausgestattete Studie, die Porsche auf der Detroit Motorshow 2011 präsentierte. (Foto: © Dr. Ing. h.c. F. Porsche AG)

RODING

Ein Roadster machte sie berühmt, die in Ostbayern nahe der tschechischen Grenze gelegene 12.000-Einwohner-Gemeinde Roding. Denn genau hier fanden sich zwei Gruppen von Menschen, die nicht nur eine spezielle Vision eines Sportwagens miteinander teilten, sondern auch bereit waren, diese Wirklichkeit werden zu lassen.

Leistungsstarkes Leichtgewicht: der Roding Roadster. (Foto: Robotriot, © CC-BY-SA-3.0)

Der Traum von einem ganz speziellen Sportwagen

Johann Stangl und Stefan Kulzer besaßen bereits eine erfolgreiche Firma, die Stangl & Co Präzisionstechnik GmbH, als der Kontakt zu vier Absolventen der TU München, deren Rennteam 2007 den 1. Platz im »Engineering Design Award« errang, sie bestärkte, für Kulzers Vorliebe, den in die Jahre gekommenen Lotus Super Seven, gemeinsam einen modernen Nachfolger zu entwickeln. Dieser sollte ein kompromisslos puristischer Sportwagen werden, schnell, mit hervorragender Kurvengängigkeit und dabei superleicht im Gewicht.

Ein Jahr später gründeten die vier Ingenieure die Roding Automobile GmbH, die eine Partnerschaft mit Stangl & Kulzer einging und sich anschließend mit diesen daran machte, die Vision in die Tat umzusetzen. Ein erster Prototyp konnte 2009 fertig gestellt und u. a. auf dem Nürburgring ausgiebig getestet werden. Bis zur Serienreife des nach seinem Entstehungsort als »Roding« benannten Roadsters vergingen noch einmal zwei Jahre, dann präsentierten die Autobauer ihr straßenzugelassenes Renngefährt der Öffentlichkeit. Zwischendurch, im Jahr 2011, hatten sie noch den Bayerischen Gründerpreis in der Sparte »Konzept« eingeheimst.

Bei der Entwicklung des »Roding Roadsters« kam modernste CAD-Technik zum Einsatz, für computergesteuerte Präzision bei der Herstellung seiner Bauteile sorgten die CNC-Maschinen von Stangl & Co. Finanziert wurde der Zweisitzer von der kleinen Firma auf eigenes Risiko.

Leichtbau aus Karbon und Aluminium

Die Idee für den neuen Sportwagen beinhaltete vor allem den Gedanken, dass er leicht werden sollte, viel leichter als die immer schwerer werdenden Sportwagen der großen Hersteller. Zur Gewichtsreduzierung trug nicht nur das grundsätzlich puritanisch gehaltene Sport- und Rennwagenkonzept bei, sondern ganz wesentlich die Leichtbauweise aus Karbon und Aluminium, auf die sich Roding spezialisierte. Karbonfaserverstärkter Kunststoff wurde für das Monocoque verwendet, aus Aluminium stellte die Firma die Hilfsrahmen her. Alle Verkleidungsteile fertigte Roding dabei ebenfalls aus dem Hightech-Werkstoff CFK.

Am meisten schieden sich die Geister am ungewöhnlichen Design des nur 950 kg auf die Waage bringenden Roding Roadsters, denn dieses fiel durch viele scharfe Kanten und Lufteinlässe auf. War die kantige Linienführung lediglich eine Frage des Geschmacks, so waren die großen Lufteinlässe schlicht unerlässlich zur Kühlung des Motors. Als Antrieb hatte zuerst ein 225 PS starker 2,5-l-Turbomotor von Ford gedient, der aber später durch einen Sechszylinder-Reihenmotor von BMW ersetzt wurde, der mit seiner Leistung von 320 PS die ursprünglich angepeilten 300 PS sogar noch übertraf und mit einer Spitzengeschwindigkeit von 285 km/h einmal mehr die Erwartungen erfüllte.

Das BMW-Aggregat kam als Mittelmotor in ungewöhnlicher Querausrichtung zum Einsatz. Auch dank der konsequenten Leichtbauweise verbrauchte er lediglich 8,2 Liter auf 100 km. Verbunden war der Motor mit einer manuellen Sechsgang-Schaltung. Das angestrebte besonders sportliche Fahrverhalten des Roding Roadsters zeigt sich insbesondere in den möglichen hohen Geschwindigkeiten bei Kurvenfahrten. BMW lieferte fortan nicht nur die Motoren für das Team aus Roding, es entstand zusätzlich eine über den Roding Roadster hinausgehende Kooperation zwischen den beiden Firmen.

In Zusammenarbeit mit Siemens stellte Roding bereits 2012 darüber hinaus eine Fahrzeugversion mit Elektroantrieb vor. Die beiden Radnabenmotoren an den Hinterrädern lieferten zusammen 325 PS und dienten auch als zuverlässige Bremse, ein Siemens Lithium-Ionen-Akku fungierte als Energiespeicher, die Reichweite des Fahrzeugs betrug 120 km.

Ungewöhnlich waren neben dem Design des Roding Roadsters auch seine geringen Ausmaße. Er war sehr flach, und seine Länge betrug gerade einmal 4,10 Meter. Trotzdem verfügte der Wagen über einen verhältnismäßig großen Kofferraum (330 Liter), eine Unterbringungsmöglichkeit für Skier sowie einen Stauraum für die beiden abnehmbaren Dachhälften, die den Roadster zum Coupé umfunktionieren.

Die Zweier-Sitzgruppe des mit Leder ausgestatteten Fahrzeuginneren ist zwar eng, bietet den Insassen aber trotzdem genügend Bewegungsspielraum. Dem puristisch-spartanischen Sportwagenkonzept zum Trotz müssen die Passagiere auch nicht auf den Komfort von elektrischen Fensterhebern, einem Navigationsgerät und auf Wunsch sogar einer Klimaanlage verzichten.

Fertigungsdienstleister für die Industrie

Roding brachte den ersten in Handarbeit hergestellten Roding Roadster im Mai 2012 auf den Markt. Die erste Serie wurde streng auf 23 Exemplare limitiert. Nach dem Abverkauf dieser 189.000 Euro teuren Zweisitzer, für die sich weltweit Interessierte gefunden hatten, beabsichtigt die Firma, die weiteren Fahrzeuge – angedacht ist eine Kleinserie von etwa 30 Autos pro Jahr – vollständig individuell nach Kundenwunsch zu fertigen.

Für die beiden Partnerfirmen Roding und Stangl ist der Sportwagen nicht Selbstzweck, sondern dient zusätzlich als Werbung für ihre Kompetenzen, speziell in der Fertigung von Leichtbaustrukturen auf Karbonbasis und in der Präzisionstechnik. Deshalb verwundert es nicht, dass Roding mittlerweile als Dienstleister nicht nur für die Autoindustrie arbeitet und die in der Entwicklung des Roadsters gewonnenen Erfahrungen und Kenntnisse auf diese Weise an interessierte Kunden weitergibt.

Der Roding Roadster macht von allen Seiten eine gute Figur. Foto: © Kai S. Gruszczynski)

Aus der Kooperation mit Siemens entsprang diese Elektro-Variante des Roding Roadster. (Foto: © Siemens AG)

RUDOLPH

Mit Nachbauten von Sportwagen und Eigenentwicklungen, die sich deutlich an bekannten Vorbildern orientieren, betreibt Ralf Rudolph im nordrhein-westfälischen Mechernich-Obergartzem seine Firma. Seit einiger Zeit engagiert sich der Sportwagenbauer im Bereich alternative Antriebe.

Im Gewand des Karman Ghia brachte Rudolph zu Beginn der 90er Jahre den »Classic Roadster« heraus. (Foto: © Rudolph Perfect Roadster GmbH)

Fertigautos und Bausätze aus der Eifel

Der studierte Maschinenbauer Ralf Rudolph gründete im Jahr 1992 seine eigene Firma namens Perfect Roadster GmbH. Das erste Auto, das er hier selbst herstellte, war ein Replikat des bekannten VW-Cabrios Karmann-Ghia, aufgebaut auf einem VW-Käfer-Chassis mit einer einteiligen Glasfaser-Kunststoff-Karosserie und Faltdach. Je nach Motorenbestückung leistete das Fahrzeug zwischen 34 und 174 PS. Das Cabrio besaß bewusst weder elektrisch verstellbare Außenspiegel noch ein automatisches Verdeck oder gar beheizbare Sitze.

Allerdings erhob Karmann Vorwürfe wegen Urheberrechtsverletzung, weshalb mit dem Auto- und Karosseriebauer aus Osnabrück eine Lizenzvereinbarung getroffen werden musste, um den Classic Roadster weiterbauen zu dürfen. Der sowohl als Fertigwagen wie auch als Bausatz erhältliche »Rudolph Classic Roadster« kann mittlerweile (Stand 2013) nur noch von der Firma agfos bei Mannheim bezogen werden.

1998 wurde das zweite Fahrzeugmodell des Unternehmens vorgestellt, der äußerlich stark am Porsche 550 Spyder orientierte »Rudolph Spyder«. In ihm wurde auf Basis eines eigenen Chassis die Technik des Audi A4 verbaut. Sein Fahrwerk war in der Höhe verstellbar.

Die derzeit (2013) erhältlichen Modellvarianten C und S unterscheiden sich vor allem in Größe und Optik etwas voneinander. Die S-Variante besitzt darüber hinaus seitliche Glaskurbelscheiben sowie einen abnehmbaren Targabügel mit dreiteiligem Verdeck, das sich im Kofferraum verstauen lässt. Die zum Einsatz kommenden Audi-Motoren leisten 125, 150 und – nach Modifizierungen – 225 PS. Die erreichbare Spitzengeschwindigkeit liegt bei 240 km/h, der Sprint von 0 auf 100 km/h gelingt in 5,5 Sekunden. Mit nur 850 kg auf der Waage erweist sich der Rudolph Spyder als echtes Leichtgewicht. Kunden haben die Wahl, ob sie diesen Sportwagen fertig, als Bausatz oder als Teilaufbau erwerben möchten und ob er ihnen komfortabler oder spartanisch ausgestattet lieber ist.

Wie schon andere Sportwagenbauer ließ sich auch Rudolph vom unverwüstlichen Lotus Super Seven inspirieren, sein »Rudolph Diardi« orientierte sich deutlich am britischen Vorbild. Dennoch handelte es sich beim Diardi Roadster um eine völlige Eigenkonstruktion. Ausgestattet mit Reihensechszylinder-BMW-Motor, leistete er bis zu 343 PS. Auch Lenkung und Hinterachse stammten aus BMW-Produktion. Alternativ konnte für den Diardi ein Vierzylinder-V16-Abarth-Motor gewählt werden, der zwischen 120 und 145 PS zur Verfügung stellte. Sportwagen-Puristen konnten den Diardi, der allerdings seit einigen Jahren nicht mehr angeboten wird, auch ohne Dach und Seiten- bzw. Windschutzscheiben erstehen.

Mit alternativen Antrieben in die Zukunft

Zurzeit arbeitet Rudolph zusammen mit den Firmen Creative Data Köln und Kleinertz Elektrofahrzeugtechnik sowie diversen Fachhochschulen an der Entwicklung des Elektroroadsters CR2 e4x4. Dieser weist ein modernisiertes Karmann-Ghia-Typ-14-Design auf und verfügt über einen Gitterrohrrahmen und vier Elektromotoren. Der Prototyp wird auf der diesjährigen IAA ausgestellt. Das einzige bisher produzierte Fahrzeug dient als Demonstrationsobjekt der neuen Technik. Zwei Brusa-Hybrid-Synchronmotoren mit je 100 kW stecken in dem Gefährt und verleihen ihm eine Gesamtleistung von zirka 268 PS, eine Höchstgeschwindigkeit von über 200 km/h, eine Beschleunigung von zirka 5 Sekunden von 0 auf 100 km/h und eine Reichweite von derzeit 125 km. Sein Gewicht beträgt lediglich 1000 kg.

Ein weiteres Projekt mit E-Motor ist der »Rudolph e-Bugster«, der bislang allerdings nur als Entwurf existiert. Sein Drehstrom-Asynchronmotor soll 45 PS leisten, eine Höchstgeschwindigkeit von 110 km/h ermöglichen und mit einer Akku-Aufladung zwischen 80 und 160 km weit fahren können.

Eine Serienfertigung des eBugsters und des CR2 e4x4 ist geplant, dafür werden allerdings noch Investoren gesucht. Wenngleich also diese beiden Projekte noch nicht zu haben sind und eher ein Versprechen an die Zukunft darstellen, zeigt eine weitere Aktivität der Firma Rudolph, dass es ihr mit alternativen Antriebsformen ernst ist. Mit der Gründung der »PR Autogastechnik« schuf sie sich ein zweites Standbein (PR = Pichler/Rudolph, Ralph Pichler ist ein ehemaliger Kommilitone von Rudolph und jetzt Kompagnon in der PR Autogastechnik). Ebenfalls am gleichen Standort in Mechernich-Obergartzem angesiedelt, kümmert sich dieses Unternehmen um die Umrüstung von herkömmlichen Benzinverbrennungsmotoren auf kostensparenden Flüssiggasbetrieb.

Der Rudolph Spyder S erschien 1998 und orientierte sich am Porsche 550 Spyder. (Foto: © Rudolph Perfect Roadster GmbH)

Der C-Variante des Rudolph Spyder ist puristischer, ihr fehlen einige Ausstattungsmerkmale der S-Version. (Foto: © Rudolph Perfect Roadster GmbH)

Unter dem Namen »Diardi« stellt Rudolph seine eigene Variante eines Lotus »Seventy-Seven«-Nachbaus her. (Foto: © Rudolph Perfect Roadster GmbH)

Von links nach rechts: Spyder C, Spyder S und das Lotus »Seventy Seven«-Replikat »Rudolph Diardi«. (Foto: © Rudolph Perfect Roadster GmbH)

RUF

Dass sich Tuning-Firmen einer speziellen Automarke widmen, ist nichts Ungewöhnliches. Konzentrieren sie sich dabei aber auch noch auf ein spezielles Automodell, kann man an Obsession glauben. Sind sie dabei so erfolgreich wie RUF, müssen sie irgendetwas sehr richtig gemacht haben.

Ruf BTR von 1983. (Foto: ducktail964, © CC-BY-2.0)

Beginn als Kfz-Werkstatt

Viele Jahre, bevor sich der spätere Autohersteller und Porsche-Tuner aus Pfaffenhausen im Unterallgäu als solcher einen Namen machte, existierte bereits eine Firma dieses Namens. 1939 hatte Alois Ruf Senior in der zum Freistaat Bayern gehörenden oberschwäbischen Gemeinde eine mechanische Werkstatt mit Namen »Auto RUF« gegründet, die sich nicht nur um die Instandsetzung von Automobilen kümmerte, sondern zusätzlich auch Autoteile verkaufte.

Im Zuge der Aufbaujahre nach dem Zweiten Weltkrieg erweiterte Ruf seinen Betrieb, indem er seiner Werkstatt eine Tankstelle hinzufügte. Weil sich das Geschäft erfolgreich entwickelte, fand Mitte der 50er Jahre der nächste Expansions-Schritt statt: Alois Ruf entwarf und baute einen Reisebus, den er deutschlandweit vermarktete und der schließlich die Gründung eines getrennt von der Werkstatt geführten Busunternehmens nach sich zog.

In den 60er Jahren erfolgte dann der letzte folgenreiche Zwischenschritt zum späteren Tuning-Unternehmen: Sohn Alois Ruf Junior erwarb sich in der väterlichen Garage erste Meriten im Warten und Reparieren von Fahrzeugen der Marke Porsche. Daraus entwickelte sich eine besondere Leidenschaft des jungen Mannes für die Sportwagen des Zuffenhausener Autoherstellers.

Aufstieg zum Porsche-Edeltuner und Fahrzeughersteller

Als Alois Ruf 1974 verstarb, übernahm sein damals 24-jähriger Sohn das Unternehmen und führte es in den kommenden Jahren mit seiner besonderen Vorliebe für Sportwagen des Typs Porsche 911 zu neuen Erfolgen. Der erste bei RUF getunte Porsche 911 verließ 1975 die Werkstatt. Das Fahrzeug besaß einen aufgeladenen Motor und war straßenzugelassen. Bei RUF entstanden aber auch reine Motorsportfahrzeuge.

Das zwei Jahre später vorgestellte verbesserte Porsche-Modell erhielt die Bezeichnung »RUF-Turbo« und markierte bereits die endgültige Weichenstellung von »RUF Automobile« zum Porsche-Tuner. Die Leistung des Sportwagens war auf 303 PS erhöht worden. RUF stellte zu Beginn der 80er Jahre ein selbst entwickeltes Fünfgang-Schaltgetriebe vor, welches das Porsche-eigene Vierganggetriebe ersetzte. Im Gegensatz zu anderen Tuningfirmen kümmerte sich RUF zudem um die Bereifung und die Bremsen der veredelten Fahrzeuge.

1981 wurde der Pfaffenhausener Autotuner vom Kraftfahrt-Bundesamt als Fahrzeughersteller anerkannt. 1983 entstand mit dem »RUF BTR«, natürlich auf 911er Basis, ein erster Markstein der Firma. Ausgestattet mit dem eigenen

Fünfgang-Getriebe und einem 3,4-l-Turbomotor, brachte der Wagen 374 PS hervor.

RUF blieb auch in den folgenden Jahren seinem Erfolgsrezept treu. Neben den jeweils aktuellen Porsche-Modellen (meist 911er) bot die Firma zudem Tuning, Restaurierung und Neuaufbau von klassischen Porsche- und RUF-Automobilen an.

Die Leistung der Eigenkreationen wuchs dabei ständig an. In den 90er Jahren erschienen mit den Modellen »RUF BR« und »Turbo R« Sportwagen mit 360 und 490 PS. Getoppt wurden diese Leistungszahlen im neuen Jahrtausend von den RUF-Typen »R turbo« mit zunächst 520 PS und schließlich 550 bzw. 590 PS sowie dem »Rt 12« auf Basis des Porsche Carrera 997 und sage und schreibe 650 Pferdestärken unter der Motorhaube. Dieser sprintete von 0 auf 100 km/h in nur 3,4 Sekunden. Noch einen drauf setzte RUF 2007 mit der dritten Inkarnation des »CTR«, der die 700-PS-Marke erreichte, 370 km/h Spitze fuhr und eine völlig eigenständige Entwicklung der Pfaffenhausener darstellte. Der aktuelle (Stand 2013) CTR3 »Clubsport« ist auf 17 Exemplare limitiert, dementsprechend hoch ist sein Anschaffungspreis mit stolzen 651.525 Euro.

2009 blickte das Unternehmen auf 35 erfolgreiche Jahre zurück und feierte diesen Anlass mit der Jubiläumsedition »RUF Rt-35 Anniversary«. Natürlich wieder auf dem Porsche 911 basierend, leistete dieser Sportwagen 630 PS. RUF unterhielt mittlerweile Autocenter in Bahrain und den USA, beides Hauptabsatzgebiete der Firma, sowie in Schweden, Norwegen, Japan und Südkorea. Bereits drei Jahre vorher war RUF Mitglied im VDA geworden, dem Verband der deutschen Automobilindustrie.

Am Porsche Targa von 1967 orientierte sich der RUF Roadster mit 400 PS Leistung. 2012 erweiterte RUF seine Modellpalette um eine besonders luxuriöse Variante des Porsche Panamera mit Namen »RUF RXL«, die speziell für den chinesischen Markt auch noch vergrößert wurde.

Die Leidenschaft hinter der Leidenschaft: Alternative Energien

Dass die RUF Automobile GmbH im Jahr 2009 den ersten elektrisch angetriebenen Sportwagen Deutschlands auf den Markt brachte, kam nicht von Ungefähr und stellte weitaus mehr als eine bloße Laune des Unterallgäuer Autobauers und Tuningbetriebes dar.

Schon Alois Ruf Senior hatte sich mit dem Nutzen und den Möglichkeiten alternativer Energiegewinnung beschäftigt und dieses Interesse auf seinen Sohn übertragen. Das Ziel, einmal ein eigenes Wasserkraftwerk zu errichten und

Der Ruf CTR Yellowbird erschien 1987 und stellte einen Geschwindigkeitsrekord für Straßenwagen auf. (Foto: TTTNIS, © PD)

Der RUF R Kompressor basierte auf Porsche 997. (Foto: © RUF)

Der Ruf 993 Turbo R leistete bis zu 490 PS. (Foto: Alexandre Prévot, © CC-BY-SA-2.0)

Ebenfalls auf einem Porsche 997 basierte der RUF RGT. Im Bild zu sehen ein Vertreter der zweiten Generation. (Foto: © RUF)

als Antriebsmittel für die eigenen Sportwagen zu nutzen, trieb auch Alois Ruf Junior von Anbeginn an um. Der finanzielle Erfolg der Firma ermöglichte ihm 1991 die Erfüllung zumindest des ersten Teils dieses Traumes. Später kamen noch zwei weitere Wasserkraftwerke hinzu, die ausreichten, um das Unternehmen mit Strom zu versorgen.

Mit der Vorstellung des Elektro-911er mit Namen »eRUF« 2008 fand dieser mittels Wasserkraft erzeugte Strom dann endlich auch als Antriebskraft Eingang in die RUF-Sportwagen, ebenso wie erstmals die Dieselantriebstechnik; ein Jahr später erschien die in Zusammenarbeit mit Siemens verbesserte zweite Generation des Elektro-Fahrzeugs. Ebenfalls mit Elektroantrieb stattete RUF drei Porsche Cayenne aus, die werbewirksam beim Umweltgipfel in Kopenhagen zum Einsatz kamen. Das neue Zeitalter scheint bei RUF gerade erst begonnen zu haben.

Die dritte Generation des CTR: RUF CTR3. (Foto: © RUF)

RUF Rt 12 S, basierend auf Porsche 911 Turbo. (Foto: © RUF)

Der RUF Roadster wurde inspiriert von einem 1967er Porsche Targa. (Foto: © RUF)

Die Elektro-Version des RUF Roadsters »eRUF«. (Foto: © RUF)

RUSH

Der Lotus Seven hat viele Autobauer zu Replikaten inspiriert. Ein Sportwagenmodell, das sich ebenfalls stark an dem englischen Zweisitzer orientierte, hört auf den Namen »Rush«. Dieser Roadster überlebte mehrere Herstellerwechsel und hat mittlerweile im »Rush Speedster« einen Verwandten bekommen.

Rush Speedster in Blau, puristisch ohne Scheiben, Dach oder Türen. (Foto: © Rush Sportwagen)

Mehrere Eigner halten am Rush fest

Ob Lotus-Gründer Colin Chapman geahnt hatte, wie viele Nachbauten sein einfacher, aber effektiver Sportwagen Lotus Seven provozieren würde, als er diesen Ende der 50er Jahre auf den Markt gebracht hatte? Mit über 2500 verkauften Wagen war er jedenfalls erfolgreich genug. Obwohl der kleine Flitzer nach seiner Produktionseinstellung von der Firma Caterham weiter gebaut wurde, versuchten sich auch viele andere Autobauer an dem Grundbauplan des Lotus Seven.

Einer davon war 1985 Jürgen Mohr, der im selben Jahr in Karlsbad, südöstlich von Karlsruhe gelegen, das »Motorsport Center Mohr« gründete und Nachbauten von klassischen Sportwagen produzierte. Unter diesen befand sich das auf Teilen vom Ford Sierra basierende Modell Rush.

1988 zog Mohr mit seiner Firma nach Straubenhardt um, das etwas weiter südlich von Karlsbad im Enzkreis liegt. Zwei Jahre später wurde der Betrieb in »Mohr Automobile GmbH« umbenannt. Den Rush Roadster gab es sowohl mit 2,0-Liter-Ford-Sierra-Motor und 104 PS Leistung als auch als Modell Rush Cosworth mit einem 204 PS starken 2,0-Liter-Motor des englischen Herstellers Cosworth. Beide Varianten waren zusätzlich als Bausatz zu erwerben. 1992–1994 löste Mohr seine Firma auf. Das Ende des Rush war dies jedoch keinesfalls.

Nachfolger von Mohr wurde Achim Gorgus. Dieser hatte

bereits 1990 unter dem Namen »Prestige Cars« in Karlsbad-Ittersbach, am Nordrand des Schwarzwalds, mit dem Aufbauen von Autos begonnen und übernahm nun den Rush Roadster von Mohr. 1997 zog Gorgus nach Straubenhardt und führte sein Geschäft unter dem Namen »Autohaus Achim Gorgus« genau dort weiter, wo vorher Mohr das seine betrieben hatte.

Zu Beginn des neuen Jahrtausends löste auch Gorgus sein Autohaus auf, doch wieder fand sich ein Nachfolger, der Anlagen und Automodelle weiterbetreiben wollte. Sein Name lautete diesmal Jörg Glauner. Unter der Firmenbezeichnung »Autohaus Jörg Glauner« führte er in Straubenhardt die Produktion des Rush Roadsters wie auch einiger anderer Modelle seines Vorgängers weiter. Darunter befand sich z. B. der 350 PS starke »Dakota F1 Rush Roadster«, ein Zweisitzer mit einer Spitzengeschwindigkeit von 260 km/h, der sich zwar ebenfalls grob am Lotus Seven orientierte, dies aber sehr viel freier tat als der herkömmliche Rush. 2002 endete die Herstellung des Rush Dakota F1.

Ein zusätzlicher Sportwagen, den Glauner während der Jahre 2005 und 2006 produzierte, war das Modell TD 2000 mit 130 PS Leistung und einer Kunststoffkarosserie, bei dem es sich um einen Nachbau des MG TD aus den 50er Jahren handelte.

Während die Werkstatt vorerst in Straubenhardt verblieb, zog Glauners Büro später weiter nach Bad Wildbad im nördlichen Schwarzwald. 2012 folgte die Werkstatt dorthin nach.

»Spielzeuge für Erwachsene«

Unter diesem selbstironischen Slogan kündigte Jörg Glauner auf der Firmen-Webseite sein aktuelles Rush-Sportwagen-Programm an.

Der Rush Roadster basiert auf der Großserientechnik von Ford, so etwa sein aus einem kunststoffbeschichteten Gitterrohrrahmen bestehendes Fahrgestell. Der Zweisitzer aus Deutschland setzt auf dieselbe Leichtbauweise wie sein berühmtes britisches Vorbild, deshalb kommt als Material für die Karosserie glasfaserverstärkter Kunststoff zur Anwendung und für die Seitenteile, die Motorhaube und die Verkleidungsbleche Aluminium. Zur spartanischen, gewichtssparenden Konstruktion gehört ebenso wie beim Lotus Seven das Fehlen von Türen, eine Frontscheibe ist aber vorhanden, ebenso ein Verdeck (eine Variante mit Dach und Türen wird zusätzlich angeboten).

Im Rush kommen Zetec- und Duratec-Motoren von Ford genauso zum Einsatz wie solche von Opel und Honda, jeweils in unterschiedlichen Leistungsstufen. Die Leistung der Motoren wird von Fünf- und Sechsgangschaltungen und auf Wunsch mit Allrad auf die Straße gebracht. Die Innenausstattung dieses Sportwagens wird ganz nach individuellen Wünschen gestaltet.

Den Rush Roadster kann man nicht nur fertig kaufen, er wird zusätzlich als verhältnismäßig günstiger Bausatz (ab 20.000 Euro) für versierte Bastler und als rollendes Chassis angeboten. Schon der Lotus Seven war seinerzeit alternativ als Bausatz zu haben gewesen, eine Idee, die bereits Vorbesitzer Achim Gorgus ebenfalls aufgegriffen hatte.

Eine zweite, noch kompromisslosere Modell-Version trägt den Namen Rush Speedster, besitzt keine Türen, kein Dach und nicht einmal eine Frontscheibe. Die Karosserie weist dieselben Konstruktionsmerkmale auf wie die des Roadsters. Das Fahrwerk verfügt über Ford-Taunus-Radträger, seit 2004 über Alu-Radträger, vorne über Scheibenbremsen mit 4-Kolben-Alubremssätteln und hinten über Einzelradaufhängung mit einstellbaren Querlenkern.

Erneut stehen verschiedene Motoren zur Auswahl: von Ford Zetec- und Duratec-Aggregate, von Opel DOHC-/Turbo-Motoren sowie weitere Motoren von Honda und Suzuki. Diese ermöglichen bei beiden Rush-Versionen Leistungen zwischen 120 und 380 PS mit Beschleunigungswerten von 5,8 Sekunden bei 120 PS (Spitzengeschwindigkeit 195 km/h) und 4,3 Sekunden bei 220 PS (Spitzengeschwindigkeit 255 km/h).

Der Rush Roadster orientiert sich am britischen Lotus Seven, worauf auch die Seitenbezeichnung »Super 7« hinweist. (Foto: © Rush Sportwagen)

Blick auf das Armaturenbrett des Rush Roadsters. (Foto: © Rush Sportwagen)

SIN-CARS

Die jahrelange Arbeit mit den Fahrzeugen anderer Hersteller als Rennteam auf Basis eigener Fahrgestelle reichte den Gründern von »Sin Cars« irgendwann nicht mehr. Ein eigener Sport- und Rennwagen musste her! Produziert in der eigenen, kleinen Manufaktur, aber versehen mit Ausstattungen ausgesuchter Zulieferer bzw. Hersteller.

Der R1 von Sin Cars mit geöffneten Flügeltüren.
(Foto: © Sin Cars GmbH)

Deutsch-britische Kooperation

Als Encho Enchev und sein Geschäftspartner Rosen Daskolov mit der Firma »Sin Cars« in München ihren Traum vom eigenen Sportwagen zu realisieren begannen, setzten sie von vorneherein auf eine Zusammenarbeit mit ihren langjährigen Partnern von der britischen Firma »ProFormance Metals«. Deren Aufgabe war es vor allem, für das geplante Fahrzeug das Leichtgewichts-Chassis zu entwickeln. Nach sechsmonatigen Tests erhielt Sin Cars für dieses Chassis ebenso wie für den Überrollkäfig die FIA-Homologation.

Auch für andere Ausstattungsmerkmale griff die Münchner Firma nicht etwa auf »No-Name«-Firmen zurück. So stammte der 6,2-Liter-V8-Motor aus der Chevrolet Corvette C6. Mit seinen 525 PS erzielte dieser LS3-Motor nicht nur eine Höchstgeschwindigkeit von 320 km/h, sensationell war darüber hinaus auch sein Beschleunigungswert: in 2,5 Sekunden von 0 auf 100 km/h – das spielt in der Liga von Bugatti! Im R1 von Sin Cars kam dieses Aggregat als Mittelmotor zur Anwendung.

Beim geplanten Sechsgang-Getriebe vertraute Sin Cars auf Porsche und verbaute die Schaltung des 911 GT2. Für den Zusammenbau aller Komponenten sowie für Planung und Herstellung der Karosserie zeichneten die Münchner selber verantwortlich. Dank CAD-Modeling und der Möglichkeit, mit der selbst konstruierten CNC-Maschine jede erdenkliche Form zu realisieren, war es möglich, die Herstellung zeit- und kosteneffizient zu gestalten.

Sin Cars setzte wie andere Sportwagenhersteller auf eine Leichtbauweise mit Stoffen wie Carbon, wodurch das Leergewicht des Wagens auf rund 1200 kg gedrückt wurde. Das Gewicht des Fahrzeugs lastete zu 40 Prozent auf der Vorder- und zu 60 Prozent auf der Hinterachse.

Als weitere Ausstattungsmerkmale erhielt der R1 19-Zoll-Leichtmetallräder von Braid, Hochleistungsbremsen von AP sowie OMP-Schalensitze.

Die Sünde kommt auf den Markt

Zwei Jahre Entwicklungszeit waren nötig, bis Sin Cars den R1 im Januar 2013 auf der Autosport International Show in Birmingham einer breiteren Öffentlichkeit vorstellen konnte.

Einige Monate später wiederholte sich diese Prozedur beim Goodwood Festival of Speed, das ebenfalls in Großbritannien angesiedelt ist.

Mittlerweile steht der R1 zum Verkauf. Sin Cars bietet jede erdenkliche Individualisierung des Fahrzeuges an, dabei wird nicht nur auf die Ausstattungswünsche des Kunden Rücksicht genommen, sondern auch auf seine Preisvorstellungen. Sogar die Realisierung einer eigenen Karosserieform auf Basis des Sin Cars Space Frame ist möglich. Ab Werk kostet der Renner 69.000 Euro. Geplant ist der R1 sowohl in einer Renn- wie auch in einer Straßenversion.

Sin Cars hat noch weitergehende Pläne. So sollen in der Zukunft aus der kleinen Münchner Autoschmiede auch Cabriolets und Geländewagen rollen. Zusätzlich denkt die Firma an ein kostengünstigeres Sportwagen-Modell mit kleinerem Motor.

Kommt ohne großen Luxus aus: die Steuerzentrale des 320 km/h schnellen Flitzers aus München. (Foto: © Sin Cars GmbH)

Blick auf das Heck mit Sin-Emblem. (Foto: © Sin Cars GmbH)

Der R1 ist das Ergebnis von zwei Jahren Entwicklungsarbeit. (Foto: © Sin Cars GmbH)

STYLING GARAGE (SGS)

Die Styling-Garage in Hamburg war neben bb in Frankfurt einer der bekanntesten Edeltuner der frühen 80er Jahre. Erlaubt war alles, was der Kunde haben wollte: Mercedes SEC mit Flügeltüren, SEL um Meter gestreckt, mit Goldauflage und Videoanlage im Fond – es gab nichts, was SGS unter ihrem Chef Christian Hahn nicht erfüllt hätte.

Eine der gelungensten Kreationen der SGS-Nachfolgefirma Design + Technik war das Cabriolet auf Basis des BMW 850i. (Foto: © Design + Technik)

Extrem-Tuning von Luxuswagen für Scheichs

1979 gründeten Christian Hahn und sein Geschäftspartner Ralph Engel in Pinneberg bei Hamburg eine eigene Firma namens »Design + Technik«. Mit dieser gedachten sie, sich ein großes Stück vom Kuchen des damals boomenden Autotuning-Marktes abzuschneiden. Die beiden Gesellschafter zerstritten sich allerdings bereits nach kurzer Zeit über die Ausrichtung ihrer Firma, sodass Christian Hahn unter dem Namen »Styling Garage« allein weiter machte.

Eines seiner ersten umgestalteten Fahrzeuge, das die besondere Aufmerksamkeit seiner späteren Hauptkundschaft aus dem Orient erregte, war ein zum Luxusfahrzeug umgestalteter VW Golf, den Hahn auf der Frankfurter Automobilschau vorstellte. Danach konnte er sich vor Aufträgen seiner betuchten Kundschaft kaum noch retten. Zu dieser zählten vorwiegend Prinzen aus Saudi Arabien und der Sultan von Brunei, zudem afrikanische Machthaber, aber ebenso Adelige aus Europa sowie Hollywood- und Popstars wie z. B. Eddy Murphy, Frank Sinatra oder Michael Jackson, ja selbst ein Herbert von Karajan zählte dazu. Deutsche Kunden waren rar gesät, offensichtlich standen diese weniger auf die oft völlig überdrehten und teuren Glamourwagen aus Hahns Werkstatt, die meist ein Vielfaches des normalen Kaufpreises der Autos kosteten, denen sie zu neuem Chic und Individualität verhalfen.

Bei so viel Exklusivität durfte natürlich ein Mercedes-Cabriolet nicht fehlen. Der SGS-Convertible basierte auf dem Mercedes-Coupé 500 SEC und debütierte auf der IAA 1981. Eine Kleinserie wurde im April 1983 aufgelegt. Allein innerhalb des ersten halben Jahres entstanden 20 Cabrios, die nahezu alle in den Nahen Osten geliefert wurden. Der Umbaupreis von 74.000 DM beinhaltete nur die technischen Modifikationen am Grundmodell, Extras wie Lederausstattung oder TV-Anlage waren gesondert zu honorieren.

Besonderes Aufsehen erregten die Fahrzeuge, welche die Styling Garage an den Kronprinzen von Abu Dhabi lieferte. Dieser hatte für seine Hochzeitsgesellschaft 40 Daimler 500 SEL bestellt, die er unterschiedlich lackiert in allen Farben des Regenbogens haben wollte! Dieser Auftrag umfasste allein ein Volumen von zirka acht Millionen DM. Werbung hatte die Styling Garage dabei nie nötig, die Mund-zu-Mund-Propaganda reichte in den ersten Jahren völlig aus, um Hahns Auftragsbücher zu füllen. Service wurde bei SGS immer groß geschrieben, und wenn ein Scheich mal ein besonderes Problem mit seinen Luxuslinern hatte, flog Hahn gerne einen Techniker oder sogar sich selber zu seinem Kunden ins Ausland.

So viel Erfolg mit oftmals stark die Grenzen des guten Geschmacks strapazierenden Kreationen gefiel natürlich nicht allen, vor allem die Herstellerfirmen der zu Hahns Zielobjekten auserkorenen Automodelle waren meist alles andere als begeistert und versuchten sich deshalb das eine oder andere Mal mit rechtlichen Mitteln gegen die in ihren Augen extremen Auswüchse zu wehren. Mercedes beispielsweise verbot die Anbringung des Mercedes-Sterns an Hahns Fahrzeugen. Daraufhin legte dieser seinen Kunden einen 24 Karat vergoldeten Stern einfach ins Handschuhfach.

Die Kunden blieben aus

Daneben beschäftigte sich Christian Hahn auch mit weniger exklusiven Projekten. So entwickelte man zum Beispiel ein BMW-Cabriolet auf 3er-Basis mit schmalem Überrollbügel oder den »Marco Polo Four in One«, ein VW-Polo-Cabriolet, das vier verschiedene Aufbauvarianten zuließ: ganz offen, als Landaulet, als Targa und geschlossen mit Hardtop, das die originale Fahrzeugsilhouette wiederherstellte. Allerdings gingen diese Projekte nie in Serie, und so hatte die Styling Garage keine Möglichkeit, das rückläufige Geschäft mit den Luxus-Karossen zu kompensieren. Mitte der 80er Jahre hatte sich nämlich der Wind in der Tuning-Szene zu drehen begonnen.

Schuld daran waren u. a. der Einbruch des Dollarkurses, der die Preise von Hahns Fahrzeugen deutlich in die Höhe schnellen ließ, die Limitierung des Imports von umgebauten Serienfahrzeugen in Saudi-Arabien, wo Hahns wichtigste Kundschaft beheimatet war, sowie nachlassende Aufträge aus der Fahrzeugindustrie, die sich mittlerweile selbst um Sonderanfertigungen und -ausstattungen ihrer eigenen Automodelle zu kümmern begann. All diese Faktoren mitsamt des allgemein nachlassenden Booms in der Tuning-Szene führten dazu, dass Hahn auf zu vielen Modellen sitzen blieb und die hohen Produktionskosten nicht mehr hereinholen konnte. 1986 war der Schuldenberg zu groß geworden, und der Styling Garage blieb nichts anderes übrig, als ihre Pforten zu schließen.

Nachschlag

Das völlige Ende für Christian Hahns geschäftliche Unternehmungen war das jedoch noch nicht. Nur ein Jahr nach der Schließung der Styling Garage erlebte die Firma Design + Technik als Karosseriebaubetrieb ihre Wiederauferstehung. Sie stellte nach Entwürfen und im Auftrag Sonderkarosserien und Luxus-Cabriolets her. Das damalige Programm umfasste Mercedes SEC-Cabriolets, W-124-Cabriolets, offene Rolls-Royce und Bentley, Ferrari Testarossa und ab 1991 auch ein BMW-850i-Cabriolet. Zudem entwickelte Design + Technik für Karmann Cabrio-Systeme. Im Jahr 2007 war allerdings endgültig Schluss, die Firma hörte auf zu bestehen.

Der bayerische Automobilhersteller BMW verbot SGS die Nutzung seines Namens, was auch Plastikmodellbauhersteller Revell – der den offenen 850er nachgebaut hatte – dazu zwang, die Verpackung zu ändern. (Foto: © Design + Technik)

THURNER/KOHLMUS

Irgendwie träumt jeder den Traum vom eigenen Automobil: So auch der Versicherungskaufmann und Amateur-Rennfahrer Rudolf Thurner, der 1968 einen eigenen Rennwagen baute, der schlicht das Buchstabenkürzel »RS« führte.

Der Thurner RS. (Foto: Berthold Werner, © GFDL)

Doppelte Urheberschaft

Als technische Basis diente die um 100 auf 2440 mm verkürzte Bodengruppe des NSU 1200 C. Darüber setzte er einen Gitterrohrrahmen, den er mit einer Fiberglaskarosserie, entworfen nach eigenem Geschmack, umhüllte. Der Zweisitzer erhielt die Bezeichnung »Thurner RS« und verfügte über im Dach angeschlagene Flügeltüren. Für den Prototypenbau hatte Rudolf Thurner Dieter Kohlmus engagiert, einen Münchner Karosseriebauer und Besitzer einer Firma für Kunststoffverarbeitung. Nach Fertigstellung des RS-Prototyps zerstritten sich die Partner, was dann vor dem Gericht endete: Das erkannte beiden die Urheberschaft am Entwurf zu, daher hatten auch beide das Recht, ihn zu bauen und zu vermarkten. Kohlmus änderte das Heck, Thurner die Front. Kohlmus nannte seine RS-Version Scirocco, lange bevor Volkswagen diesen Modellnamen belegte. Bei Kohlmus stammte die Heckscheibe vom Fiat 850, nicht vom Porsche.

Während Thurner seinen RS stets als Komplettfahrzeug verkaufte, hatten Kohlmus-Kunden auch die Möglichkeit, einen Scirocco für ein Drittel des Preises als Bausatz zu erwerben. Das erklärt die relative Vielfalt an Scirocco-Ausführungen. Wie viele Kohlmus-Autos oder Bausätze verkauft wurden, wurde nie genau bekannt, es dürften etwa 25 bis 50 Exemplare gewesen sein.

In jedem Fall aber werkelte im Heck das luftgekühlte Vierzylinder-OHC-Aggregat aus dem NSU TT, einem bei Amateurrennfahrern sehr beliebten Renngerät. Die Leistung des 1,2-Liter-Motors lag bei 65 PS, die Kraftübertragung erfolgte über ein NSU-Viergang-Getriebe. Die hinter Plexiglas liegenden Doppelscheinwerfer stammten vom NSU TT, die Windschutzscheibe vom Porsche 911, die Heckscheibe vom Porsche 904. Das Gewicht lag bei rund 640 kg, die Höchstgeschwindigkeit bei 180 km/h.

Flügeltüren gehörten beim Thurner RS dazu.
(Foto: Berthold Werner, © GFDL

Thurner stellte seinen solide gemachten Eigenbau in Neckarsulm vor, um über eine Belieferung mit den benötigten Teilen zu reden. Allerdings hatten die Kleinwagen- und Wankel-Spezialisten zu der Zeit andere Sorgen, die Übernahme durch Audi erforderte alle Kräfte. Möglicherweise war auch das Verdikt aus Wolfsburg – dort gab es bereits seit den 50ern die Direktive, keine Fremdhersteller mit Teilen zu beliefern – den Ausschlag: Jedenfalls gab es keine Teile für den Thurner, wer einen RS haben wollte, brachte am besten einen NSU mit. Außer der Straßenversion entstand auch noch eine Rennversion mit einem von Abt getunten NSU-Einspritzmotor, der 135 PS entwickelte.

1974 brannte nach 121 Exemplaren (möglicherweise entstanden auch 124 Exemplare) Thurners Fabrik am Ortsrand von Bernbeuren im Allgäu ab, er beendete daraufhin die Fahrzeugfertigung. Ein Projekt mit dem modifizierten Fahrgestell des VW 1303 und dem Zweiliter-Einspritzmotor des Porsche 914/6 kam nicht mehr auf die Straße – schade eigentlich. Thurner starb 2008, rund 20 seiner damals zwischen 14.600 und 15.600 Mark teuren Autos haben überlebt.

2011 geisterte ein Bericht durch die Presse, dass ein Thurner-Fan und -Besitzer sich die Nachbaurechte am Thurner RS gesichert habe und eine Neuauflage mit Renault-Technik geplant sei. Bislang ist aus dem Projekt aber nichts geworden.

Angetrieben wurde der Thurner RS vom 1,2-Liter-Motor aus dem NSU TT.
(Foto: Berthold Werner, © GFDL)

Kohlmus oder Thurner RS? Die beiden Ausführungen unterschieden sich an Bug- und Heckpartie. Unterschiedlich war auch die Form der Lufteinlässe.
(Foto: MartinHansV © CC-BY-SA 1.2)

TRESER

»Wenn ich es mir recht überlege, habe ich mein ganzes Leben vom Autovergnügen geträumt«: Dieses Eingeständnis von Walter Treser, Jahrgang 1940, war vermutlich der Grund dafür, dass er nicht im Hotel- und Gaststättengewerbe heimisch wurde.

Audi quattro Roadster von Treser, 1983. (Foto: © Treser)

Vom Audi-Sportchef zum Audi-Haustuner

Statt auf das familieneigene Hotel konzentrierte sich Treser auf den Motorsport, den er zuerst mit einer Grasbahn-Maschine, später auf DKW-Junior und Alpina-BMW bei Berg- und Rundstreckenrennen betrieb. Treser beließ es nicht beim herzhaften Gasgeben, sondern studierte Fahrzeug- und Flugzeugbau und heuerte als Entwicklungsingenieur bei Daimler-Benz an. 1963 wechselte er zu Veith-Pirelli, 14 Jahre später ging der begnadete Techniker zu Audi, wo er als Leiter der Vorentwicklung einstieg.

Mit der Entwicklung des quattro hat er dort Automobilgeschichte geschrieben. Sein größter Triumph wurde ihm allerdings auch zum Verhängnis. Fehlende Erfolge in der Rallye-Saison 1981 führten zu seiner Ablösung als Audi-Sportchef. Dennoch blieb man sich gewogen: Tresers neugegründete Automobil Technik und Design GmbH avancierte zum Audi-Haustuner.

Entwicklung für Audi: Quattro Roadster (1983–1986)

Nach dem Audi-Ausstieg hatte Treser endlich Zeit für die Erfüllung seines alten Traumes: ein eigenes Auto zu bauen. Das erste greifbare Ergebnis stand auf der IAA 1983: der Audi quattro Roadster. Auf der Basis des vierradgetriebenen quattro war ein ungewöhnlicher Roadster mit versenkbarem Hardtop entstanden, dessen markantestes Merkmal die unförmige Kunststoff-Haube war, unter der sich das Hardtop verbarg.

Die patentierte Dachkonstruktion ließ sich in Sekundenschnelle über einen Drehpunkt in Höhe der B-Säule nach oben ziehen und am Windschutzscheiben-Rahmen verriegeln. Den Abschluss hinten bildete die eigentümlich hohe Heckhaube. Der Original-Kofferraum wurde nicht beeinträchtigt. Das Hardtop mit festen Scheiben machte sich dort breit, wo sonst die Rücksitzbank auf Gäste wartete. Das Abtrennen des Daches und das Einschweißen des Hilfsrahmens nahm ein VAG-Autohaus in Hannover vor, erst die Endmontage erfolgte bei Treser.

Mitte 1986 wurde der letzte Roadster ausgeliefert. Rund 50 Stück waren entstanden, die allermeisten in den Export gegangen. Das exklusive Vollcabriolet kostete mit dem 200 PS starken Serienmotor 142.000 DM, wobei Frontspoiler, Heckschürze, superbreite Leichtmetallräder der Dimension 230/45 VR 390 sowie elektrische Fensterheber, Sitzheizung, Sportsitze und Lederlenkrad zum Lieferumfang gehörten.

Erster selbstproduzierter Sportwagen: Treser T1 (1987–1988)

Im Oktober 1985 erwarb Walter Treser eine leerstehende Fabrik in Berlin. Der denkmalgeschützte Gebäudekomplex, 1932 im Bauhausstil als Maschinenfabrik errichtet, lag an der Lübarser Straße, inmitten eines 50.000 Quadratmeter großen Parkgeländes. In dieser stilvollen Umgebung sollten 200 Mitarbeiter bis zu sechs Treser-Coupés und Roadster pro Tag bauen. Die Pläne für den T1 lagen schon auf dem Tisch. Im Lastenheft las sich das so: »Der Treser-Sportwagen ist als zweisitziger, leichter Sportwagen mit Mittelmotor und Hardtop konzipiert. Bodengruppe und GfK-Karosserie werden neu entwickelt ... Die technischen Aggregate wie Motor, Getriebe, Vorder- und Hinterachse, Bremsen, Lenkung, Heizung usw. werden, soweit irgend möglich, aus dem VW/Audi-Baukasten übernommen.«

Bereits im Mai 1984 entstand ein erstes Holzmodell im Maßstab 1:5, mit dem Treser seinen Designskizzen vom November 1983 Leben einhauchte. Eineinhalb Jahre später war ein maßstabgetreues 1:1 Modell fertig, im März 1986 wurde die äußere Form verabschiedet. Seinen ersten offiziellen Auftritt absolvierte »das Auto, das in vielem anders ist« (Treser) auf der IAA 1987: Design und technische Details machten deutlich, dass trotz Großserienteilen und VW-Motor ein innovatives Automobilkonzept verwirklicht worden war. Besonders auffällig: Mittelmotor, Kunststoff-Karosserie mit Scheinwerfern, deren Abdeckung nach unten wegklappte, Getriebebetätigung über Seilzug (bei VW erst in der dritten Passat-Generation eingeführt), zwei geregelte Katalysatoren und eine aerodynamisch gestaltete Bodengruppe aus Aluminium-Verbund-Struktur.

Das Ende von Treser als Sportwagenproduzent

An den Qualitäten des Treser T1 kann es also nicht gelegen haben, dass der Sportwagen aus Berlin für viele ein Wunschtraum bleiben sollte: Insgesamt wurden 27 T1 zum Stückpreis von rund 64.000 Mark gebaut. Dass es nicht mehr wurden, lag an der unzureichenden Finanzierung. Investitionen in Höhe von 25 Millionen Mark hätte der Berliner Jung-Unternehmer gebraucht, um eine Serienfertigung aufzuziehen. Die Unterstützung des Berliner Senats allein reichte nicht, und finanzkräftige Kapitalanleger waren nicht zu gewinnen, auch der größte unter den deutschen Automobil-Tunern, Gerhard Oettinger, ließ sich nicht ins Boot ziehen. So blieb nur noch der Gang zum Konkursrichter. Dass Treser mit seiner Idee, einen zweisitzigen Sportwagen in der Golfklasse für jüngeres Publikum zu bauen, goldrichtig lag, bewiesen später die Anbieter aus Fernost. Die Erfolge von Honda CRX oder Mazda MX-5 sprechen für sich ...

Schon der Audi-Roadster von Treser besaß ein klappbares Hardtop. (Foto: © Treser)

1987 erschien der Treser T1. (Foto: © Treser)

VERITAS

Gegründet wurde die Firma mit dem lateinischen Namen 1947 von rennsportbegeisterten ehemaligen BMW-Mitarbeitern, die sich nach dem Krieg in der französischen Besatzungszone trafen. Dort, in Südbaden, kamen der Techniker und ehemalige Rennleiter Ernst Loof, der Kaufmann und Frankreich-Kenner Lorenz Dietrich sowie die Rennlegende Georg »Schorsch« Meier zusammen. Der vierte im Bunde hieß Werner Miethe.

Veritas RS von 1948. (Fotos: Lothar Spurzem, © CC-BY-SA 2.0)

Veritas-Arbeitsgemeinschaft für Sport- und Rennwagenbau

Da damals laut Besatzungsstatut die Gründung einer Automobilfirma noch nicht zulässig war, hoben die vier im März die »Veritas-Arbeitsgemeinschaft für Sport- und Rennwagenbau« aus der Taufe. Die französische Besatzungsmacht unterstützte die Gründer, sie legte ihnen zumindest keine Steine in den Weg, und das war damals schon eine ganze Menge. Der jungen Firma mit dem aufrichtigen Namen mangelte es zunächst an allem, glücklicherweise aber hatte Loof einen BMW 328 mit einer Stromlinienkarosserie, die für die Mille-Miglia 1940 gebaut worden war, hinüberretten können. Die anderen drei brachten Bares mit.

Mit viel Not, reichlich Gebrauchtteilen und viel Improvisationsgeschick entstand dann im Juni 1947 ein erster Sportwagen-Prototyp auf 328-Basis mit einer pontonförmigen Stromlinienkarosserie aus Aluminium. Ein zweiter dieser BMW-Veritas folgte, diese beiden Wagen gingen bei einigen kleineren Rennen an den Start (Motorsport fand damals vorwiegend in der französischen Besatzungszone statt) und sorgten für eine Menge Aufsehen. Es kam zu ersten Anfragen von Kunden, die ihre alten 328 mitbrachten und entsprechend umbauen ließen. Allerdings hatte es nie mehr als 462 Sportwagen vom Typ 328 gegeben, es war klar, dass die Basis auf weitere BMW-Typen ausgeweitet werden musste. Partner Miethe sorgte dafür, dass sechs Veritas an reiche US-Kunden gingen, das spülte so viel Geld in die Kasse, dass ein Umzug in große Räumlichkeiten stattfinden konnte.

Erfolge im Rennsport: Veritas GmbH, Meßkirch

Am 1. März 1948 wurde dann die Veritas GmbH gegründet, die Sportwagenmanufaktur schien auf einem guten Weg zu sein: Sechs weitere Fahrzeuge waren verkauft worden, man hatte ein Coupé entwickelt, gebaut und dem gerade vorgefahrenen Herausgeber des neu gegründeten Nachrichtenmagazins Der Spiegel präsentiert. Augstein mochte das Einzelstück aber nicht, es war zu sehr Rennwagen und zu wenig Luxus-GT.

Den ersten großen, auch überregional beachteten Auftritt hatte die Marke 1948 auf dem Hockenheimring, BMW-Veritas brachte vier Wagen an den Start, gewann überlegen und war mit einem Mal landesweit bekannt. Was die BMW-Mannen ziemlich ärgerte, weshalb sie Veritas die Benutzung ihrer drei Buchstaben verboten. Das wiederum veranlasste Veritas, mit der Entwicklung eigener Motoren zu beginnen.

Das waren Leichtmetall-Sechszylinder mit obenliegender Nockenwelle und hohem Leistungsvermögen, aber erbärmlicher Standfestigkeit: Es fehlte schlicht und ergreifend das Geld. Im Herbst 1949 hielt man sie dennoch für einsatzbereit.

Solange BMW-Motoren zur Verfügung standen, liefen die Veritas RS (»RS« für »Rennsport«) tadellos, Ende der Vierziger waren die Badener eine Macht in der deutschen Rennsportszene. Rund 30 RS wurden gebaut und vor allem an devisenstarke ausländische Kunden verkauft. Neben diesen Tourensportwagen verfeinerte Cheftechniker Loof seinen Meteor-Formel-Rennwagen, von dem 1948 bereits vier Stück gegen Vorkasse verkauft worden waren, die aber allesamt immer noch nicht liefen. Auf Druck der Kunden wurden diese dann im Mai 1950 endlich ausgeliefert, entpuppten sich aber sämtlich als rollende Baustellen, weil die 140 PS starken Eigengewächse alles andere als standfest waren: »Wir hatten noch nicht einmal das nötige Geld, um die notwendigen Zylinderkopfdichtungen zu beschaffen.«

Da man bei Veritas noch immer von der Hand in den Mund lebte, kam es auf jedes Fahrzeug an, gute Rennergebnisse waren überlebenswichtig: Das Desaster mit den Monoposto-Rennwagen war eine Katastrophe für das Firmenimage. Trotz des Imageschadens feilte Loof weiter an seinem RS-Coupé, dass den Namen »Comet« erhielt. Die Karosserie lieferte die Karosseriefabrik Spohn. Trotz guter Kritiken, etwa in der Zeitschrift Das Auto, wurde das seinerzeit teuerste deutsche Serienautomobil schlussendlich nur acht Mal verkauft, obwohl angeblich gut 600 Bestellungen für das rund 24.000 Mark teure Coupé vorlagen.

Da es nicht gelang, einen Entwurf in den Serienbau zu überführen, blieb das Geld stets knapp, nur durch staatliche Unterstützung konnte die Pleite der notorisch klammen Firma abgewendet werden.

Veritas badische Automobilwerke, 1950

Im März 1950 hatte der kaufmännische Leiter Dietrich weitere Geldgeber aufgetrieben und einen Umzug ins badische Muggensturm bei Rastatt veranlasst. Dort wurde der Serienbau der Luxuscoupés vom Typ Comet – noch immer mit BMW-Motor – vorgenommen, ein erster Prototyp unter diesem Namen war ein Derivat des Veritas-RS-Rennsportwagens und mit rund 20.000 Mark das teuerste Auto aus deutscher Provenienz gewesen. Dieser Wagen war es auch, über den die Fachzeitschrift Das Auto 1949 ausführlich berichtet hatte. In Kleinserie gebaut wurde auch die neue Baureihe »Saturn/Scorpion«, von der nicht sicher überliefert ist, ob sieben oder acht dieser Fahrzeuge entstanden. Dass es nicht mehr geworden sind, lag sicher auch an dem miserablen Abschneiden der Meteor-Rennwagen beim Großen Preis von Deutschland 1950, bei dem alle sieben Veritas-Starter frühzeitig mit technischen Defekten ausschieden.

Um das Angebot zu erweitern, hatte Dietrich um die Jahreswende 1949/50 eine Zusammenarbeit mit dem französischen Hersteller Panhard in die Wege geleitet: Veritas entwickelte eine kleine, zweisitzige Limousine auf Panhard-Basis, die bei der Stuttgarter Karosseriefabrik Baur gebaut werden sollte. Das kleine Cabriolet mit dem luftgekühlten Zweizylinder-Motor im Heck war im Mai 1950 fertig und bekam glänzende Kritiken, fand aber nicht genug Käufer.

Mit dem »Dyna« starb auch Veritas: In Folge der Koreakrise wurden Fördergelder gestrichen, ausländische Interessenten sprangen ab, Importe verteuerten sich, die Rohstoffpreise stiegen und die letzten beiden Gründer, Loof und Dietrich, hatten sich hoffnungslos verkracht: Im Oktober 1950 war der bekannteste deutsche Sportwagenhersteller pleite.

Loof zog sich in eine Werkstatt am Nürburgring zurück, baute dort einige Luxussportwagen vom Typ Veritas Nürburgring RS und arbeitete dann für BMW, während Dietrich zwischen März 1951 und April 1952 mit dem neu aufgelegten Dyna-Veritas und dem Panhard-Import sein Glück versuchte. Beide scheiterten: Die Wahrheit kann manchmal schmerzhaft sein.

Heinz Melkus 1954 in einem Veritas 1500-cm^3-Sportwagen beim 6. Leipziger Stadtparkrennen. (Foto: Deutsche fotothek, © CC-BY-SA 3.0)

Die Meteor-Formel-Rennwagen erwiesen sich leider als nicht besonders standfest. (Foto: Lothar Spurzem, © CC-BY-SA 2.0)

VERITAS (VERMOT AG)

Für ein paar Jahre hatte der deutsche Automobilhersteller Veritas zu den führenden deutschen Rennwagenbauern gehört (siehe vorangegangenes Kapitel). Nach seiner Insolvenz zu Beginn der 50er Jahre verschwanden Marken- und Modellnamen für Jahrzehnte von der Bildfläche, bis sich die neu gegründete Firma Vermot AG 2001 entschloss, den alten Veritas RS wiederzubeleben und zeitgemäß neu zu interpretieren.

Nach 50 Jahren entsteht dank der Vermot AG ein neuer Veritas, der RS III. (Foto: © Vermot AG)

Der ambitionierte Nachfolger: Veritas RS III

»Veritas RS« (»RS« für »Rennsport«) hieß der erfolgreichste deutsche Rennwagen der ersten Nachkriegsjahre. Auf ihm wurden Ende der 40er Jahre mehr als ein Dutzend deutscher Meistertitel eingefahren durch so klangvolle Namen wie Hans Herrmann, Paul Pietsch, Karl Kling, Hermann Lang, Toni Ulmen, Fritz Ries und viele mehr.

Danach sollten beinahe 50 Jahre vergehen, bis eine neugegründete Firma namens Vermot AG den Markenbegriff »Veritas« wieder ins Spiel brachte. Die Vermot AG hatte mit ihren gerade einmal 15 Mitarbeitern ihr Lager in der Nähe der letzten Produktionsstätte des im badischen gestarteten Autoherstellers aufgeschlagen, nämlich im Ortsbezirk Gelsdorf der Gemeinde Grafschaft in Rheinland-Pfalz, nahe des Nürburgrings.

2000 stellte die Firma das Konzept ihres Roadsters Veritas RS III vor, eines Supersportwagens, mit dem zunächst lediglich die Aufmerksamkeit auf die neu entwickelten Räder für die Serienproduktion erreicht werden sollte. Das Design stammte von Michael Söhngen, der hatte nach verschiedenen Stationen bei so renommierten Firmen wie Isdera, Gemballa, TechArt und Kässbohrer Geländefahrzeuge AG bereits 1998 seine Vision eines Sportwagens entwickelt. Seine Grundidee war, ein Fahrzeug zu formen, das schon im Stand mit animalischen Zügen Kraft vermittelte; die Außenhaut, die sich über das von Ulrich Schwarzbauer (Fahrzeugingenieur und Inhaber der Fa. Italauto in Köngen) auf höchstem Level entwickelte Fahrwerk spannte, sollte den Eindruck erwecken, als spielten unter ihr Sehnen und Muskelfasern. Vom ursprünglichen Entwurf her war ein Frontmittelmotor-Supersportwagen mit Gitterrohrrahmen geplant, ganz wie Ernst Loof es zu Beginn vorgemacht hatte – schließlich sollte der neue RS III die Tradition der ersten Veritas fortschreiben.

Als Antrieb war zunächst ein BMW-Zwölfzylindermotor vorgesehen. Das auf der Messe in Essen im Jahr 2000 präsentierte Schaustück rollte aber mit diesem V12-Aggregat

Das »Haifischmaul« wird zum speziellen Markenzeichen des RS III. (Foto: © Vermot AG)

keinen Meter aus eigener Kraft. Und nach dieser Messe wurde es zunächst still um den Vermot-Entwurf.

Erst mit dem Einstieg von Michael Trick Ende 2007 als Vorstand in die Firma kam neuer Wind in das Projekt. Ihm gelang es, neue Investoren zu gewinnen und eine schlagfertige Truppe zusammenzustellen. So wurde das Designmodell aus dem Jahr 2000 unter Anleitung von Michael Söhngen fahrfertig gemacht und der Weltpresse vorgestellt. Die Begeisterung der Presse und die regen Kundenanfragen festigten den Entschluss, dem Conceptcar einen seriennahen Prototypen folgen zu lassen. In Rekordzeit wurde dieser in Zusammenarbeit mit kompetenten Strategiepartnern aufgebaut.

Im Jahr 2009 präsentierte Vermot in London den Prototypen und gewann prompt die Auszeichnung »Bester Supersportwagen des Jahres« – noch vor dem neuen Supersportwagen des Hauptsponsors Aston Martin, dem One-77. Michael Söhngen hatte diesen zweiten Veritas mit modernsten CAD-Technologien komplett neu entwickelt, blieb aber dem Prinzip von Gitterrohrrahmen und BMW-Antriebsstrang treu. Genauso begeistert wie das Design wurden die Fahrleistungen des nur 995 kg schweren Zweisitzers aufgenommen. Der eingebaute BMW-Motor war ein Fünfliter-V10, der 507 PS zur Verfügung stellte und dem Fahrzeug eine Höchstgeschwindigkeit von 347 km/h bescherte. Für die Beschleunigung von 0 auf 100 km/h benötigte er lediglich 3,2 Sekunden. Als Getriebe standen ein Siebengang-SMG oder eine manuelle Sechsgangschaltung zur Wahl.

Der Veritas RS III war noch flacher gehalten als sein klassischer Vorgänger. Seine Länge betrug fünf Meter, seine Höhe nicht einmal ganz einen Meter. Nur hinter dem Pilotensitz befand sich ein Überrollbügel; der Beifahrersitz war verdeckt. Das Spezialsportfahrwerk konnte in der Höhe verstellt werden. Die Karosserie bestand aus Kevlar-Carbon und wurde von der im Formel-1-Geschäft tätigen Firma Formtech in England produziert. Die darunter liegende Gitterrohrrahmen-Konstruktion stammte von Vermot selber. Statt einer Windschutzscheibe musste der Fahrer mit einem kleinen Windabweiser vorlieb nehmen, der ihn im Grunde dem Fahrtwind ungeschützt aussetzte.

Im Bestreben, den Veritas-Spirit noch weiter zu beleben, war es dem Geschäftsführer Michael Trick schon im Vorfeld gelungen, den Sohn des Gründers Horst Loof als Berater zu gewinnen, der die Wiedergeburt des Marke Veritas begleitete und den Verantwortlichen die Philosophie seines Vaters aus erster Hand vermittelte.

Der Markteintritt wurde aber durch die Weltwirtschaftskrise verschoben. In der Folge musste sich die Vermot AG dann den geänderten Bedingungen durch BMW stellen, welche in der Zwischenzeit die Zehnzylinder-Saugmotoren hatten auslaufen lassen und auf Turbomotoren umgestiegen waren. Die Vermot AG passte sich jedoch mit den ihr zur Verfügung stehenden Mitteln an die veränderten Gegebenheiten an, und so konnte das Unternehmen die ersten fünf Exemplare in 2013 ausliefern.

Geplant war zu diesem Zeitpunkt eine limitierte Handfertigung von insgesamt 13 Sportwagen – in Anlehnung an die 13 Deutschen Meistertitel, die Ernst Loof errungen hatte. Jedes Exemplar zu einem Preis von 350.000 Euro zuzüglich etwaiger Kosten für Sonderausstattungen.

Im Gegensatz zu den meisten Projekten anderer Kleinserienhersteller genießt dieses Vorhaben (ähnlich wie Wiesmann, s. dort) eine gewisse Unterstützung seitens BMW; der Hersteller erhält komplette (»warme«) Motoren, keine Teilesätze, die erst noch zusammengebaut werden müssen. Demzufolge kann der Service auch von BMW-Betrieben übernommen werden.

Die Verzögerung bis zur Markteinführung wurde aber auch dazu genutzt, dem Roadster zeitnah eine Coupéversion folgen zu lassen, welche ebenfalls auf dem Chassis des Roadsters aufbaute. Die Präsentation des Coupés ist für 2014 geplant und trägt wieder die unverwechselbare Handschrift von Michael Söhngen.

War von Anfang an für die Gestaltung verantwortlich: Söhngen Design. (Foto: © Vermot AG)

Eine weitere Variante des Veritas RS III im Test. (Foto: © Vermot AG)

2014 soll der Veritas RS III auch in einer Coupé-Variante erscheinen. (Foto: © Vermot AG)

So präsentierte sich der Veritas RS III im Jahr 2013 und kam zum Verkauf. (Foto: © Vermot AG)

Mehr denn je erinnert die Front des RS III an ein »Haifischmaul« (Foto: © Vermot AG)

Die Heckansicht des Supersportwagens. (Foto: © Vermot AG)

VERONA

Der Verona kam ursprünglich von der anderen Seite des Atlantiks, glich dem britischen Morgan, trug bayerische Technik unter der Kunststoff-Karosserie und wurde im fränkischen Aschaffenburg gebaut.

Die Karosserie des Verona kam ursprünglich aus den USA.
(Foto: Karle Horn, © CC-BY-SA 3.0)

Eine Karosserie-Lizenz aus den USA

Der automobile Globetrotter war eine Entdeckung von Jürgen Warmuth, der die Verona-Karosserie in den USA aufgespürt und die Rechte daran erworben hatte. Ein Amerikaner namens Milt Brown hatte sie kreiert. Mit den geschwungenen Kotflügeln und der langen Schnauze war sie dem Roadster-Monument von der britischen Insel, dem Morgan, wie aus dem Gesicht geschnitten. Das amerikanische Plagiat gefiel Automobil-Enthusiast Warmuth so gut, dass er gleich fünf Exemplare kaufte und nach Aschaffenburg brachte. Dort entstand 1987 der erste Verona »Made in Germany«.

Der gelernte Karosseriebauer und studierte Fahrzeugtechniker konstruierte einen eigenen Stahlrohr-Rahmen in Gitterbauweise und komplettierte die Veronas mit solider BMW-Technik – ganz im Gegensatz zum amerikanischen Original, das mit GM-Komponenten aufgebaut war. Nachdem die aus den USA mitgebrachten Kunststoffhüllen verkauft waren, ließ Jürgen Warmuth das GfK-Teil mit stabilisierenden Sandwich-Einlagen unter Lizenz in Deutschland erstellen.

Verona Roadster mit BMW-Motoren

Wie beim Wiesmann-Roadster sorgten auch bei den Verona-Roadstern Reihensechszylinder aus dem BMW 325 oder 535 für den Antrieb. Getriebe und Schräglenker-Hinterachse entstammten ebenfalls der Großserie. Das hatte den Vorteil, dass jede BMW-Werkstatt die Wartung dieses Exoten übernehmen konnte. Der Preis für den Verona bewegte sich in der Größenordnung eines BMW Z 1. Rund sechs Roadster und Cabriolets entstanden pro Jahr in aufwendiger Handarbeit.

Die ursprüngliche Angebotspalette der »Verona Automobile GmbH« in Aschaffenburg umfasste vier Modelle. Neben den Roadstern mit 2,5- und 3,5-Liter-Maschine gab es die entsprechenden Modelle auch als Cabriolets, wobei sich Letztere nur durch die etwas höheren Türen von ihren preisgünstigeren Brüdern unterschieden. Ende 1991 wurde das Programm gestrafft. Lieferbar blieb der Verona 3,5 in der Cabriolet-Version mit dem BMW-Reihensechszylinder mit 155 kW / 211 PS. Dieses Modell spurtete in 6,4 Sekunden von 0 auf 100 km/h und erreichte eine Spitzengeschwindigkeit von 222 km/h.

Neugründungen und Produktionseinstellung

Im Jahr 1993 wurde die Verona Automobile GmbH aufgelöst. Vorsorglich war jedoch bereits im Jahr zuvor die neue Firma »E.S.W Automobile GmbH« gegründet worden, die ihr Büro in München unterhielt, aber weiterhin in Aschaffenburg Sportwagen produzierte. Unter diesen waren bis zu 157.000 DM teure Modelle.

Im Jahr 1996 erfolgte die nächste und letzte Neugründung des Unternehmens. Unter dem Namen »Verona Automobile AG« entstanden weiterhin Roadster und Cabriolets mit 3500 cm³ Hubraum, die diesmal aber in Grünwald bei München produziert wurden. Das teuerste Modell, ein Luxus-Cabriolet mit Achtzylinder-Motor und 236 PS Leistung, verlangte vom Kunden mit 168.000 DM einen tiefen Griff in die Tasche.

1997 wurde die Herstellung der Verona-Sportwagen eingestellt und ein Jahr später das ganze Unternehmen aufgelöst.

Bis 1997 wurden Verona-Sportwagen hergestellt.
(Foto: Karle Horn, © CC-BY-SA 3.0)

Blick ins Interieur eines Verona-Roadsters.
(Foto: Karle Horn, © CC-BY-SA 3.0)

Ein Nardi-Lenkrad ist in einem Luxus-Cabrio sicher nicht fehl am Platz.
(Foto: Karle Horn, © CC-BY-SA 3.0)

Angetrieben wurden die Veronas von Reihensechszylindern aus dem Hause BMW.
(Foto: F. Müller-Seewald,
© E. S. W. Automobile GmbH)

VM

Die Firma »VM Exklusiver Fahrzeugbau GmbH« wurde im November 1988 in Bergisch Gladbach gegründet. Klaus Vielhauer und die Brüder Robert und Uli Menschik, die Gesellschafter von VM, gehörten zu jener Gruppe von Spezialisten, die auf dem Fahrzeugsektor so ziemlich alles möglich machen: Rahmenbau, Kunststofffertigung, Entwicklung von Edelstahlauspuffanlagen – was der Kunde wünschte, realisierte die 15-Mann-Crew von VM.

Nardo 200 GT. (Foto: © VM Exklusiver Fahrzeugbau GmbH)

VM »Seventy Seven« – ein Lotus-Seven-Nachbau

Schwerpunkt der Aktivitäten war allerdings der Bau und Vertrieb des Seventy Seven, eines Roadsters im Stil des legendären Lotus Seven. Rund 150 Stück wurden pro Jahr hergestellt. Die dabei gewonnenen Erfahrungen kamen der Entwicklung eines eigenständigen offenen Zweisitzers zugute, der das zweite Standbein in der Fahrzeugfertigung werden sollte.

Der Lotus Seven war gegen Ende der 50er Jahre bei der englischen Sportwagenfirma Lotus entstanden. Als die Produktion 1971 auslief, sicherte sich die Firma Caterham Maschinen und Werkzeuge und bot, wie zuvor schon Lotus, den Wagen als Bausatz und als Fertigfahrzeug an.

Auch in Deutschland gab es Lotus-Seven-Nachbauten, einer der erfolgreichsten war der »Seventy Seven« von VM. Der Bausatz wurde in vier verschiedenen Ausbaustufen zu Preisen zwischen 7000 und 32.500 Mark offeriert. Der Roadster mit GfK-Karosserie und Gitterrohrchassis basierte bei der Technik wie sein britisches Vorbild auf bewährten Ford-Aggregaten. Im Fertigfahrzeug kam der Zweiliter-Vierzylinder aus dem Sierra mit 105 PS zum Einsatz.

Der offene Roadster VM »Nardo 200 GT«

Bereits 1989 präsentierte VM das 1:5-Modell eines offenen Roadsters, der den Namen »Nardo« erhielt. Zwei Jahre später stand der fertige Prototyp auf der IAA in Frankfurt. Der kompakte Roadster mit der klassisch geformten GfK-Karosserie sollte nach dem Willen seiner Erbauer »eine der schönsten Zeiten der Automobilgeschichte wieder aufleben lassen«.

Das Zeug dazu hatte er. Die eigenständige Linie des Sportwagenentwurfs wurde durch die originellen, schräg übereinander stehenden Doppelscheinwerfer unter einer Plexiglasabdeckung unterstrichen. Den Fahrzeugrahmen bildete ein selbsttragendes, kunststoffbeschichtetes Gitterrohrchassis. Die Karosserie bestand aus glasfaserverstärktem Kunststoff

– Kevlar- oder Kevlar-Carbonfaser als Sonderausstattung – und integrierte auch die Bodenwanne in Sandwichbauweise. Im Tür- und Schwellerbereich verlieh ein seitlicher Aufprallschutz zusätzliche Stabilität.

Der Nardo besaß vorne und hinten doppelte Dreiecksquerlenker und mehrfach einstellbare Gasdruckfederbeine. Wie es sich für einen Neoklassiker gehört, erfolgte der Antrieb auf die Hinterräder, wobei ein Visko-Sperrdifferenzial zum Einsatz kam. Wie beim Seventy-Seven beabsichtigte VM auch beim Nardo hinsichtlich der Motorauswahl auf vertraute Ford-Triebwerke zurückzugreifen, im Fall des 200 GT auf den Zweiliter-DOHC-Motor mit 150 PS. Beim Nardo Turbo sollte unter der Haube der Cosworth-Reihenvierzylinder mit 220 PS arbeiten. Bei einem Leergewicht von rund 710 kg hätte das ein Leistungsgewicht von 4,7 kg pro PS bedeutet, genug also für rasante Beschleunigung. Mehr Exemplare als der eine Prototyp, der über einen Zeitraum von dreieinhalb Jahren gebaut worden ist, entstanden vom Nardo allerdings nicht.

Ausweitung des Tätigkeitsprofils

Nach über tausend verkauften Autos und Fahrzeug-Bausätzen stellte VM im Jahre 2010 die letzten Seventy Seven her. Während Service und Ersatzteilversorgung aufrecht erhalten wurden und VM weiterhin Automobile restauriert und repariert, erschloss sich die Firma neue Aufgabenfelder, etwa auf dem Gebiet der Metallfertigung. Darüber hinaus stellt VM mittlerweile Beleuchtungs- und Transportausrüstungen her und versorgt Fernsehproduktionen mit technischen Spezialanfertigungen. Der Firmenname wurde dementsprechend erweitert auf »VM Exklusiver Fahrzeug- und Metallbau GmbH«.

Der Nardo 200 GT blieb ein Einzelstück.
(Foto: © VM Exklusiver Fahrzeugbau GmbH)

Der »Seventy Seven« von VM war wie sein britisches Vorbild ein offener Zweisitzer. (Foto: © VM Exklusiver Fahrzeugbau GmbH)

VM »Seventy Seven« Turbo RS. (Foto: © VM Exklusiver Fahrzeugbau GmbH)

Volkswagen und Sport – das passte lange nicht zusammen. Gewiss, auch ein Käfer ließ sich sportlich bewegen, doch ein Sportwagen wurde er dadurch noch lange nicht. Das änderte sich erst Mitte der 70er, als der GTI erschien. Dessen Erfolgskonzept – starker Motor, kompaktes Fahrzeug, gutes Leistungsgewicht – war genau das, was einen Sportwagen ausmachte. Daher wurden der Golf und dessen technischer Zwilling, der Scirocco, auch bei diversen Sportveranstaltungen eingesetzt. In den folgenden Jahrzehnten entwickelte sich ein reges Kommen und Gehen an Motoren und Modellen, seit März 2010 gibt es dafür auch eine entsprechende Abteilung: Die Volkswagen R GmbH entwickelt die R-Modelle, die sportlichen Aushängeschilder der jeweiligen Fahrzeugfamilie, und »ist ein wichtiger Baustein zum Ausbau des Markenimages der Firma und ihrer Produkte«, wie es beim Unternehmen heißt.

Golf GTI I. (Foto: © Volkswagen AG)

Golf GTI I

Zur IAA 1975 stellte Volkswagen den GTI mit 110-PS-Einspritzmotor vor. Die GTI-Produktion lief erst im Juni 1976 an, und die Nachfrage überstieg selbst kühnste Erwartungen, sodass Volkswagen in Anzeigen seine Kunden um Geduld bitten musste, weil die Gesamtproduktion auf Monate hinaus ausverkauft war. Dabei kostete er immerhin 13.850,- Mark, das war nicht billig.

Das GTI-Erfolgsrezept war eigentlich simpel: Ein kompaktes, leichtes Auto (800 kg), kombiniert mit einem starken Motor (110 PS), das ergibt jede Menge Fahrleistungen: Eine Beschleunigung von 9,2 Sekunden auf 100 km/h und eine Spitze von 182 km/h schafften allenfalls großvolumige Motorräder oder Sportwagen. Mit dem Golf wagte Volkswagen dann auch den Einstieg in den Motorsport. Der erste Rallye-Golf war Ende 1974 immerhin 93 PS stark und wog 840 kg, der erste Einsatz erfolgte bei der Hessen-Rallye 1975. Nach-

(Foto: © Volkswagen AG)

dem der GTI erschienen war, diente dieser als Ausgangsbasis für den Aufbau von Serien-Tourenwagen der Gruppe 1. Sportfahrer starteten Ende der 70er Jahre mit dem GTI sowohl in der Gruppe 1 als auch in der Gruppe 2. Wagen nach dem Gruppe-1-Reglement (Serien-Tourenwagen, 5000 Homologationsexemplare) durften ab 1977 an der Rallye-WM teilnehmen; 1978 war VW mit dem knapp 140 PS starken Golf bei der Rallye Monte Carlo am Start. Zählbare Ergebnisse gab es nach 1979 mit dem Gruppe-2-GTI, der bei einem Kampfgewicht von 790 kg gut 170 PS leistete. Die Gruppe-2-Tourenwagen (1000 Homologationsexemplare, weitergehende technische Modifikationen, Gewichtslimit nach Hubraum) waren bei der Rallye-WM und -EM zu beobachten, aber auch bei der Tourenwagen-EM und beim ONS-Rundstreckenpokal am Start. Mit dem GTI gab es zum Ende des Jahrzehnts den ersten nationalen Vize-Meistertitel und den ersten Sieg bei einem EM-Lauf.

Nachdem der Golf 1980 einen fünften Platz bei der »Monte« erreicht hatte, schafften 1981 Alfons Stock und Paul Schmuck mit ihrem GTI den Titel-Gewinn in der Rallye-DM. In dieser Zeit begann die Entwicklung eines 200 PS starken Gruppe-4-GTI mit Oettinger-Vierventilkopf für die Gruppe A der Jahre 1983 bis 1985. Zum Einsatz gelangte dieser aber erst in der zweiten Golf-Generation.

Der GTI gewann auch Anfang der 80er Jahre noch mit spielerischer Leichtigkeit jedweden Vergleichstest. Auch das Duell mit dem deutlich neueren GT/E-Kadett endete mit einem eindeutigen Fazit: »Auch der beste Opel Kadett ist bei weitem nicht gut genug, um den VW Golf GTI zu schlagen«.

(Foto: © Volkswagen AG)

Golf GTI II

Die GTI-Ausführung des Golf II erschien zum Frühjahr 1984 mit Scheibenbremsen nun auch an den Hinterrädern sowie umfangreichen Verbesserungen am Fahrwerk, das gegenüber den schwächeren Golf-Modellen um 10 mm tiefer gelegt worden war. Im Vergleich zum Vormodell zugenommen hatten der Komfort im Interieur und das Volumen des Kofferraums, auch fasste der Kraftstofftank nunmehr 55 (statt vorher 40) Liter. Der Basispreis des 1,8-Liter-GTI betrug bei seiner Vorstellung DM 21.525,-. Allerdings reagierte die Fan-Gemeinde zunächst enttäuscht, der neue GTI war kein Kraftkerl mehr, wie es der alte gewesen war. Er sei zu schwer und zu lahm, monierten die GTI-Fans, zumal auch die Messwerte (0–100 km/h 9,7 s) nicht so berauschend ausfielen, wie erwartet. Die Kritik änderte aber nichts daran, dass in zahlreichen Tests der Altmeister unter den Kompakt-Sportlern seine Konkurrenz noch immer klar in den Schatten stellte. auto motor und sport zum Beispiel stellte 1984 am Ende eines Vergleichs mit Kadett GTE und Escort XR3i nüchtern fest: »Er lässt seinen Konkurrenten in keinem Wertungskapitel eine Chance« und bilanzierte: »Die Überlegenheit des Golf GTI ist mit der Einführung des Nachfolgers noch spürbar größer geworden«.

Im Juni 1985 erfolgte die Vorstellung des GTI 16V mit Vierventil-Zylinderkopf und Fünfgang-Getriebe. Der 102 kW (139 PS) starke Überflieger bot Fahrleistungen auf dem Niveau des Ur-GTI und beschleunigte in 8,4 Sekunden auf 100 km/h. Seine Spitze lag bei über 200 km/h. Das Fahrwerk war tiefergelegt und die Bremsanlage verstärkt worden. Im Frontspoiler waren Lufteinlässe für die vorderen Scheibenbremsen. Der 16V rollte auf 14-Zoll-Rädern und Reifen der Dimension 185/60 R 14V. Allerdings begann die Auslieferung des 16V erst 1986, während der 112-PS-GTI weiterhin im Programm stand.

Die spurtstärkste GTI-Variante erschien kurz vor dem Wechsel zum Golf III: der G60 als betont sportliche Version des VW Golf GTI und mit dem G-Lader über 200 km/h schnell. Den GTI mit aufgeladenem Motor hatte man ab März 1990 kaufen können; die Allradversion kam ein Jahr später. Merkmal des Allrad-Antriebs war die variable, schlupfabhängige Kraftverteilung zwischen Vorder- und Hinterachse. Anstelle eines Verteilerdifferenzials verwendeten die Wolfsburger eine mit zähflüssigem Silikon-Öl gefüllte Lamellenkupplung. Auf Wunsch gab es dieses Fahrzeug mit elektronisch aktivierter Differenzialsperre (EDS). Das Fahrwerk des G60 stammte vom Rallye-Golf; Servolenkung und ABS hatten beide Versionen serienmäßig.

Ein Golf GTI II aus dem Jahr 1989. (Foto: © Volkswagen AG)

Golf GTI II nimmt an der Rallye San Marino teil. (Foto: © Volkswagen AG)

Diesen Golf GTI II G60 von 1990 gab es sogar mit Allradantrieb. (Foto: © Volkswagen AG)

Golf GTI III–VII

Die dritte Generation (ab August 1991) war auf den ersten Blick durch die Oval-Scheinwerfer vom 12,7 Millionen Mal gebauten Vorgänger zu unterscheiden. GTI-Freunde indes waren nicht so begeistert, die Traditionsbezeichnung sank zu einer bloßen Ausstattungsbezeichnung herab. Einigermaßen angemessen motorisiert war der GTI mit dem zwischen April 1993 und Ende 1995 verkauften 2,0-Liter-Vierventiler mit 150 PS, ein Klasse für sich der Golf mit dem 2,8- (später 2,9)-Liter-Sechszylinder VR6 des Passat.

Auch in der vierten Auflage, die im August 1997 anlief, standen die drei magischen Buchstaben in erster Linie für eine Ausstattungsvariante. »GTI« im Golf IV stand für Recaro-Sportsitze, ein Sportfahrwerk mit LM-Rädern und Reifen im Format 205/55 R 16, Zentralverriegelung, elektrische Fensterheber und ein elektrisches Schiebedach. Wahlweise mit 1,8-Liter-Turbo, VR5-Motor sowie mit TDI-Motor lieferbar, kam der GTI auf ein Leergewicht von rund 1300 Kilogramm. Der Traditionsbezeichnung gerecht wurde eigentlich erst wieder der »Golf GTI 132 kW« (so die exakte Bezeichnung) von 2001: Von dieser 180-PS-Version wurden 3000 Exemplare zum 25. Geburtstag des GTI aufgelegt. Zwar gab es schon vorher einen 150-PS-Turbo, doch der hatte noch nicht den vehementen Biss der Jubi-Version.

Mit der Einführung des fünften Golf GTI 2004 kam dann ein gänzlich neuer Turbovierzylinder mit 200 PS zum Einsatz; zum 30. Geburtstag des GTI 2006 folgte im Golf GTI Edition 30 ein 230 PS starker Turbo. Etwas später sorgte dieser neue 2.0 TSI auch im zweiten Pirelli-GTI für Schub.

Im sechsten Golf GTI – die Markteinführung erfolgte 2009 – kam dann erstmals ein Benzin-Direkteinspritzer mit Turbolader und Ladeluftkühlung zum Einsatz. Der Zweiliter-Vierventiler hatte eine Leistung von 200 PS, die bei 5100 U/min abgegeben wurden. Das Drehmoment-Maximum lag bei 280 Nm, an die Vorderräder weitergereicht normalerweise über die manuelle Sechsgang-Schaltung, wahlweise auch mittels des revolutionären Doppelkupplungsgetriebes DSG.

Im Mai 2013 schließlich wurde, nach nahezu 1,9 Millionen gebauten Golf GTI, die siebte GTI-Generation im Handel eingeführt. Erstmals kam der Golf GTI zum Start in zwei Leistungsversionen, mit 220 PS oder – im Falle des noch sportlicher ausgelegten Golf GTI Performance – 230 PS. Der 220 PS starke Golf GTI beschleunigte in 6,5 Sekunden auf 100 km/h und war 246 km/h schnell (DSG: 244 km/h). Die 230-PS-Performance-Version absolvierte den Sprint in 6,4 Sekunden und erreichte eine Höchstgeschwindigkeit von 250 km/h (DSG: 248 km/h).

Eine Sonderstellung innerhalb der Modellfamilie nahmen die VR6-Nachfolger unter der Bezeichnung »Golf R32« ein. Im August 2002 auf Basis des Golf IV eingeführt und bis Ende 2004 in über 14.000 Exemplaren gebaut, hatte dieser Allrad-Golf den 241 PS starken Sechszylinder mit 3,2 Litern Hubraum unter der Haube; im September 2005 folgte dann der R32 auf Basis des Golf V mit 3,2-Liter-V6 und jetzt 250 PS, Allradantrieb 4Motion und optionalem DSG. Die Leistungswerte lagen auf dem Niveau des Vormodells, der 250 km/h schnelle Fünfsitzer katapultierte seine Insassen in 6,5 Sekunden von 0 auf 100 km/h.

Golf GTI der dritten Generation von 1991. (Foto: © Volkswagen AG)

Ein 180 PS starker Golf GTI von 2001. (Foto: © Volkswagen AG)

Der Golf GTI V erschien 2004, gebaut wurde er bis 2008. (Foto: © Volkswagen AG)

Golf GTI VI, eingeführt 2009. (Foto: © Volkswagen AG)

Die siebte und neueste Inkarnation des Golf GTI kam 2013. (Foto: © Volkswagen AG)

Polo GTI

Von der Grundidee des Ur-GTI – viel Leistung, wenig Gewicht, sehr kompakte Ausmaße – war im Grunde genommen über die Jahrzehnte nicht allzu viel übrig geblieben. Das ließ Raum für einen darunter angesiedelten Volkssportler, der die klassischen GTI-Tugenden verkörpern sollte. Und diese Lücke schloss Volkswagen dann 1986 mit dem 115 PS starken Polo G60 und 1998 mit dem Polo GTI. Er war 125 PS stark und 205 km/h schnell. 2006 wurde dann der Polo GTI der nächsten Generation vorgestellt. Hier kam der 1,8 Liter große Fünfventil-Vierzylinder aus dem Konzernregal zum Einsatz, mit 150 PS war das der bis dato stärkste Polo aller Zeiten. Der Turbo-Fünfzylinder bot mächtig Schub aus dem Drehzahlkeller und beste Elastizitätswerte. Im März 2008 folgte dann der 180 PS starke Turbo-GTI in der »Polo GTI Cup Edition«, entwickelt von der Volkswagen Individual, die auch die Fahrzeuge für den zwischen 2004 und 2009 ausgetragenen »ADAC Volkswagen Polo Cup« aufgebaut hatte. Vom Serien-GTI unterschied sich die käufliche Cup-Edition durch das Leistungsplus von 30 PS, Cup-spezifische Karosseriemodifikationen sowie neue 17-Zoll-Leichtmetallfelgen.

Feierte 1998 sein Debüt: der Polo GTI. (Foto: © Volkswagen AG)

Die Polo-Neuauflage diente dann als Basis für den Polo R WRC, mit dem Volkswagen 2013 in der Rallye-Weltmeisterschaft antrat. Herzstück des Volkswagen Polo R WRC war der 1,6-Liter-TSI-Motor mit Direkteinspritzung und Turboaufladung, gut für rund 300 PS. Das maximale Drehmoment lag bei etwa 350 Newtonmetern. Für die Kraftübertragung war ein sequenzielles Sechsgang-Getriebe zuständig. Das Mindestgewicht gemäß Reglement lag bei 1200 Kilogramm. Der Vorverkauf des auf 2500 Homologations-Exemplare limitierten Modells mit 220 PS begann im Dezember 2012 zum Preis von 33.900 Euro, die ersten Kundenfahrzeuge wurden im September 2013 ausgeliefert. Mit dem 220 PS starken 2,0-Liter-TSI-Motor lief der Polo R WRC 243 km/h und beschleunigte in 6,4 Sekunden von 0 auf 100 km/h.

Mit 150 PS war die zweite Generation des Polo GTI stärker als die Vorgänger. (Foto: © Volkswagen AG)

Polo GTI Cup. (Foto: © Volkswagen AG)

Ein Polo R WRC bei der Rallye in Finnland 2013. (Foto: Antti Leppänen, © CC-BY-SA-3.0)

Scirocco und Corrado

Die von 1974 bis 1981 gebaute erste Scirocco-Generation war – wie der Golf I – ein meisterlicher Wurf aus der Feder des Automobildesigners Giorgetto Giugiaro: ein Sportcoupé, das auf seiner Art nicht minder wegweisend war wie der Golf, dessen Plattform und Technik er teilte. Gebaut wurde der Karmann-Ghia-Nachfolger auf den Karmann-Bändern in Osnabrück; auch der im März 1981 eingeführte Scirocco II entstand dort. Trotz einer um 20 Zentimeter gewachsenen Außenlänge diente nach wie vor die Golf- und Scirocco-I-Plattform als Basis. Die Produktion lief im September 1992 aus, von den ersten beiden Scirocco-Generationen waren insgesamt 795.800 Exemplare ausgeliefert worden.

Den Part des Seriensportlers spielte seit 1988 der Corrado, den es zunächst nur mit dem 160 PS starken 1,8-Liter-Motor und G-Lader gab. Dieses oberhalb des Scirocco angesiedelte Sportcoupé wurde mit verschiedenen Motoren bis Mitte 1995 gebaut. Zu den Besonderheiten gehörte unter anderem ein automatisch ausfahrender Heckspoiler. Ab 1991 gab es den reichhaltig ausgestatteten Volkswagen dann auch mit dem 2,9-Liter-VR6 aus dem Konzernregal mit bis zu 190 PS und einer Höchstgeschwindigkeit von rund 230 km/h. Knapp 100.000 Corrados wurden gebaut, knapp 45.000 blieben in Deutschland. Danach wurden Sportwagen-Freunde bim VW-Händler nicht mehr fündig, wer partout einen sportlichen Volkwagen wollte, musste zum Golf greifen, etwa dem R32. Die Tristesse endet erst 2008, als der Scirocco III eingeführt wurde. Die technische Basis stammte wiederum vom Golf, das Design war neu, und neu war auch die Produktionsstandort: Der Scirocco wurde in Portugal gebaut, nicht mehr bei Karmann. Rund ein Jahr nach der Markteinführung der dritten Scirocco-Generation zeigte Volkswagen am Nürburgring 2009 den stärksten jemals in Serie gebauten Scirocco. Sein aufgeladener Vierzylinder-2,0-l-TSI brachte 265 PS und 350 Newtonmeter Drehmoment – die dynamische Wirkung war ebenso beeindruckend wie das Fahrwerk, das unter anderem mit der erstmals im GTI vorgestellten Vorderachs-Quersperre XDS für optimale Traktionseigenschaften sorgte. Optisch folgte der Scirocco R in weiten Teilen dem für den Motorsport konzipierten Scirocco GT24 mit großen Lufteintrittsöffnungen und Spoiler vorn sowie großem Dachkantenspoiler, schwarz glänzendem Diffusor sowie verchromten Endrohren. Mit dem Scirocco R wird seit 2010 im gleichnamigen Cup gefahren, dieser Markenpokal im Rahmen der Deutschen Tourenwagen Masters löste den Polo Cup ab und bietet feinen Rennsport. Laut Hauptsponsor Volkswagen R GmbH ist das der »umweltfreundlichste Markenpokal der Welt«, da hier mit Bioerdgas gefahren wird.

Sciroccos der ersten Generationen beim 24-Stunden-Rennen am Nürburgring. (Foto: © Volkswagen AG)

Der Corrado als neuer Seriensportler ab 1988. (Foto: © Volkswagen AG)

Der Scirocco III kam 2008 auf den Markt und beendete eine lange Wartezeit. (Foto: © Volkswagen AG)

Scirocco R im Jahr 2011 im Renneinsatz beim Scirocco-R-Cup. (Foto: © Volkswagen AG)

Studien und Prototypen

W12 Coupé

Mit dem Zwölfzylinder-Sportwagen knackte Volkswagen 2001 zehn Rekorde auf dem Hochgeschwindigkeitskurs von Nardo, darunter war unter anderem mit 295,24 km/h der Geschwindigkeitsweltrekord über 24 Stunden. Der W12-Biturbo-Motor mit 6,0 Litern Hubraum und 750 Nm Drehmoment fand sich dann auch in der für das Treffen am Wörthersee 2007 gebauten GTI-Studie.

New Beetle RSi

Der New Beetle RSi war eine Designstudie auf Basis des Golf-Ablegers New Beetle, der 1998 im Markt eingeführt wurde. Dem üppig bespoilerten RSi von 2000 folgte 2003 die etwas dezentere Cabriolet-Ausführung.

EcoRacer

Diese Sportwagen-Studie mit Kohlefaser-Karosserie rollte auf der Tokyo Motor Show 2005 ins Rampenlicht. Unter der Haube saß ein 1,5-Liter-TDI-Motor mit 1,5 Litern Hubraum, die Höchstgeschwindigkeit lag bei 230 km/h.

GTI W12-650

Bei diesem Showcar von 2007 war der Name Programm: W12-Zylinder, 650 PS, 750 Newtonmeter. Der 6,0-Liter-Biturbo befand sich längs eingebaut direkt hinter Fahrer und Beifahrer und machte den GTI zum Mittelmotorsportler. Ein Sechsgang-Automatikgetriebe schickte die maximal 750 Newtonmeter an die Hinterachse; es katapultierte den GTI in 3,7 Sekunden auf 100 km/h. Der Biturbo lief 325 km/h.

BlueSport

Die Weltpremiere des Concept BlueSport erfolgte in Detroit 2009. Die Roadster-Studie von Volkswagen Chef-Designer Walter de Silva war ein 3,99 Meter langer Zweisitzer; der 180 PS starke TDI-Motor saß direkt hinter den Sitzen vor der Hinterachse. Ein Sechsgang-Doppelkupplungsgetriebe DSG übertrug die Kraft an die Hinterräder. In nur 6,6 Sekunden war der Sportwagen 100 km/h schnell; die Höchstgeschwindigkeit betrug 226 km/h.

Vision GTI

Der Design Vision GTI war ein 503 PS starker Golf der Superlative auf Basis des Golf VII, gezeigt beim Treffen am Wörthersee 2013. Das Designteam unter der Leitung von Klaus Bischoff (Designchef der Marke Volkswagen) zog die C-Säulen und Seitenschweller als eigenständige Karosserieelemente nach außen, um so Platz zu schaffen für die deutlich vergrößerten Spurweiten und die eigens entwickelten 20-Zoll-Räder (vorn mit 235er, hinten mit 275er Pneus). Die 300 km/h schnelle Studie hatte einen Dreiliter-V6 TSI unter der Haube. Die Kraft des Biturbo-Triebwerks – maximales Drehmoment von 560 Nm – wurde via Doppelkupplungsgetriebe (DSG) und Allradantrieb auf Vorder- und Hinterräder verteilt. Der Über-GTI beschleunigte in 3,9 Sekunden auf 100 km/h.

Die Studie W12 Coupé. (Foto: © Volkswagen AG)

New Beetle RSi. (Foto: © Volkswagen AG)

GTI W12-650. (Foto: © Volkswagen AG)

EcoRacer. (Foto: © Volkswagen AG)

BlueSport. (Foto: © Volkswagen AG)

Vision GTI. (Foto: © Volkswagen AG)

WARTBURG

Die Fahrzeugfabrik Eisenach war bereits 1896 gegründet worden und hatte zwei Jahre später mit der Fahrzeugproduktion begonnen. Nach der Übernahme durch BMW Ende 1928 stammte bis 1945 alles, was BMW hieß und auf vier Rädern fuhr, aus Eisenach. Nicht wirklich bekannt als Hersteller von Sportwagen, gab es von Wartburg immerhin einmal einen sportlich anmutenden Roadster, der sogar international Schönheitspreise abräumte, den Wartburg 313-1.

Wartburg 313-1 Sport-Roadster. (Foto: © Ralf Weinreich)

Der Tradition verpflichtet

Nach der Teilung Deutschlands wurden aus den Eisenacher BMW-Werken schließlich Ende 1955 die »AWE«, die »VEB Automobilwerke Eisenach«. Deren Fahrzeuge liefen zunächst als EMW, dann als IFA und schließlich unter dem Markennamen »Wartburg«.

Der Wartburg 313-1 löste den betagten EMW 327 ab und war zum ersten Mal auf der Leipziger Frühjahrsmesse 1957 zu sehen. Der bildhübsche Roadster – es gab den 313-1 auch als Sport-Coupé – basierte ebenso wie der Landaulet-Prototyp »Bellevue« auf dem Fahrgestell des Wartburg-Typs 311, der 1956 gezeigt worden war und seinerseits auf dem IFA F9 von 1953 aufbaute. Der wiederum ging in seinen Grundzügen auf einen DKW-Entwurf von 1940 zurück. Daher verfügte auch der Sport-Wartburg über einen Dreizylinder-Zweitaktmotor, Frontantrieb, Kastenrahmen und Starrachse hinten.

Seinen Namen verdiente sich der 313-1 in erster Linie durch die Optik. Die flache Motorhaube, eine grazilere A-Säule und die modische Panorama-Windschutzscheibe ließen ihn auch auf internationalen Messen Schönheitspreise erringen. Trotz der sportlichen Optik indes waren die Fahrleistungen etwas dürftig, wiewohl der 311er-Dreizylinder mit einer Doppelvergaser-Anlage aufgepeppt worden war und nun 50 PS leistete. Europa-Premiere feierte der 313-1 auf dem Genfer Salon 1958; der westdeutsche Importeur verlangte für den schicken Flitzer 8750 Mark, das Hardtop kostete noch einmal 500 Mark zusätzlich. Wie viele 313-1 tatsächlich in Westdeutschland in den Verkehr gelangten, ist nicht exakt bekannt. Insgesamt wurden bis 1961 über 460 Exemplare der ersten Sport-Roadster-Serie gebaut. Auch der Melkus nutzte die Wartburg-Technik.

Cockpit-Impression aus dem Wartburg 313-1. (Foto: © Ralf Weinreich)

Für den Regen zwischendurch gab es ein Faltverdeck. (Foto: © Ralf Weinreich)

Die Heckpartie konnte sich ebenfalls sehen lassen. (Foto: © Ralf Weinreich)

Hier eine Variante mit Hardtop. (Foto: © Ralf Weinreich)

1965 erschien der Wartburg 1000 HT als Hardtop-Coupé. (Foto: © Ralf Weinreich)

WEINECK

Nach über 30 Jahren im Motorbau wollte Weineck die Leistung seiner mit viel Know-how erstellten Motoren einmal so richtig austesten. Doch leider gab es keinen Wagen weit und breit, der das Leistungsvermögen der hochgezüchteten Aggregate voll hätte ausreizen können. Also stellte der Motorenbauer aus Bad Gandersheim kurzerhand ein maßgeschneidertes Fahrzeug selbst her – und wurde so zusätzlich zum Autobauer.

Weineck Cobra 780cui Limited Edition (2006). (Foto: © Weineck)

Die britischen Vorbilder

Weineck konstruierte nicht irgendein Fahrzeug um seinen Motor herum, nein, er nahm sich einen Rennwagenklassiker der 60er Jahre zum Vorbild – die Shelby Cobra, die ihrerseits wiederum auf dem britischen AC Ace basierte.

AC Cars Ltd. war ein alteingesessener englischer Hersteller von Kleinserienfahrzeugen, der zu Beginn der 50er Jahre mit dem AC Ace an seine Vorkriegs-Sportwagentradition anschließen wollte. Dieser offene Zweisitzer besaß eine Karosserie aus Aluminium. Sein Sechszylinder-Reihenmotor stammte von drei verschiedenen Lieferanten. Einer stammte aus AC Cars' eigener Entwicklung mit bis zu 104 PS, eine weitere Motorversion mit bis zu 130 PS wurde von Bristol bezogen, die dritte Variante mit 172 PS stammte von Ford.

Nachdem der Sportwagen von Privatleuten einige Jahre lang bei Rennen eingesetzt worden war, engagierte sich der britische Hersteller ab 1957 selbst im Rennsport, so etwa bei den 24 Stunden von Le Mans und Sebring. Dadurch wurde der ehemalige US-Rennfahrer Caroll Shelby auf den kleinen Flitzer aufmerksam. In der Folge machte Shelby den Briten zu Beginn der 60er Jahre Vorschläge für eine leistungsgesteigerte Version des AC Ace. Der Autobauer aus Thames Ditton war einverstanden, und so entstand ab 1962 die Shelby Cobra mit einem Ford-V8-Motor. Die Shelby Cobra kam erfolgreich bei vielen Rennen in den USA zum Einsatz.

In den folgenden Jahren entstanden mehrere Versionen des kleinen Renners, die bekannteste war das rundum erneuerte Modell »Typ 427«, dessen Sieben-Liter-Motor 425 PS leistete und es auf eine Höchstgeschwindigkeit von zirka 250 km/h brachte.

Unbändige Kraft im Oldtimerlook: die »Weineck Cobra«

Seit 1975 erarbeiteten sich Claus und sein Bruder Jens Weineck einen erstklassigen Ruf als Produzenten von hochwertigen, zuverlässigen und leistungsstarken Motoren, die mittlerweile nicht nur in Automobilen, sondern auch in Power- und Flug-Booten zum Einsatz kommen. Als Mitte der 90er Jahre mit der Everett-Morrison-Cobra eine Replica des Sportwagens aus den 60ern erschien, versuchte sich Weineck an Modifikationen dieses Fahrzeugs.

Zur Jahrtausendwende erinnerte sich Weineck wieder an dieses Gefährt, als er seine Firma gemäß den geplanten neuen Aufgaben umbenannte in »Weineck Motorenbau und Exklusivfahrzeuge«. Die Cobra, in die er einen seiner Hochleistungsmotoren verbauen wollte, musste zwar vollständig neu entwickelt werden, um mit den enormen Belastungen fertig werden zu können, die der Hochleistungs-Motor ihr abverlangen würde, sollte sich aber äußerlich genau ans britische Vorbild aus dem Jahr 1965 halten.

Nach zwei Jahren Entwicklungszeit war es dann so weit: Weineck präsentierte der staunenden Öffentlichkeit einen Wolf im Schafspelz. Äußerlich scheinbar ein chic aussehender Oldtimer-Sportwagen aus den Sechzigern, verbarg sich hinter der Fassade in Wirklichkeit ein mit modernster Technik auf Höchstleistung gezüchtetes Monstrum, das sich den Titel »weltweit schnellster straßenzugelassener Sportwagen« verdienen sollte.

Weineck beabsichtigt, von der neuen Cobra mit 1100 PS lediglich 15 Fahrzeuge anzufertigen. Wer es sich leisten kann, rund 145.000 Euro für die »Einsteigerversion« mit 500 PS oder sogar bis zu etwa 400.000 Euro für die 1100-PS-Variante auf den Tisch zu blättern, sollte allerdings bedenken, dass für dieses Fahrzeug schon besondere Fahrkünste erforderlich sind, möchte man die rohe Urgewalt meistern, die in diesem – obwohl straßenzugelassen – nur sehr eingeschränkt alltagstauglichen Sportwagen steckt. Denn elektronische Fahrhilfen kennt die Weineck Cobra nicht.

Der gesamte Motorblock wurde in den USA gegossen und der V8-Motor anschließend in Bad Gandersheim im Harz mit feinsten Hightech-Werkstoffen versehen. Die 1100-PS-Version bezieht ihre Leistung aus einem enormen Hubraum von sage und schreibe 16 Litern. Weder Turbo noch Kompressor oder Direkteinspritzung kommen hier zur Anwendung. Wem das immer noch nicht reicht, der kann mithilfe von Lachgas aus dem Wagen weitere 500 PS kitzeln. Die Weineck Cobra beschleunigt schneller als jeder andere Wagen weltweit: Von 0 auf 100 km/h spurtet sie in 2,3 Sekunden, für 200 km/h benötigt sie etwa 6,5 Sekunden und selbst 300 km/h erreicht sie in gerade einmal 10 Sekunden. Wer mutig genug ist, diesen Wagen auf Höchstgeschwindigkeit zu bringen, erzielt an die 390 km/h. Solche Leistungsdaten haben ihren Preis: Der Benzinverbrauch der Cobra liegt bei bis zu unglaublichen 80 Litern auf 100 km/h und damit jenseits jedweder political correctness!

Für das Getriebe musste sich Weineck in den USA umsehen, weil keines der hiesigen in der Lage war, mit diesen enormen Kräften umzugehen. Fündig wurde Weineck beim manuellen G-Force-Vierganggetriebe der NASCA-Rennserie. Ein Sperrdifferenzial sorgt hier an der Hinterachse für eine 90-prozentige Sperrwirkung, die Kupplung besteht aus Karbon.

Die Leistung dieses Fahrzeugs wird von 315 mm breiten Reifen auf die Straße gebracht und von Brembo-Rennbremsen mit innenbelüfteten Bremsscheiben in Zaum gehalten. Das Fahrwerk besteht aus Aluminium und Titan und bietet Einzelradaufhängung, ein stufenloses Federungssystem sowie eine Servolenkung. Die Sitze im Innenraum sind mit feinstem britischen Leder überzogen, der Fußraum ist mit Veloursteppich ausgelegt. Im Armaturenbrett befinden sich Smith-Instrumente.

Die Leichtbau-Karosserie ist, wie bereits erwähnt, äußerlich der klassischen Cobra 427 nachgebildet. Außerdem verwendet Weineck deren Originalrahmen inklusive Fahrgestellnummer – nur so war eine Straßenzulassung in Deutschland möglich. Auffällig ist der große Lufteinlass auf der Motorhaube, der nötig ist, um genügend Kühlluft für den Motor zu gewinnen. Diesem Zweck dienen noch viele weitere Lufteinlässe an der Cobra. Überrollbügel und Stoffnotverdeck – auf Wunsch auch ein Hardtop – vervollständigen den nicht alltäglichen Superrenner, der in Handarbeit individuell nach Kundenwunsch gefertigt wird.

Blick aufs Armaturenbrett des offenen Zweisitzers. (Foto: © Weineck)

Stammte aus den USA: der 1100 PS starke V8-Motor der Weineck Cobra. (Foto: © Weineck)

WIESMANN

Geckos sind Echsen und gehören zu den ältesten Lebewesen auf diesem Planeten. Rund 500 verschiedene Arten gibt es, und es werden ständig mehr: 1993 entdeckte man eine besonders flinke Vertreterin dieser Spezies. Sie kommt aus dem westfälischen Dülmen, hat vier Räder und eine fantastische Straßenlage, die sie förmlich auf der Straße kleben lässt.

Wiesmann Roadster MF3. (Fotos: © Wiesmann GmbH)

Im Zeichen des Geckos

Der Gecko ist das Wahrzeichen der noch jungen Sportwagenmarke Wiesmann. Die Firma Wiesmann Autosport, die 1988 zum ersten Mal auf der Essener Motor Show ausstellte, wurde von den Brüdern Martin und Friedhelm Wiesmann gegründet, die Initialzündung für die beiden war der Besuch der Motor Show im Jahre 1985 gewesen. Ihre Eltern besaßen ein Autohaus, doch das zu übernehmen, so die Firmengründer in einem Interview mit dem manager magazin, sei ihnen »zu banal« gewesen.

Auf der Motor Show, einem absoluten Pflichttermin, sei ihnen die Kluft zwischen hochwertig restaurierten Oldtimern einerseits und miserabel zusammengebastelten Replikas, englischen Kitcars (Autos zum Selbstbau) und sonstigen Kleinserien-Sportwagenprojekten aufgefallen: »Wir waren entsetzt über die Bastelqualität«.

Nostalgisch angehauchte Sportwagen mit moderner Technik

Die Achtziger waren das Jahrzehnt der Kleinserien-Cabriolets und Roadster-Projekte: Mit dem Triumph Spitfire verschwand 1981 der letzte preisgünstige Roadster vom Markt, Fiat 124 und Alfa Spider waren, technisch gesehen, bereits Oldtimer und hatten schon als Neuwagen mindestens 20 Jahre auf dem Buckel, und die Golf-, Escort- oder Ritmo-Cabriolets waren ob ihrer Überrollbügel alles, nur keine akzeptierte Möglichkeit, sich den Wind um die Nase wehen zu lassen: Die jungen Autofahrer der geburtenstarken Jahrgänge suchten händeringend nach aufregenden Neufahrzeugen. Findige Kleinserienbetriebe griffen zu Blechschere und Glasfasermatten, um den Traum vom Cabriolet wahr werden zu lassen. Vor diesem Hintergrund beschlossen Martin als Diplomingenieur und Friedhelm – Betriebswirt und Leiter einer Firma für Kinderkleidung –, ihren Traum vom eigenen Sportwagen wahr werden zu lassen: »Wir wollten so ein Auto zunächst nur für uns bauen.«

Doch das sollte weitreichende Folgen haben. Die beiden Autodidakten machten sich voller Elan ans Werk, aber davon, wie man ein Auto baut, hatten sie herzlich wenig Ahnung. Die Karosserie modellierten sie nach alter Väter Sitte aus Ton und Spachtelmaterial, und von der Kunststoffverarbeitung hatten sie keinen blassen Schimmer. Unterstützung seitens der Industrie gab es keine (»die haben sich erst mal totgelacht über uns«). Vier Jahre und einige hunderttausend Mark später stand der erste Prototyp auf der Essen Motor Show 1988, zusammen mit einem BMW-Dreier-Cabriolet mit GFK-Hardtop. Bei dem roten Plastikzweisitzer schien es sich um kaum mehr als eine bloße Absichtserklärung zu handeln, doch die beiden hielten mit aller Sturheit und Dickschädeligkeit, die man den Menschen jener Gegend gerne nachsagt, hartnäckig an ihrem Ziel fest – und legten dabei eine geradezu italienisch anmutende Leidenschaft an den Tag.

Vom Einzelstück zur Kleinserie

Das Geld, um den Roadster zu Ende zu entwickeln, verdienten sie letztlich mit der Entwicklung von Kunststoff-Hardtops für BMW-Fahrzeuge, bekannt machten sie den Wagen – Fernseh- und Anzeigenwerbung war zu teuer – durch ungewöhnliche Ideen: Anfang der Neunziger war Deutschland noch im Tennisrausch, daher mieteten sie im Interconti-Hotel, in dem die Stars des Tennisturniers vom Hamburger Rothenbaum logierten, ein Zimmer. Dann schmierten sie den Portier, damit sie ihren Roadster für die Dauer des Turniers auf dem Parkplatz direkt vor der Hotellobby parken durften, sodass wirklich jeder, der hinein- und hinausging, förmlich

Das Cockpit des MF3. (Fotos: © Wiesmann GmbH)

über den schmucken Zweisitzer stolpern musste. Der Käufer des ersten Wiesmann war dann auch ein ukrainischer Tennisprofi, und im Jahr darauf fanden schon drei Wiesmann-Roadster ihren Weg zum Kunden.

Die Roadster-Schöpfung hieß zunächst MF 25/35. Der knapp vier Meter lange und rund 850 Kilogramm schwere Zweisitzer war eine komplette Neukonstruktion im Stile britischer Roadster, mit deutlichen Anklängen an einen Austin Healey 3000. Er verfügte über eine Karosserie aus glasfaserverstärktem Kunststoff und aluminiumbeplanktem Gitterrohrrahmen mit seitlichem Aufprallschutz. Motor, Getriebe, Differenzial, die Bremsanlage sowie Teile der Radaufhängung und Elektrik stammten aus dem BMW-Regal, andere Elemente wiederum wurden komplett in Eigenregie entwickelt und gebaut, so etwa der komplette Kabelbaum.

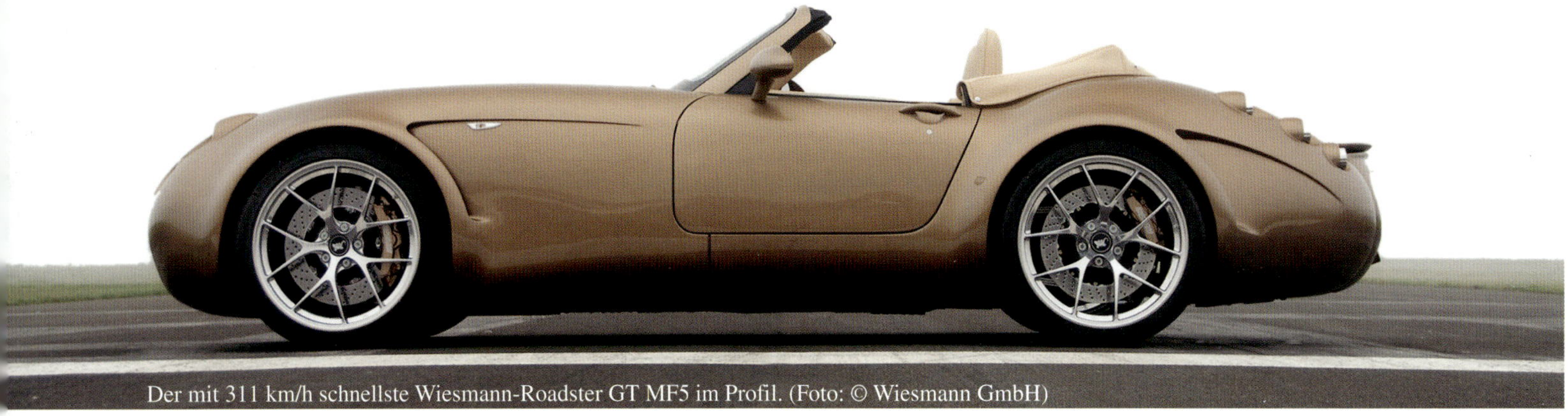

Der mit 311 km/h schnellste Wiesmann-Roadster GT MF5 im Profil. (Foto: © Wiesmann GmbH)

Wiesmann GT MF4 in der Vorderansicht. (Foto: © Wiesmann GmbH)

Spitze 310!

Im Grunde genommen hat sich bis heute an diesem Konzept nichts geändert. Die Wagen wurden schwerer und leistungsstärker, erfüllen alle gängigen Normen und Vorschriften. Nichts geändert hat sich auch am aufwändigen Fertigungsprozess: »Wir haben eine Fertigungstiefe von 65 %«, so Wiesmann. Seit Aufnahme der Serienproduktion 1993 in einer neuen Halle in Dülmen wurde der Zweisitzer – Bezeichnung MF3 – stetig verbessert, ohne dass sich das in der Optik niedergeschlagen hätte. Die Wiesmänner selbst unterscheiden zwischen über einem halben Dutzend Entwicklungsstufen. Bis zur Einführung eines zweiten Modells, des Wiesmann GT MF4 zur IAA 2005, wurden im Jahr rund ein halbes Hundert der je nach Motorisierung knapp 310 km/h schnellen Retro-Flitzer gebaut. Die stetig steigenden Absatzzahlen führten 2008 zu einem weiteren Umzug in neue Räume (Wiesmann spricht von einer »gläsernen Manufaktur«). Dort erwecken rund 100 Mitarbeiter in 350 Arbeitsstunden einen der begehrten Boliden zum Leben, die Preisliste beginnt bei 100.000 Euro, das Fahrgefühl im Zeichen des Geckos ist allerdings unbezahlbar. Serienmäßig ist die Exklusivität, auch wenn inzwischen immerhin schon rund 1100 Wiesmann über die Straßen wuseln. Mehr als 300 pro Jahr sollen noch dazu kommen. Und kein Wagen gleicht dem anderen im Detail. Das ist wie bei den echten Echsen.

2013 Insolvenz angemeldet

Unmittelbar bevor dieses Buch in Druck ging meldete Wiesmann Insolvenz an. Der Antrag sei am 14. August 2013 gestellt worden, um »das Unternehmen zukunftsorientiert aufstellen zu können«. Man sehe aber, so hieß es seitens der Firma weiter, auf jeden Fall eine Zukunft für das Unternehmen und führe bereits Gespräche mit möglichen Investoren. Klarer Fall: Dieser Gecko muss unter Artenschutz gestellt werden!

Gibt sich so puristisch wie möglich: die Design-Studie des Wiesmann Spyder ohne Türen oder Dach. (Foto: © Wiesmann GmbH)

Der GT MF4-CS erschien pünktlich zum 25-jährigen Bestehen von Wiesmann im Jahr 2013. Könnte sein, dass es der Letzte bleibt ... (Foto: © Wiesmann)

YES

Es ist bemerkenswert, wenn sich eine studentische Idee so erfolgreich in verkaufsfähige Produkte transformieren lässt, wie das den ehemaligen Fahrzeugstudenten Herbert Funke und Philipp Will in Zusammenarbeit mit dem Designer Oliver Schweizer mit dem YES! Roadster einst gelungen war. Noch bemerkenswerter erscheint, dass trotz zwischenzeitlicher Insolvenz der Ursprungsfirma das Projekt YES!-Sportwagen nicht begraben wurde.

Yes! Roadster 3.2. (Foto: © Yes!)

Studentische Planspiele

Für ihre Examensarbeit im Jahre 1996 hatten sich die beiden Kölner Maschinenbaustudenten Herbert Funke und Philipp Will, die beide ihren Schwerpunkt auf Fahrzeugtechnik gelegt hatten, etwas Besonderes ausgedacht: die Konzeption eines puristischen und sehr leichtgewichtigen Sportroadsters. Zusammen mit dem Stuttgarter Designer Oliver Schweizer machten sie sich Ende der 90er Jahre an die Verwirklichung ihres Traumes.

Um ihren ersten Prototypen zusammenbauen zu können, klopfte das Trio an die Türen von vielen Firmen aus der Automobilbranche, um von ihnen Unterstützung bei ihrem Vorhaben zu erlangen. Die meisten angesprochenen Firmen zeigten sich aufgeschlossen bis begeistert von dem Projekt und lieferten den Dreien u. a. kostenlos Fahrzeugkomponenten, sodass diese noch im Jahr 1999 ihren Prototyp günstig fertigstellen und auf der IAA präsentieren konnten. Während Rahmen und Fahrwerk in Eigenkonstruktion entstanden waren, stammte die Mehrzahl der übrigen Komponenten, wie eben angesprochen, aus Großserienfertigungen.

Die Vorstellung dieses selbstentworfenen Sportwagens geriet zum unerwarteten Erfolg. Das Luxussegment im Automarkt war seinerzeit noch im Wachstum begriffen, und so konnten die jungen Sportwagenkonstrukteure noch auf der Messe die Bestellung von 30 Fahrzeugen feiern, die freilich erst noch gebaut werden mussten.

Der »Young Engineers Sportscar« (YES)

Während Oliver Schweizer selbstständig bleiben wollte und zukünftig als Dienstleister fungierte, gründeten Funke und Will im Jahr 2000 in Großenhaun bei Dresden die Funke & Will AG und machten sich an die Arbeit. Die beiden hatten einen ehemaligen Flugzeughangar als Werkstatt erstanden, zu dem eine noch existierende Flugrollbahn führte – der Gedanke dahinter war, dass zukünftige Kunden auf Wunsch die Firma direkt anfliegen können sollten.

Ein Jahr später ging das erste Fahrzeug, der YES! Roadster 1.8, an seinen ersten Abnehmer, einen Herrn Marco Kunz, der für das Unternehmen noch eine wichtige Rolle spielen sollte. Dieses Fahrzeug war völlig spartanisch gebaut, es besaß weder Türen noch ein Dach, keine elektronischen Helferlein und auch keinen Kofferraum oder gar eine Heizung. Wer einsteigen wollte, musste sich in den Wagen schwingen oder reinklettern. Dafür aber hatte es unter der Haube einen getunten 1,8-Liter-Vierzylinder-Motor von VW, der 286 PS leistete, eine Höchstgeschwindigkeit von bis zu 264 km/h ermöglichte und in 4,1 Sekunden von 0 auf 100 km/h beschleunigte.

Der Roadster 1.8 hatte ein sensationell niedriges Gewicht von unter 600 kg, was seiner spartanischen Konstruktion und dem Einsatz leichter Materialien bei Rahmen und Fahrwerk zu verdanken war. Insassen mussten Hosenträger-Gurte tragen, damit der Fahrtwind sie nicht aus dem Wagen blies. Um die 150 Fahrzeuge konnte Funke & Will von diesem Modell absetzen. Der Preis belief sich auf unter 60.000 Euro pro Wagen.

In den Jahren bis 2006 folgten weitere Modelle, die mit diesem Motor ausgerüstet waren, so der YES! Clubsport 1.8 mit Scherentüren sowie der für Rennsporteinsätze vorgesehen. YES! Cup/R. Zur Firmenphilosophie gehörte das Angebot einer Maßanfertigung jedes einzelnen Wagens nach Kundenwunsch.

2004 wurde das junge Unternehmen, das bereits über 20 Mitarbeiter beschäftigte, mit dem Gründerpreis als »Aufsteiger des Jahres« geehrt.

Im Jahr 2006 folgte die zweite Fahrzeugserie, die aus zwei neuen Modellen bestand, dem YES! Roadster 3.2 mit 255 PS und dem YES! Roadster 3.2 Turbo mit 355 PS. Erneut kam ein Motor aus dem Hause Volkswagen zum Einbau, und zwar ein 3,2-Liter-Sechszylinder aus dem Audi TT. Die Turbo-Variante war bis zu 281 km/h schnell und spurtete in 3,9 Sekunden von 0 auf 100 km/h. Funke und Will hatten alles überarbeitet, sodass das Fahrzeug – auch mit Scherentüren und sogar erstmals auf Wunsch mit Airbags erhältlich – leichter zu fahren war als die Vorgängermodelle. An der Revision des Äußeren war wiederum Oliver Schweizer beteiligt.

Das Gewicht der neuen Modelle, die bis zu 85.000 Euro kosteten, lag immer noch unter 1000 kg. Beiden Modell-Serien war eigen, dass der zukünftige Besitzer einen Einführungskurs mit Fahrtraining belegen musste, um den Sportwagen fahren zu dürfen.

Vom Nutzen zufriedener Kunden

Die Firma Funke & Will arbeitete nicht nur an ihren Roadster-Modellen, sondern betätigte sich auch allgemein als Ingenieursdienstleister für die Automobilindustrie im Hinblick auf automobile Kleinserien. Managementfehler brachten den jahrelang gut gehenden Betrieb letztlich in eine finanzielle Schieflage, die er nicht mehr aus eigener Kraft beheben konnte. Das Unternehmen meldete 2009 Insolvenz an, staatsanwaltliche Ermittlungen gegen seine Gründer folgten.

Damit jedoch wollte sich der allererste Kunde der Firma, Marco Kunz, nicht abfinden. Der erfahrene Unternehmer entschloss sich kurzerhand zur Übernahme des Sportwagenherstellers und gründete 2010 die YES! Beteiligungs- und Besitzgesellschaft mbH in Edermünde bei Kassel.

Mit Hilfe einer Reihe von Spezialisten nahm er die Handfertigung des YES! Roadsters 3.2 Turbo wieder auf und beseitigte dabei gleich eine Anzahl von Schwachstellen, die u. a. das Fahrwerk der Vorgängermodelle betrafen. Kunze übernahm die Philosophie des Leichtwagenbaus von der Vorgängerfirma und baute Rahmen und Chassis aus Aluminium, die Karosserie und die Bodengruppe aus glasfaserverstärkten Verbundstoffen. Diese Maßnahmen drückten das Gewicht auf etwa 930 kg.

Yes! Roadster 3.2. (Foto: © Yes!)

An der Vorder- und der Hinterachse kamen Doppeldreieckslenker mit verstellbaren Federn und Dämpfelementen zum Einsatz. Die Bremsen des neuen Roadsters 3.2 Turbo waren vorne und hinten innenbelüftet und besaßen vier Kolbenfestsättel. Zusätzlich vorhanden war eine Feststellbremse. Die Abgasanlage mit ihren zwei Endrohren erfüllte die Abgasnorm Euro 4. Das Wageninnere war edel mit Chrom-, Karbon- und Lederelementen ausgestattet. Als Motor kam ein V6-Vierventiler mit 3,2 l Hubraum und einer Sechsgangschaltung zum Einsatz. Die Leistungswerte des zirka 70.000 Euro teuren Schmuckstücks entsprachen denen des Vorgänger-Roadsters 3.2 Turbo von Funke & Will.

2011 hatte die Teilnahme eines YES! Roadsters 3.2 Turbo am Tuner-Grand-Prix auf dem Hockenheimring direkt zur Erstplatzierung geführt. Neben dem Roadster nahm Kunze speziell für den Rennsporteinsatz den 286 PS starken YES! Cup/R ins Programm.

Die neue Firma YES! mit ihrem Chef Marco Kunz steht unter keinerlei Erfolgs- oder Zeitdruck. Der Firmenbesitzer leistet sich die Produktion der kultigen Sportwagen als ein Quasi-Hobby, er muss nicht unbedingt etwas verkaufen. Damit unterscheidet sich die Firmenneugründung nicht nur von ihrem Vorgänger, sondern auch von anderen Kleinserienherstellern, die über dieses Privileg nicht verfügen.

Heckansicht des Yes! Roadster 3.2. (Foto: © Yes!)

ZENDER

Albert Zender in Mülheim-Kärlich begann 1969 mit der Produktion von Schalensitzen. Mitte der 70er Jahre erweiterte er sein Lieferprogramm und bot optisches Zubehör wie Spoiler für Golf und 3er-BMW an. Danach lieferte Zender vor allem GfK-Umrüstteile für fast alle großen Marken.

Zender Vision S1 mit aufgeklappten Flügeltüren. (Foto: © Zender)

Visionen aus Mülheim-Kärlich

Zum Unternehmen gehörte auch eine Abteilung »Exklusivauto«, die Einzelstücke, Sonderanfertigungen (meist auf Mercedes-Benz-Basis) und Designstudien erstellte – wie den Vision 1S von 1984, dessen auffallendste Merkmale – neben der grundsätzlich futuristisch anmutenden Linienführung – die »Schrägschwing-Flügeltüren« sowie das Windleitwerk am Heck waren. Die Ersteren klappten beim Öffnen schräg nach vorne auf, das Letztere bestand aus in die Heckklappe eingelassenen Flügelprofilen. Ebenfalls auffällig: die Klappabdeckungen der Scheinwerfer vorne, die sich nach hinten verschieben ließen und so die Scheinwerfer frei gaben.

Motor, Fahrwerk und der Allradantrieb stammten vom Audi quattro, eine spezielle Stahlrohr-Rahmenkonstruktion verstärkte allerdings noch die Bodengruppe. Das Material der Karosserie war kohleverstärktes Glasfaser. Weder gab es im Inneren einen Rückspiegel (durchs Heck konnte man ohnehin keinen Blick werfen) noch elektrisch verstellbare Außenspiegel; diese mussten von Hand manipuliert werden, nachdem die Fenster bis maximal zur Hälfte (mehr ging nicht wegen der Flügeltürenkonstruktion) herabgesenkt waren.

Sein Audi-Turbo-2,2-Liter-Motor war 240–300 PS stark und ermöglichte eine Höchstgeschwindigkeit von zwischen 235 bis 270 km/h. Zu kaufen gab es diesen eindrucksvollen Sportwagen jedoch nicht.

Eine weitere Eigenentwicklung war der Zender Fact 4, der zur IAA 1989 vorgestellt wurde. Das vielbestaunte Schaustück war die voll funktionstüchtige Studie eines geschlossenen Mittelmotor-Sportwagens, der die Leistungsfähigkeit des Automobilveredlers demonstrieren sollte. Der Audi V8-Motor wurde leistungsgesteigert auf 448 PS, und die Zender-Techniker platzierten diesen vor der Hinterachse in Längsrichtung. Die Kraftübertragung besorgte ein mechanisches Fünfganggetriebe von ZF.

Die Karosserie des keilförmigen Boliden bestand aus einem extrem leichten Verbundstoff aus Kohle- und Aramidfasern. Die unlackierte Fronthaube wog nur acht Kilogramm, eine der nach vorne öffnenden Flügeltüren ganze 2,6 kg. Rennwagentechnik vom Feinsten auch bei Chassis und Fahrwerk: Kohlefaser-Monocoque (das erste straßenzugelassene in Deutschland), zwei links und rechts angeordnete Gummi-Sicherheitstanks und innenbelüftete Brembo-Scheibenbremsen vorn und hinten. Die Bereifung der superbreiten Zender-Leichtmetallräder im Sterndesign stammte von Pirelli: P Zero im Format 245/40 ZR17 vorn und 335/35 ZR17 hinten. Der knapp vier Meter lange Monocoque-Flitzer war TÜV-abgenommen und für den Straßenverkehr zugelassen. Ihm folgte 1991 der Fact 4 Spider, eine offene Version mit Kohlefaser-Hardtop.

Mitte der 90er Jahre läutete der Progetto 5 eine Abkehr der bisherigen Modellphilosophie ein. 1997 erschien das Coupé Escape 6, dessen 6-Zylinder-Motor 174 PS leistete und eine Höchstgeschwindigkeit von 240 km/h erlaubte. Diesem folgte zwei Jahre später der Thirty Seven, mit einer Leistung von 230 PS und einer Spitzengeschwindigkeit von 253 km/h. Wie schon die beiden Vorgänger-Modelle blieb das Auto eine Studie.

Um die Jahrtausendwende stellte Zender mit dem zweisitzigen Roadster Straight 8 ein komplettes Fahrzeug vor, das in der Rekordzeit von nur acht Monaten fertiggestellt worden war. Unter der Haube der in Grün gehaltenen Karosserie aus Composite-Kunststoff beschleunigte ein 3,2-Liter-Sechszylindermotor von BMW mit einer Leistung von 321 PS den Sportwagen auf über 250 km/h. Der mit einem Fünfganggetriebe und mit LED-Blinklichtern ausgestattete Straight 8 blieb aber ebenfalls ein Einzelstück.

Der Zender Vision 2 debütierte 1985 auf der IAA. (Foto: © Zender)

Die dritte Version des Zender Vision erschien 1988. (Foto: © Zender)

Im Gegensatz zu diesen unverkäuflichen Wagen fanden sich im Verkaufsprogramm von Zender beispielsweise der im SEC-Coupé-Look daherkommende Mercedes-Benz 500 SE, der aufgemotzte und in Kleinserie produzierte VW Corrado oder der ebenfalls in kleiner Auflage hergestellte Suzuki Swift Speedster, zu dessen Ausstattungsmerkmalen zwei Schalensitze, Vierpunktgurte und ein Sportfahrwerk gehörten.

Ende des Tuning-Bereichs

Die zunehmend stärkere Zusammenarbeit mit der Autoindustrie führte 1987 zur Gründung der Zender Industrieprodukte GmbH, deren Modifikationszentren sich mit der Bestückung spezieller Fahrzeugserien befassten. 2001 entstand mit der Zender GK GmbH ein weiterer Zender-Ableger, der sich Spritzgussfertigung, Montage und Logistik auf die Fahnen schrieb. Vier Jahre später fusionierten diese Bereiche mit dem bisherigen Kooperationspartner KVG Kunststoffverarbeitungs-GmbH zur neuen ZenTec automotive GmbH mit Hauptsitz in Geilenkirchen. Auch ihr Zweck war es von Anfang an, die Autoindustrie bei der Verwirklichung von Sonderfahrzeugserien zu unterstützen.

Während unter dem Namen Zender in Mülheim-Kärlich weiterhin die Exklusiv-Autoabteilung besteht, die sich mittlerweile ausschließlich um Maserati- und Ferrari-Sportwagen kümmert, und in Belgien, Spanien und Italien weitere Modifikationszentren unterhalten werden, schloss die traditionsreiche Tuning-Abteilung von Zender im Jahr 2008 ihre Pforten.

Der Fact 4 gemeinsam mit seinem Nachfolger, dem Fact 4 Spider. (Foto: © Zender)

Blieb trotz schneller Fertigung ein Einzelstück: Zender Straight 8. (Foto: © Zender)

Erschien noch im alten Jahrtausend: der Zender Thirty-Seven. (Foto: © Zender)

Zender Escape 6 (links) und Zender Thirty-Seven im direkten Vergleich. (Foto: © Zender)